清華
开发者学堂

程序设计

弈为例 （微课版）

霞 刘成 王晓岩 郭建新 杨煦 参编

清華大學出版社
北京

信息技术的发展日新月异,神经网络、机器学习、大数据、元宇宙等人工智能技术迅猛发展,深深地影响着人们的学习、生活和工作方式。培养学生的计算思维能力与人工智能素养已成为大学计算机教育的基本任务之一,而计算机程序设计是培养和训练在校大学生计算思维能力和人工智能素养的重要基础课程。

举世瞩目的围棋 AI 程序 AlphaGo 与人类顶级棋手之间的人机博弈,引发了全球人工智能的热潮。作为人工智能领域最重要的研究方向之一,机器博弈引起越来越多专家、学者及在校大学生的关注。本书结合当今人工智能技术热点,以机器博弈竞赛项目为例,将重要的知识点与典型的案例相结合,采用项目驱动式程序设计案例教学。本书具有以下特点:

(1)将程序设计与人工智能热点——机器博弈技术相结合。本书的扩展阅读增加了机器博弈的相关知识,拓展了知识面,培养了人工智能素养,为学生后续在相关领域进一步学习与研究奠定了基础。

(2)将程序设计与学生兴趣(棋类小游戏)相结合。为了增加趣味性,本书以机器博弈部分棋类项目(如井字棋、五子棋、亚马逊棋)为案例,鼓励学生由单纯地玩游戏到利用所学程序设计知识开发小游戏,使其获得一种成就感,进而产生继续学习的积极性,达到寓教于乐的教学效果。

(3)将程序设计与实践应用开发相结合。本书以实际应用为背景,引导学生后续参加相关科技竞赛及大学生创新创业项目,将程序设计与开发实践有机地融合在一起,通过介绍机器博弈的相关知识,引发学生对人工智能相关技术深入研究的积极性。通过编程解决机器博弈项目中的实际问题,使学生进一步体会程序设计的实用性。

(4)将面向过程与面向对象的程序设计思想相结合。本书主要采用 C 语言讲解面向过程的程序设计,但为了更好地体现现代软件设计与开发的思想,还特别在相关章节引入了 C♯ 语言,介绍面向对象的程序设计思想。

本书既可作为高等院校大学生及机器博弈爱好者的程序设计教材,也可作为中国计算机博弈大赛和其他机器博弈竞赛参赛者的入门参考书。

全书共 13 章,其中第 1、12 章由郭建新编写;第 2、3 章由邱虹坤编写;第4、5 章由王晓岩编写;第 6、8 章由孙玉霞编写;第 7、9 章由刘成编写;第 10、11章由杨煦编写;第 13 章由王亚杰编写。全书案例由王亚杰设计,扩展阅读部分由邱虹坤编写。

　　在本书编写与出版过程中,编者参阅并引用了一些参考文献,在此对文献的作者表示衷心感谢。由于编者水平有限,书中难免有不妥与疏漏之处,恳请专家和读者批评指正。

编者
2023 年 5 月

目录

第1章 C语言概述

21世纪是信息社会,人们已经把计算机当成一种不可缺少的工具,那么计算机是如何理解人们发出的信息呢? 人和计算机之间的通信需要通过某种特定的语言完成,这种特定的语言称为计算机语言。

1.1 计算机语言

1.1.1 低级语言和高级语言

在计算机语言的发展中,有很多可供使用的语言,这些语言可以分成低级语言和高级语言。低级语言包括机器语言和汇编语言。计算机工作的原理是基于二进制,所以计算机只能识别和接受由0和1组成的二进制代码,即机器指令。机器指令的集合被称为机器语言。但是机器语言与人们习惯用的语言差别太大,其难学、难记、难写、难检查、难修改、难以推广使用,因此,为了克服机器语言的上述缺点,创造了汇编语言,它允许程序员使用稍微高级一点的指令形式,汇编语言使用某些字符形式的符号表示指令和数据。因为计算机只能识别二进制形式的指令,所以人们使用一个特殊的程序——汇编器,把汇编语言的程序翻译为具体的机器语言。但是,由于不同的计算机系统,指令集常常是不同的,因此,在一种计算机上能运行的程序如果不进行修改,就不能在另外一种计算机上运行,也就是说程序不具备可移植性。低级语言的特点是执行效率高,速度快,因为它们都接近底层编程,没有编译、解析等过程,程序直接操控硬件,效率相对较高,但是其学习和编程调试难度较高,且项目周期长,可移植性差。

高级语言克服了低级语言的缺点,可独立于具体的计算机系统。使用高级语言编写的程序,几乎不做修改,就可以运行在支持该语言的计算机上,如FORTRAN语言、C语言、C♯语言、Java语言等。这些语言虽然都属于高级语言,但是还是有所不同的。像FORTRAN

语言和 C 语言属于面向过程语言,而 C♯ 和 Java 语言属于面向对象语言。

面向过程和面向对象是两种不同的编程思想,也是可以使用的两种不同的设计方法。

1.1.2 面向过程和面向对象

想到达山顶会有很多条道路,正如俗语说的"条条大路通罗马",每个人都会选择适合自己的道路。编写计算机程序就像登山,可以选择多种编程语言中的一种,面向过程语言和面向对象语言就是这样的两条路,都可以写出好程序,但是路线不同,方式也就不同。

面向过程就是分析出解决问题所需要的步骤,然后用语句逐步实现这些步骤,使用的时候依次执行就可以了;面向对象是把构成问题的事务分解成各个对象,建立对象的目的不是为了完成一个步骤,而是为了描述某个事物在整个解决问题的步骤中的行为。

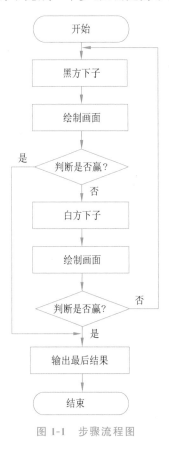

图 1-1 步骤流程图

以五子棋为例,对比分析面向过程与面向对象方法。例如,面向过程的设计思路就是首先分析问题的步骤,如图 1-1 所示。

游戏开始,先绘制棋盘,黑方下子,绘制棋局画面,判断棋局输赢情况,若黑方赢了,就输出最后结果;若黑方没赢,就轮到白方下子,绘制棋局画面,判断棋局输赢情况,若白方没赢,就返回黑方下子;若白方赢了,就输出最后结果。最后用语句实现上面的每个步骤。

面向对象的设计则是从另外的思路解决问题。整个五子棋可以分为:

(1)黑白双方,两个玩家,这两方的行为是一模一样的;

(2)棋盘系统,负责绘制画面;

(3)规则系统,负责判定诸如犯规、输赢等情况。

第一类对象(玩家对象)负责接收用户输入,并告知第二类对象(棋盘对象)棋子布局的变化,棋盘对象接收到棋子的变化,就要在屏幕上显示这种变化,同时利用第三类对象(规则系统)对棋局进行判定。

可以明显地看出,面向对象是以功能划分问题,而不是步骤。同样是绘制棋局,这样的行为在面向过程的设计中分散在多个步骤中,黑子和白子每走一步,都会绘制棋局。而面向对象的设计中,绘图只可能在棋盘对象中出现,需要时实例化棋盘对象就可以,从而保证绘图的统一。

综上所述,面向对象就是高度实物抽象化,面向过程就是自顶向下的编程!而且,面向过程是基础,面向对象也使用面向过程。

从上面的例子中可以总结出它们两者的优点和缺点。

(1)面向过程。优点:性能比面向对象高,因为类调用时需要实例化,开销比较大,比较消耗资源;比如单片机、嵌入式开发、Linux/UNIX 等一般采用面向过程开发,性能是最重要的因素。缺点:没有面向对象易维护、易复用、易扩展。

(2)面向对象。优点:易复用、易扩展,由于面向对象有封装、继承、多态性的特性,因此可以设计出低耦合的系统,使系统更加灵活。缺点:执行效率比面向过程低。

如果能用 C 语言的框架把一个系统构建得十分完善并且使其具备很强的扩展性,一定是编程的高手,这主要靠内在功底把零散的东西有机地结合成一种框架,不像面向对象自带抽象模型体系。

本书主要介绍 C 语言的语法、控制结构、数组、指针和文件,通过多个机器博弈案例把知识点串联起来,帮助读者更好地理解 C 语言知识,学会编程的思维与技能。希望本书的讲解能够帮助你成为编程的高手!

1.2　C 语言概述

1.2.1　C 语言的发展

C 语言是在 20 世纪 70 年代初问世的。早期的 C 语言主要用于 UNIX 系统。由于 C 语言具有强大的功能和各方面优点,因此其逐渐被人们认识,到 20 世纪 80 年代,C 语言开始进入其他操作系统,并很快在各类大、中、小和微型计算机上得到广泛的使用,成为当代极优秀的程序设计语言之一。

C 语言是一种结构化语言。它层次清晰,便于按模块化方式组织程序,易于调试和维护。C 语言的表现能力和处理能力极强,它不仅具有丰富的运算符和数据类型,便于实现各类复杂的数据结构,还可以直接访问内存的物理地址,进行位(bit)级的操作。由于 C 语言实现了对硬件的编程操作,因此 C 语言集高级语言和低级语言的功能于一体,既可用于系统软件的开发,也适合于应用软件的开发。此外,C 语言由于具有效率高、可移植性强等特点,因此广泛移植到各类各型计算机上,从而形成了多种版本的 C 语言。

目前流行的 C 语言编译器有以下几种:

(1) GCC;

(2) DEV C++;

(3) Microsoft Visual Studio;

(4) Code Block。

这些 C 语言版本在美国国家标准学会(American National Standards Institute,ANSI) C 标准上,各进行了一些扩充,比如 C99、C11 等,使之更加方便、完美。

1.2.2　C 语言的特点

C 语言诞生至今 50 多年了,还有着旺盛的生命力,在于它有不同于其他语言的如下特点。

(1) C 语言简洁、紧凑,使用方便、灵活。ANSI C 一共有 32 个关键字(见表 1-1)。

表 1-1　ANSI C 关键字列表

auto	break	case	char	const	continue	default	do
double	else	enum	extern	float	for	goto	if

int	long	register	return	short	signed	static	sizeof
struct	switch	typedef	union	unsigned	void	volatile	while

关键字的数量随着标准的变化也在变化着,C99 标准新增了 5 个关键字,C11 增加了 1 个关键字。

C 语言有 9 种控制语句,程序书写自由,主要用小写字母表示,压缩了一切不必要的成分。

(2)运算符丰富。C 语言把括号、赋值、逗号等都作为运算符处理,从而使 C 的运算类型极为丰富,可以实现其他高级语言难以实现的运算。

(3)数据结构类型丰富。C 语言具有整型、浮点型、字符型、数组、指针、结构体等数据类型,能方便地构造更加复杂的数据结构(比如链表、树、栈等)。

(4)具有结构化的控制语句。比如 if、switch、for 和 while 语句等,用函数作为程序的模块单位,便于实现程序的模块化。

(5)语法限制不太严格,程序设计自由度大。例如,C 语言不检查数组下标越界,不限制数据转化,不限制指针的使用,程序的正确性由程序员保证。但是,自由和安全是一对矛盾,对语法限制的不严格可能也是 C 语言的一个缺点,黑客可能使用越界的数组攻击用户的计算机系统。

(6)C 语言允许直接访问物理地址,能进行位操作,能实现汇编语言的大部分功能,可以直接对硬件进行操作,如寄存器、各种外设 I/O 端口等;C 语言的指针可以直接访问内层物理地址;C 语言类似汇编语言的位操作可以方便地检查系统硬件的状态。因此有人把 C 语言称为中级语言。

(7)生成目标代码质量高,程序执行效率高。

(8)与汇编语言相比,用 C 语言编写的程序可移植性好。用 C 语言编写的程序基本上不需要修改或只需要少量修改就可以移植到其他计算机系统或操作系统中。

但是,C 语言对程序员的要求也高,程序员用 C 语言编写程序会感到限制少、灵活性大、功能强,但较其他高级语言在学习上要困难一些。

1.3　C 语言程序示例

C 语言程序是由若干条语句序列组成的。为了了解 C 语言程序的结构特点,下面创建几个 C 语言程序进行说明。

例 1.1　输出一行字符。

```
1  #include<stdio.h>              //预处理命令,标准输入/输出函数库
2  int main(void)                 //主函数
3  {
4      printf("欢迎参加计算机博弈科技竞赛!");   //输出语句
5      return 0;                   //返回语句
6  }
```

例1.1中第4行可以进行变换,比如printf("%d",3+5);,可以试试看输出什么结果? 这表示了输出语句既可以输出字符,也可以输出运算后的结果。

例1.1中只有输出,但是一个程序中,经常会遇到在某个阶段需要使用外面输入的数据,这就需要用到输入语句了。下面以一个简单的加法运算为例,求两个输入数之和,把求和后的结果输出。

例 1.2 求两个数之和。

```
01  #include<stdio.h>
02  int main(void)
03  {
04      int sum,a,b;                    //定义变量为整型
05      printf(" 请输入两个数,用空格隔开:\n");
06      scanf("%d%d", &a, &b);          //数据输入
07      sum=a+b;                        //两个数求和
08      printf("sum=%d\n", sum);        //输出语句
09      return 0;
10  }
```

程序运行结果如下:

```
3   4
sum=7
```

【说明】

从例1.1和例1.2可以看出,对于经常使用的操作,比如输入、输出,系统以库函数的形式提供使用,当用到标准输入/输出函数时,只要包含stdio.h这个头文件,就不需要自己编写程序实现。

程序中,编写的语句正确与否很重要,但是执行的顺序也很重要。这个程序中的语句按照什么顺序执行,就是程序的结构。C语言中有3种基本控制结构:顺序结构、选择结构和循环结构。顺序结构,按照语句顺序依次执行;选择结构,按照条件选择执行哪条语句;循环结构,根据条件决定是否重复执行部分语句。

在机器博弈的棋类项目中,通常需要在棋盘上落子,落子前要确定落子点的位置。下面以五子棋为例(见图1-2),通过输入棋子的坐标判断棋子的位置,介绍这3种控制结构。

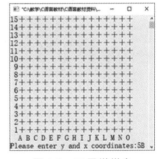

图 1-2 五子棋棋盘

例 1.3 按顺序结构输入棋子的坐标,程序代码如下。

```
1  #include<stdio.h>
2  int main(void)
3  {
4      char  x; int y;              //int 定义变量为整数类型,char 定义变量为字符类型
5      printf(" 请输入棋子的 Y 和 X 坐标,用逗号隔开:");
6      scanf("%d,%c", &y, &x);      //数据输入,%c 是字符类型格式符,%d 是整数类型格式符
7      printf("棋子的 X 轴坐标是%c,Y 轴坐标是%d\n", x, y);      //输出棋子的坐标
8      return 0;
9  }
```

【思考】 如果是在下棋,输入的棋子要在棋盘范围内才合理,标准的五子棋棋盘是15×15 的。那么,如何确定输入的点,其位置在不在棋盘范围内呢?这时需要添加一个条件判断,如果位置合法,就输出点;如果位置不合法,就输出不能在此位置落子。如何解决?这就需要用到选择结构。

例 1.4 选择结构输入棋子的坐标,程序代码如下。

```
01  #include<stdio.h>
02  int main(void)
03  {
04      char  x; int y;
05      printf("请输入棋子的 Y 和 X 坐标,用逗号隔开:");
06      scanf("%d,%c",&y,&x);
07      if (x>='A'&&x<='O'&&y>=1&&y<=15)      //若条件成立则输出棋子的坐标
08        printf("棋子的 X 轴坐标是%c,Y 轴坐标是%d\n",x,y);
09      else                                  //否则输出不能落子
10        printf("不合法,不能在此落子\n");
11      return 0;
12  }
```

【说明】 例 1.4 中使用了 if-else 选择结构,当棋子的横坐标在 A 到 O 之间,纵坐标在[1,15]范围内,那么位置合法,可以落子。

【思考】 例 1.4 中是对一个棋子判断,当想输入多个棋子并对它们判断时,怎么办呢?这需要不断地重复判断输入的棋子位置是否合法,如果合法,就输出,这个重复的操作就需要用到循环结构。

例 1.5 循环结构输入棋子的坐标,程序代码如下。

```
01  #include<stdio.h>
02  int main(void)
03  {
04      char  x; int y;
05      int i;
06      for(i=1;i<=3;i++)                     //for 循环结构,循环执行 3 次
07      {
08          printf("请输入第%d 个棋子的 Y 和 X 坐标,用逗号隔开:",i);
09          scanf("%d,%c",&y,&x);
10          if (x>='A'&&x<='O'&&y>=1&&y<=15)
11            printf("棋子的 X 轴坐标是%c,Y 轴坐标是%d\n",x,y);
12          else
13            printf("不合法,不能在此落子\n");
14      }
15      return 0;
16  }
```

【说明】 例 1.5 中使用的是 for 循环结构,允许输入 3 个棋子的坐标并判断它们是否合法。这样,当次数到 3 次了,就结束循环。循环结构有一个需要注意的问题,就是要设置循环的结束条件,不然循环一直进行,会形成死循环。

【思考】 如果想改变循环的次数,应该修改哪个值呢?

【注意】 一个 C 语言程序中可以包含这 3 种基本控制结构,也可以只有一种控制

结构。

在 C 语言程序中可以自定义函数。

例 1.6　自定义函数对棋子坐标进行判断,程序代码如下。

```
01  #include<stdio.h>
02  int judge(int x,int y)              //自定义函数 judge,判断棋子坐标是否合法
03  {
04      int a;
05      if (x>='A' &&x<='O' && y>=1&&y<=15)
06          a=1;                        //点的坐标合法,设置返回值为 1
07      else
08          a=0;                        //点的坐标不合法,设置返回值为 0
09      return  a;                      //返回语句
10  }
11  int main(void)                      //主函数
12  {
13      int x,y,z;                      //int 定义变量为整数类型
14      int i;
15      for(i=1;i<=3;i++)
16      {
17          printf(" 请输入第%d 个棋子的 Y 和 X 坐标,用逗号隔开:",i);
18          scanf("%d,%c",&y,&x);
19          z=judge(x,y);
20          if(z==1)                    //判断返回值,若棋子位置合法,则输出棋子坐标
21              printf("棋子的 X 轴坐标是%c,Y 轴坐标是%d\n",x,y);
22          else                        //否则位置非法,输出不合法,不能落子
23              printf("不合法,不能在此落子\n");
24      }
25      return  0;
26  }
```

例 1.6 中包含了一个自定义函数 judge,通过参数传递判断棋子的坐标是否合法,在主函数中通过调用该函数求得结果。

通过前面几个例子,可以发现一个 C 语言程序的结构基本是这样的:

(1) 一个 C 源程序至少包含一个 main 函数,也可以包含一个 main 函数和若干其他函数,所以,C 语言是函数式的语言,函数是 C 程序的基本单位。

(2) main 函数是主函数,是每个程序的入口点,也就是执行的起始点。一个 C 程序总是从 main 函数开始执行,并在 main 函数中结束。但是,main 函数的书写位置是任意的,可以放在整个程序的最前面,也可以放在整个程序的最后,或者放在其他函数之间。

(3) 一个函数由函数头和函数体两部分组成。函数结构如下:

函数类型　函数名(形参表)
{
  [声明部分]:在这部分定义本函数所使用的变量。
  [执行部分]:由若干条语句组成命令序列。
}

(4) 在某些情况下也可以没有声明部分,甚至可以既没有声明部分,也没有执行部分。变量声明部分必须书写在执行部分之前。

(5) C 程序的每个语句都以分号作为语句结束符。

（6）C程序书写格式自由，一行可以写几个语句，一个语句可以写在多行上。

（7）可以用"/＊…＊/"和"//"对程序任何部分进行注释，以增加可读性。"//"是单行注释，通常用于对程序中的某一行代码进行解释，"//"符号后面为注释的内容；"/＊…＊/"为多行注释，就是注释中的代码可以为多行，注释内容要写在"/＊"和"＊/"之间。注释部分允许出现在程序中的任何位置。注释部分只是用于阅读，对程序的运行不起作用。

1.4　C 语言程序的开发过程

C语言是一种编译型的程序设计语言，要经过编辑-编译-连接-运行，才能得到结果。编辑程序就是建立源程序文件，文件扩展名是.c 或.cpp。编译程序是将 C 语言源程序转换成目标程序，文件扩展名是.obj。在编译过程中，对编写的程序进行错误检测，可能会产生两类提示：Error 或 Warning。Error 是必须改正的错误，否则程序不能往下执行。Warning 是警告，如果不修改程序，程序仍可以正常运行，但运行方案不理想，比如所用时间长、占内存多等弊端，所以也应该进行修改。连接程序能将目标程序和系统提供的库函数等连接在一起形成一个可执行的程序，扩展名为.exe。

用 C 语言编写程序，需要一个开发环境，本书使用 Visual Studio(VS)平台实现 C 程序。VS 是一个综合性的开发平台，可用于编写 C、C++和 C♯等多种语言程序。

1. VS 界面

启动 VS 开发环境，主界面如图 1-3 所示。

图 1-3　VS 启动界面

2. VS 中实现 C 程序的步骤

1）创建项目

选择"文件"→"新建"→"项目"命令，在"新建项目"对话框中展开"Visual C++"语言，选择"Win32"项目,然后在右侧窗口中选择"Win32 控制台应用程序",接下来在下方的"名称"文本框中输入项目名称,如"S1-1",通过单击"浏览"按钮,在弹出的对话框中选择项目路径,单击"确定"按钮,进入新建项目窗口,在"应用程序设置"中选择"空项目",完成后进入项目设置,如图 1-4 所示。

图 1-4　创建项目

2）创建源程序

在窗口右侧的"解决方案资源管理器"中找到新建的项目,右击下面的"源文件",在弹出的快捷菜单中选择"添加"→"新建项"命令,弹出"添加新项"对话框,如图 1-5 所示。当然,也可以通过主菜单中的"项目"→"添加新项"命令新建文件。

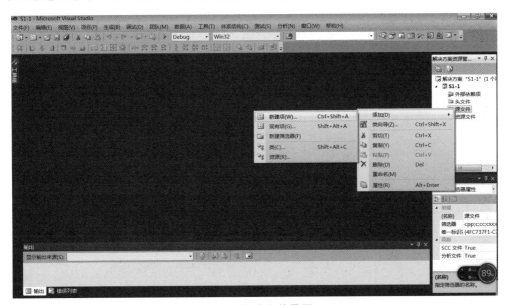

图 1-5　创建文件界面

在"添加新项"对话框中选择"C++文件"选项,如图1-6所示,在"名称"文本框中输入文件名,如"S1-1",选择文件的路径(通常不修改路径,直接存到项目对应的文件夹)。单击"添加"按钮,进入代码编辑窗口。在代码编辑窗口输入"S1-1.cpp"文件的源代码。如果输入文件名为"S1-1.c",则生成的源文件扩展名为.c文件,这就是第一步编辑的过程。

图 1-6　添加新项界面

3)生成并运行程序

输入C源程序结束后,选择"生成"→"生成S1-1"命令,如图1-7所示。这是第二步编译的过程。一个解决方案是可以加入多个项目,如果当前解决方案只有一个项目,执行项目的"生成/重新生成/清理"和解决方案的"生成/重新生成/清理"是一样的,当有多个项目时,选

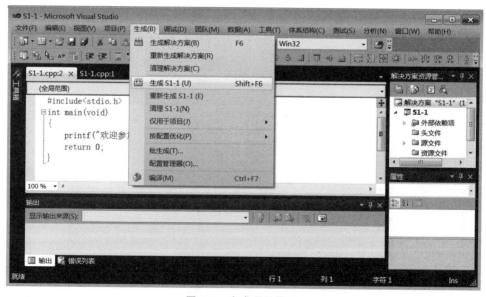

图 1-7　生成项目界面

择解决方案的"生成/重新生成/清理"对解决方案下的项目都有效,如果选择了"清理",所有项目都会被清理,要是不想全部清理,就单独选择要清理的项目进行"清理"操作,"生成/重新生成"也是一样的。

"生成":如果工程没有编译过,就全部编译;如果工程已经编译过了,则只对修改过的有关内容进行编译。

"重新生成":就是先清理一次,对所有文件进行编译。

"清理":把编译器编译出来的文件都清理掉,包括可执行文件链接库。而且可以在下面的窗口列表中查看相关信息。

"输出":会显示程序的编译信息。

"错误列表":会显示错误和警告。错误会导致程序无法编译通过,进而不能运行,而警告说明程序中有些代码编写得不是非常恰当,但不会影响程序编译,只在少数情况下会影响程序运行。一般警告可以忽略,而错误是必须修改的。

然后,选择"调试"→"启动调试"命令,或者直接按 F5 快捷键,如图 1-8 所示,弹出提示对话框,单击"是"按钮,则显示输出结果。

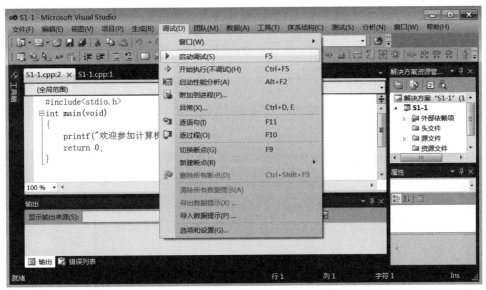

图 1-8　调试界面

【注意】

如果按 F5 快捷键执行后,程序结果一闪而过,很难看到结果,那么可以采用 3 种方法显示程序结果:

第一种方法:设置控制台显示。

在解决方案管理器中右击项目名称,在弹出的快捷菜单中选择"配置属性"→"链接器"→"系统"→"子系统",然后选择"控制台(/SUBSYSTEM:CONSOLE)",如图 1-9 所示。这样配置后,再按 F5 快捷键,程序执行结束就会停留在控制台界面,显示结果并提示"请按任意键继续…"。

第二种方法:添加代码。

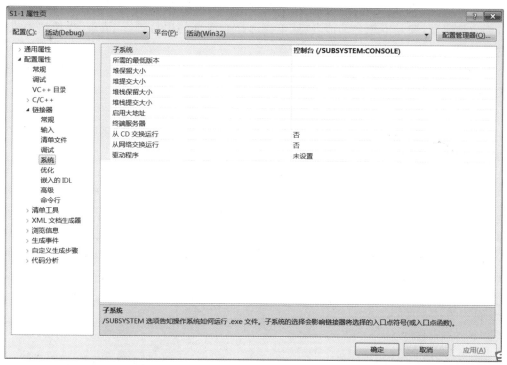

图 1-9　修改控制台设置

可以在程序最后添加代码"getchar();"或"system("pause");"，如图 1-10 所示。这样也

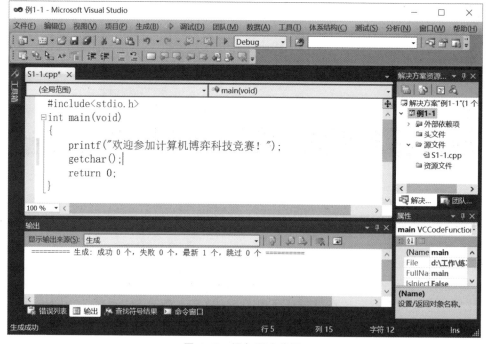

图 1-10　添加程序代码

可以显示程序结果。但是,使用"system("pause");"需要包含头文件"stdlib.h",在程序的开头添加"#include<stdlib.h>"即可。

第三种方法最简单,选择"调试"→"开始执行(不调试)"命令,如图 1-11 所示,或者直接按快捷键 Ctrl+F5。

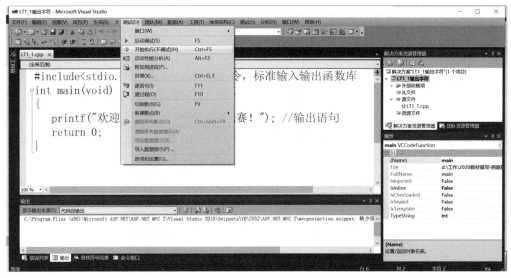

图 1-11 使用快捷键

1.5 小结

本章主要介绍了如下内容。

(1) 简单对比了面向过程语言和面向对象语言。

(2) 介绍了 C 语言的发展历史和基本特点。

(3) 通过几个 C 语言程序介绍了一个典型的 C 语言程序的各个组成部分。

(4) 介绍了 C 语言的开发过程,详细讲解了编辑-编译-连接-运行过程的具体步骤和注意事项。

1.6 习题

1. 请用 printf 函数输出你的姓名和学号。

2. 例 1.5 是一个执行了 3 次的循环结构,请抄写程序,并思考如何修改循环次数。

3. 编写一个程序,输出一句话:"Hello,Computer Games."

1.7　扩展阅读——初识人工智能

1. 人工智能(Artificial Intelligence，AI)的产生

关于人工智能的传说可以追溯到古埃及。随着 1941 年电子计算机的诞生以及相关技术的发展，人类创造机器智能的想法逐渐成为现实。

1956 年 8 月，在美国汉诺斯小镇达特茅斯(Dartmouth)学院(见图 1-12)，约翰·麦卡锡(John McCarthy)、马文·闵斯基(Marvin Minsky，人工智能与认知学专家)、克劳德·香农(Claude Shannon，信息论的创始人)、艾伦·纽厄尔(Allen Newell，计算机科学家)、赫伯特·西蒙(Herbert Simon，诺贝尔经济学奖得主)等科学家聚在一起，讨论用机器模仿人类学习及其他方面的智能。持续两个月的会议虽然没有达成普遍的共识，但却为讨论的内容起了一个名字——人工智能。因此，1956 年也就成为人工智能元年。

图 1-12　Dartmouth 学院

此后，研究者发展了众多理论和原理，人工智能的概念也随之扩展，在它还不长的历史中，人工智能的发展虽比预想的要慢，但一直在前进，至今已经出现许多 AI 程序，并且它们也影响到其他技术的发展。

人工智能通常是指通过计算机程序呈现人类智能的技术。它是计算机科学或智能科学中涉及研究、设计和应用智能机器的一个分支，是人造机器所表现出来的智能。人工智能的近期主要目标在于研究用机器模仿和执行人脑的某些智力功能，而远期目标是用自动机模仿人类的思维活动和智力功能。

2. 中国人工智能的发展

1978 年 3 月，全国科学大会在北京召开。这是中国改革开放的先声，广大科技人员出现了思想大解放，人工智能也在酝酿进一步的解禁。吴文俊提出的利用机器证明与发现几何定理的新方法——几何定理机器证明，获得 1978 年全国科学大会重大科技成果奖就是一个好的征兆。20 世纪 80 年代初期，钱学森等主张开展人工智能研究，中国的人工智能研究进一步活跃起来。

1981年9月,来自全国各地的科学技术工作者300余人在长沙出席了中国人工智能学会(CAAI)成立大会,秦元勋当选第一任理事长。中国人工智能学会在经历严冬之后,迎来颇具寒意的早春。该学会长期得不到国内科技界的认同,只能挂靠在中国社会科学院哲学研究所,直到2004年,才得以"返祖归宗",挂靠到中国科学技术协会。这足以表明CAAI成立后经历的20多年岁月是多么艰辛。这很可能是国内外其他学会没有发生过的艰难境遇!20世纪80年代中期,中国的人工智能迎来曙光,开始走上比较正常的发展道路。中华人民共和国国防科学技术工业委员会于1984年召开全国智能计算机及其系统学术讨论会,1985年又召开全国首届第五代计算机学术研讨会。1986年起,把智能计算机系统、智能机器人和智能信息处理等重大项目列入国家高技术研究发展计划(863计划)。

进入21世纪后,更多的人工智能与智能系统研究课题获得国家自然科学基金重点和重大项目、国家高技术研究发展计划(863计划)和国家重点基础研究发展计划(973计划)项目、科技部科技攻关项目、工业和信息化部重大项目等各种国家基金计划支持,并与中国国民经济和科技发展的重大需求相结合,力求为国家做出更大贡献。

近两年来,中国的人工智能已发展成为国家战略。习近平总书记曾发表重要讲话,对发展中国人工智能和机器人学给予高屋建瓴的指示与支持。

第 2 章　算法基础

通过第 1 章的学习,我们对 C 语言简单编程有了初步认识。现实中,我们处理许多问题(例如计算机博弈中的评估与搜索),通常会采用更为复杂的算法加以解决。那么,到底什么是算法?下面进一步介绍其相关知识。

2.1　算法的概念

算法(Algorithm)就是为解决某一个问题而采取的方法和步骤,它被称作程序的灵魂。算法可以理解为由基本运算及规定的运算顺序所构成的完整的解题步骤;或者看成按照要求设计好的、有限的、确切的计算序列,并且这样的步骤和序列可以解决一类问题。

著名的计算机科学家沃斯(N. Wirth)提出过一个经典的公式:

数据结构 ＋算法 ＝程序

该公式是对面向过程程序的概括,说明一个程序主要由两部分组成:

(1) 数据的描述。程序中数据的类型和数据的组织形式,即数据结构(Data Structure)。

(2) 操作的描述。即操作步骤,是对问题解决方案完整的描述,也就是算法。

解决同一问题可能有很多种算法,但它们的效率可能相差很多,因此,选择高质量的算法,有助于提升算法乃至整个程序的效率。

著名的计算机科学家 Kunth 曾把算法的特征归纳为以下 5 点。

1) 有穷性

算法的有穷性(Finiteness)是指算法必须能在执行有限个计算步骤之后终止。

2) 确定性

算法的确定性(Definiteness)是指算法的每一个步骤必须是确定的,不能存在歧义。例如,"如果 $k \leqslant 6$,则输出 2.5;如果 $k \geqslant 6$,则输出 3.5"就存在歧义,当 k 值等于 6 时,既应该输出 2.5,又应该输出 3.5,出现了不确定性。

3）输入项

算法的输入项（Input）是指算法有 0 个或多个输入。

4）输出项

算法的输出项（Output）是指算法有一个或多个输出,没有输出的算法是毫无意义的。

5）可行性

算法的可行性（Effectiveness）,也称为有效性,是指算法中的任何计算步骤都能有效地执行,且能得到确定的结果。例如,3/0 就不能有效执行。

2.2 算法的描述方法

算法有多种描述方法,常用的有自然语言、传统流程图、N-S 流程图、伪代码等。

1. 自然语言

自然语言就是人们日常生活中所用的语言,描述算法时可以使用汉语、英语和数学符号等。自然语言描述的算法通俗易懂,但比较容易产生歧义,且语句比较麻烦、冗长,因此,一般不用自然语言描述算法。

2. 传统流程图

流程图是一种传统的算法表示方法,采用一些图框、文字说明和流程线直观地描述算法的处理过程。ANSI 规定了表 2-1 中传统流程图中的常用符号。

表 2-1 传统流程图中的常用符号

符号名称	符号形状	功　能
起止框	⬭	表示算法的开始和结束
输入/输出框	▱	表示算法中的输入或输出操作
一般处理框	▭	表示算法中的各种处理操作
判断框	◇	表示算法中的条件判断
流程线	→ ↓	表示算法的执行方向
连接点	◯	表示流程图的延续

传统流程图描述的算法清晰、形象,不会产生歧义,但这种描述方式所占的篇幅较大,有时流程线的任意转向都会降低程序的可读性和可维护性。

描述 $sum=1^2+2^2+3^2+4^2+\cdots+100^2$ 算法的流程图如图 2-1 所示。

3. N-S 流程图

N-S 流程图是 1973 年美国学者 I. Nassi 和 B. Shneiderman 提出的一种新的流程图形式,其名称来源于两位学者名字的首字母。在这种流程图中,去掉了带箭头的流程线,全部算法写在一个矩形框内,在该框内还可以包含其他的矩形框。N-S 流程图没有流程线,避免了算法流程的任意转向,使算法只能按照自上而下的顺序执行,保证了程序的质量。这种流

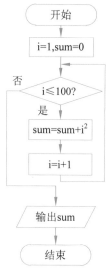

图 2-1　1～100 平方和算法的流程图

程图作图简单,占用篇幅小,形象直观,适于结构化程序设计。N-S 流程图表示的结构化程序设计的 3 种基本结构如图 2-2 所示。

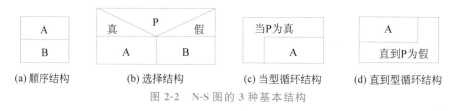

(a) 顺序结构　　(b) 选择结构　　(c) 当型循环结构　　(d) 直到型循环结构

图 2-2　N-S 图的 3 种基本结构

（1）顺序结构。顺序结构如图 2-2(a)所示,表示先执行 A 操作,再执行 B 操作,两者是顺序执行的关系。

（2）选择结构。选择结构如图 2-2(b)所示,表示根据表达式 P 的真与假选择执行一种操作。如果 P 的值为真,执行 A 操作;如果 P 的值为假,执行 B 操作。

（3）循环结构。循环结构如图 2-2(c)和图 2-2(d)所示,分为当型循环结构和直到型循环结构两种。当型循环结构表示当条件 P 为真时,反复执行 A 操作,直到条件 P 为假时结束循环。直到型循环结构表示先执行 A 操作,再判断条件 P 是否为真,若 P 为真,则反复执行 A 操作,直到 P 为假时结束循环。

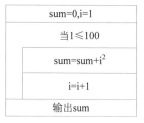

图 2-3　1～100 平方和算法的 N-S 流程图

描述 $sum = 1^2 + 2^2 + 3^2 + 4^2 + \cdots + 100^2$ 算法的 N-S 流程图如图 2-3 所示。

4. 伪代码

伪代码(Pseudo Code)用介于自然语言和计算机语言的文字和符号描述算法。这种描述方式无固定格式和规范,方便易懂,便于向计算机程序转换。

例如,判断 x 的奇偶性的算法可以用伪代码表示如下。

```
if x can be divided by 2 then
    print even
else
    print odd
```

上述算法也可描述如下。

```
若 x 能被 2 整除
    输出 even
否则
    输出 odd
```

以上几种描述算法的方法中，传统流程图和 N-S 流程图比较容易被初学者掌握，先分析问题、描述算法，然后再编写代码是良好的程序设计习惯。

2.3　机器博弈的概念

扫一扫

计算机博弈（Computer Games），也称为机器博弈，就是让计算机学习人的思维模式，像人类一样，能够思维、判断和推理，做出理性决策，与人类选手或另一个计算机进行各种棋类的对弈，如国际象棋、西洋跳棋、六子棋、中国象棋、围棋等。

DeepMind 公司创始人 Demis Hassabis 曾言："游戏（博弈）是测试人工智能算法的完美平台"。而机器博弈是人工智能领域的典型应用，被誉为人工智能学科的"果蝇"，通过机器博弈的过程理解智能的实质，是研究人类思维和实现机器思维最好的实验载体。

机器博弈技术的核心是如何给出走棋方法（亦称着法），这是一个复杂的计算过程。

例 2.1　以中国象棋（图 2-4）为例，介绍计算机是如何下棋的（即机器博弈过程）。

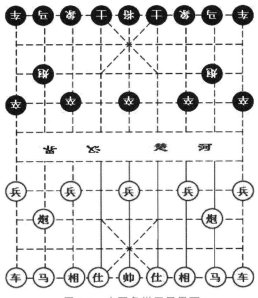

图 2-4　中国象棋开局界面

【分析】　弈棋的过程是双方轮流给出着法，使棋局向着对本方有利的方向发展，直至最后胜利。它涉及的核心技术要点包括:过程建模(棋盘、棋子等的数字化)、状态表示、着法生成、棋局评估、博弈树(Games Tree)搜索、开局库与残局库开发、系统测试与参数优化等。通过搜索,获得最佳路径,找出当前最佳着法。显然,能否正确评估棋局、找到最优着法,将直接影响博弈的结果。因此,棋局评估、博弈树搜索是机器博弈软件中最重要的部分。

我们通常借助博弈树描述机器博弈的过程。假设 A、B 双方进行博弈,A 方为当前行棋 Max 方(己方),B 方为 Min 方(对方),双方行棋的博弈树如图 2-5(a)所示。树枝代表着法,节点代表棋局,根节点代表当前局面,叶子节点代表展开相应深度的终点局面。博弈树代表当前棋局(根节点)的演化和发展,是进行棋局分析的基础。为了寻找最优着法,需要推演局面和展开博弈树,生成该局面下全部或部分感兴趣的着法,从而可以产生博弈树。因此,展开博弈树的过程,就是着法生成的过程。博弈树搜索算法主要有极大极小搜索、负极大搜索和 Alpha-Beta 剪枝等,将在 2.4.2 节中予以介绍。

下面仅以极大极小搜索算法为例,简单介绍博弈树的搜索过程。首先,要在有限深度内展开全部叶子节点,并进行评估,然后自下而上地进行搜索计算。在对己方有利的搜索点上取极大值,而在对己方不利的搜索点上取极小值,博弈树各节点评估值如图 2-5(b)所示。A方节点取其子节点估值的极大值,B 方节点取其子节点估值的极小值,一直反推算到根节点,在反推过程中始终要记住算出该值的子节点是谁,这样就可以得到一个从根节点到叶子节点的一条路径,即"最佳着法",它是双方表现最佳的对弈着法序列。

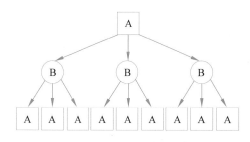

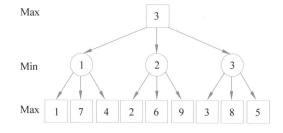

(a) A、B双方行棋的博弈树　　　　　　　　　　(b) 博弈树各节点评估值

图 2-5　二人博弈搜索树

当达到搜索深度限制,若叶子节点不能给出胜—负—和的结果,为了判断结果如何,一般会根据当前棋局形式,给出一个得分,而得分的计算需要依靠评估函数。

搜索算法可以简单描述如下。

输入:当前节点和搜索深度。

输出:节点的最佳走法,及其对应的最佳估值。

操作步骤:

(1) 如果能得到确定的结果或者深度为零,则调用评估函数,返回局面得分;

(2) 如果对手走棋,选择一个得分最小的走法;

(3) 如果己方走棋,选择一个得分最大的走法。

【说明】

(1) 在搜索过程中,需要控制合理的搜索深度。搜索的深度越深,效率越低,但是通常得到的着法也越好。

(2) 不同棋种的评估函数差别很大。设计评估函数,需要考虑不同棋种的特点,通过量化后加权组合而成。关于评估函数的介绍,详见 3.4.3 节。

2.4 博弈算法

机器博弈系统中,典型的关键技术主要包括搜索算法、局面评估、参数优化、机器学习与训练等,其中搜索算法是决定博弈胜负的关键因素之一。

2.4.1 搜索算法的分类与特点

以中国象棋、五子棋、亚马逊棋等为代表的传统二人零和完备信息博弈,其博弈理论已经很成熟。典型的博弈搜索算法,从搜索方向考虑,可以分为深度优先搜索和宽度优先搜索;从控制策略考虑,可以分为盲目搜索和启发搜索;从搜索范围考虑,可以分为穷尽搜索和剪枝搜索。

研究表明,随着搜索深度加深,棋力增强,信息处理量也大幅提升。宽度优先搜索、穷尽搜索和盲目搜索算法的时间和空间开销巨大,难以做到很深的搜索。而且,在实际机器博弈棋牌项目中,常常还有博弈时间限制和实时博弈要求,因此,基本上不可能直接使用此类算法解决相关问题。

【注意】

不能单纯依靠加大搜索深度提高机器博弈能力,还需要将必要的相关博弈知识(例如剪枝技术)引入相应的博弈搜索中。对博弈局面评估得越准确,也就是先验知识越丰富、越正确,其获胜的概率就越高。这也就是为什么机器博弈比赛中,有专业级或下棋水平较高的人员参与,胜率高的重要原因。当然,只有确保搜索算法与评估函数高度协调,博弈系统才能真正发挥有效的或高效的作用。

近几年来,计算机硬件和神经网络、机器学习、大数据等技术的发展,以及并行计算技术的广泛应用,使得深度学习变得更加快速、实用与有效,机器博弈系统的逻辑思维与计算能力也得到大幅提升。

2.4.2 典型博弈算法介绍

1. 极小化极大值算法与负极大值算法

极小化极大值算法又称极大极小算法,是最基本的典型的穷尽搜索方法,它奠定了机器博弈的理论基础。通过极小化极大值算法可以找到对于博弈双方都是最优的博弈值,但该算法对博弈树的搜索是一种变性搜索,算法实现相对麻烦。

负极大值算法是在极小化极大值算法基础上进行改进的算法,它把极小节点值(返回给搜索引擎的局面估值)取绝对值,这样每次递归都选取最大值。

2. 剪枝算法

剪枝算法是机器博弈中最常用的算法之一,它包括深度优先的 Alpha-Beta 剪枝搜索和以此为基础改进与增强的算法。其中,Alpha-Beta 剪枝是其他剪枝算法的基础,它是在极小化极大值算法基础上的改进算法。

目前,多数博弈程序都采用负极大值形式的 Alpha-Beta 搜索算法。为保证 Alpha-Beta 搜索算法的效率,需要调整树的结构,即对搜索节点排序,确保尽早剪枝。在具体应用中,合理地交叉使用各种搜索方法,可以具有更高的效率,且剪枝算法通常与置换表技术相结合,以减少博弈树的规模,提高搜索效率。

3. 启发式算法

启发式算法(Heuristic Algorithm)是一个基于经验构造的算法,在机器博弈中,经常通过排序使得 Alpha-Beta 剪枝的搜索树尽可能地接近最小树,优先搜索好的着法。启发式算法主要有置换表启发、历史启发和杀手启发等算法。

历史启发算法与置换表技术结合可以大幅减小博弈树空间,在残局阶段应用杀手启发算法明显可以节约时间。

4. 迭代深化

迭代深化(Iterative Deepening)也称为遍历深化,是一种常用的蛮力搜索机制,经常使用在深度优先搜索中。迭代深化最初是作为控制时间的机制而提出的,通过对博弈树进行多次遍历,并逐渐提高搜索深度,一直到指定的时间停止。

迭代深化利用 Alpha-Beta 剪枝算法对子节点排序敏感的特点,使用上次迭代后得到的博弈值,作为当前迭代的搜索窗口估值,以此为启发式信息计算当前迭代的博弈值。另外,它以时间为约束条件控制遍历次数,只要时间一到,立即停止搜索。在某些博弈项目的开局和残局,博弈树分支较少,可以进行较深层次的搜索。Alpha-Beta 剪枝经过一系列技术(如置换表、历史启发、迭代深化等)增强后,其性能可大幅提高。

5. 随机搜索算法

随机搜索算法有两种:拉斯维加斯算法和蒙特卡洛算法。采样越多,前者越有机会找到最优解,后者则越接近最优解。通常,要根据问题的约束条件确定随机算法,如果对采样没有限制,但必须给出最优解,则采用拉斯维加斯算法。反之,如果要求在有限采样内求解,但不要求是最优解,则采用蒙特卡洛算法。

在机器博弈中,每步着法的运算时间、堆栈空间都是有限的,且仅要求局部最优解,适合采用蒙特卡洛算法。

1) 蒙特卡洛树搜索算法

在人工智能的问题中,蒙特卡洛树搜索(Monte Carlo Tree Search,MCTS)是一种最优决策方法,它结合了随机模拟的一般性和树搜索的准确性。由于海量搜索空间、评估棋局和落子行为的难度,围棋长期以来被视为人工智能领域最具挑战性的游戏。MCTS 算法不仅适用于非完备信息博弈,也适用于有较大分支因子的博弈,例如围棋项目中,AlphaGo 就是采用 MCTS 算法进行搜索。

2) UCT 搜索算法

UCT(Upper Confidence Bound for Tree)算法,即上限置信区间算法,是一种基于 MCTS 优化的博弈树搜索算法,该算法通过扩展 UCB(Upper Confidence Bound)到极大极小树搜索,将 MCTS 方法与 UCB 方法相结合而产生。

相对于传统的搜索算法,UCT 时间可控,具有更好的鲁棒性,可以非对称动态扩展博弈树,在超大规模博弈树的搜索过程中,表现出时间和空间方面的优势。目前,UCT 在搜索规模较大的完备信息博弈、复杂的多人博弈、非完备信息博弈,以及随机类博弈项目中表现出色。

6. 遗传算法

遗传算法是人工智能领域的关键技术,它是一种非数值、并行、随机优化和搜索启发式的算法,通过模拟自然进化过程随机化搜索最优解。它采用概率化的寻优方法,能自动获取和指导优化的搜索空间,自适应地调整搜索方向、不需要确定的规则,同时具有内在的隐并行性和更好的全局寻优能力。

遗传算法是解决搜索问题的一种通用算法,在机器博弈中,遗传算法通常用于搜索、自适应调整和优化局面评估参数。它的基本思想是将博弈树看作遗传操作的种群,博弈树中由根节点到叶子节点组成的所有子树为种群中的个体。根据优化目标设计评估函数,计算种群中每个个体的适应度函数值,依据适应度函数值的大小确定初始种群,让适应性强(适应度函数值大)的个体获得较多的交叉、遗传机会,生成新的子代个体,通过反复迭代,得到满意解。

采用遗传算法优化局面估值时,可根据博弈程序与其他程序对弈的结果,检验某一组参数获胜的概率。经过多次试验,通常可以找到较好的估值参数。传统的算法一般只能维护一组最优解,遗传算法可以同时维护多组最优解。在实践中,遗传算法被引入中国象棋、国际象棋、亚马逊棋以及禅宗花园游戏等博弈系统的智能搜索与评估优化中。

扫一扫

2.5 机器博弈项目规则

本书中涉及的机器博弈项目规则简单介绍如下,更多项目及其详细规则介绍请访问中国人工智能学会机器博弈专业委员会(中国大学生计算机博弈大赛暨中国锦标赛)网站(http://computergames.caai.cn/)。

2.5.1 井字棋规则

井字棋是一种在 3×3 格子上进行的连珠游戏,如图 2-6 所示。博弈双方轮流在格子里落子,当某方任意三子先形成一条直线,如图中○棋子,则该方获胜。

图 2-6 井字棋界面

2.5.2 亚马逊棋规则

棋盘由黑白相间的 10×10 方格组成,每方各有 4 个棋子,如图 2-7 所示。

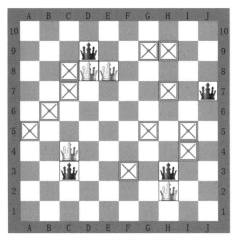

图 2-7　亚马逊棋初始棋盘

　　棋子行棋方法与国际象棋中的皇后相同,即可以在 8 个方向(上、下、左、右、左上、左下、右上、右下)上任意行走,但不能穿过阻碍;当某方行棋时,先移动一个棋子,再由该棋子释放一个障碍,障碍的释放方法与棋子的移动方法相同;当某方完成某次移动后,对方 4 个棋子均不能再移动时,对方将输掉比赛;整个比赛中双方均不能吃掉任何一方的棋子或障碍。

2.5.3　五子棋规则

　　棋盘由纵、横各 15 条平行线交叉构成,棋子分黑、白两色,如图 2-8 所示。

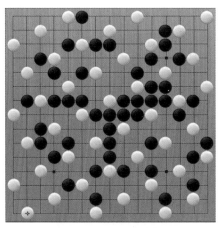

图 2-8　五子棋棋盘

　　本书样例采用简单的规则,即博弈双方分别使用黑、白两色的棋子,交替在棋盘交叉点上落子,先形成同色五子连线者获胜。在实际的机器博弈比赛中,还要考虑指定开局、禁手等规则。

2.5.4　爱恩斯坦棋规则

　　棋盘为 5×5 的方格形棋盘,如图 2-9 所示,左上角为红方出发区,右下角为蓝方出发区;红、蓝方各有 6 个棋子,分别标有数字 1～6。

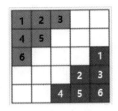

图 2-9　爱恩斯坦棋棋盘

开局时双方棋子在出发区的棋位可以随意摆放,双方轮流掷骰子,然后走动骰子显示数字相对应的棋子。如果相对应的棋子已从棋盘上移出,便可走动与此数字最接近的两边棋子。红方棋子走动方向为向右、向下、向右下,每次走动一格;蓝方棋子走动方向为向左、向上、向左上,每次走动一格。如果棋子走动的目标棋位上有棋子,则要将该棋子从棋盘上移出(吃掉),率先到达对方出发区角点或将对方棋子全部吃掉的一方获胜。每轮双方轮流先手,对弈 7 盘,先胜 4 盘为胜方。

2.6　小结

本章主要介绍了如下内容:

(1) 算法的基本概念,以及自然语言、传统流程图、N-S 流程图、伪代码 4 种常用的算法描述方法。

(2) 机器博弈基本概念,机器博弈算法的分类与特点,典型的博弈算法(极小化极大值算法、剪枝算法、蒙特卡洛算法、遗传算法等)。

(3) 本书涉及的机器博弈棋类规则简介。

2.7　习题

1. 简述结构化程序设计中有哪 3 种基本结构。
2. 简述描述算法常用的方法有哪些。

2.8　扩展阅读——机器博弈的发展历程

1. 机器博弈的概念

机器博弈,是人工智能的一个重要的研究领域。早期人工智能的研究与实践,正是从计算机下棋开始。研究机器博弈的目的,就是让计算机模仿人脑思维,自行下棋。如果能够掌握下棋的本质,也许就掌握了人类智能行为的核心。那些能够存在于下棋活动中的重大原则,或许就存在于其他需要人类智能的活动中。

机器博弈是人工智能领域最具有挑战性的课题之一。它从模仿人脑智能的角度出发,以计算机下棋为研究载体,通过模拟人类棋手的思维过程,构建一种更接近人类智能的博弈信息处理系统,并可以拓展到其他相关领域,解决实际工程和科学研究领域中博弈相关的难以解决的复杂问题。

机器博弈从人工智能角度探讨研究问题,是知识工程演绎的平台,是研究人工智能科学的"果蝇"。如何模仿人类思考,提高机器智能,是机器博弈研究的精髓所在。针对该领域的技术进行研究,有助于更好地理解人类的智能,更好地推动人工智能技术和相关产业的融合与发展。作为人工智能研究的一个重要分支,它是检验计算机技术及人工智能发展水平的一个重要方向,为人工智能带来很多重要的方法和理论,极大地推动了科研进步,并产生了广泛的社会影响和学术影响。将来,大批机器博弈科研人才将成为民用、军工企业发展的强大技术引擎,对引领未来的机器博弈相关产业的发展,必将产生深远影响。

2. 国外机器博弈的发展历程

棋类游戏一直被视为顶级人类智力及人工智能的试金石。历史上,人工智能与人类棋手的对抗一直在上演。早在计算机诞生之初,计算机之父、数学家和博弈论的创始人冯·诺依曼(John von Neumann)提出用于博弈的极大极小思想。随后,信息论的创始人香农(Claude Shannon)教授,又给出极大极小算法,从而奠定了现代机器博弈的理论基础。

1957年,诺贝尔经济学奖和杰出科学贡献奖的获得者赫伯特·西蒙教授曾预测:"计算机在10年内将成为世界的国际象棋冠军!"

1958年,IBM公司推出一台每秒可以进行200步运算的计算机,与人类进行国际象棋博弈,结果被人类棋手打得丢盔卸甲。

在此后的几十年中,计算机程序不断挑战人类棋手,但面对人类高手,皆以失败告终。从20世纪末至今,几次举世闻名的人机大战(见图2-10)已经成为人工智能历史上的重要里程碑。

图 2-10 历史上举世闻名的人机大战

1997年,IBM超级电脑"深蓝"挑战并击败了国际象棋世界冠军、俄罗斯棋手卡斯帕罗夫,这是基于知识规则引擎和强大计算机硬件的人工智能系统的胜利,也是人工智能程序首次战胜人类顶级棋手,是"人机大战"历史上一个重要的里程碑,从而引发全球媒体对人工智能的关注。从此,欧美传统里的顶级人类智力游戏国际象棋,顶尖棋手在顶级人工智能面前只能一败涂地。

2011年,IBM公司的问答机器人"沃森"在美国智力问答竞赛节目中大胜人类冠军,这是基于自然语言理解和知识图谱的人工智能系统的胜利。

未被顶级人工智能程序突破的人类智力游戏高地所剩不多,围棋是其中之一。长期以来,围棋人工智能举步维艰,其顶级人工智能仅相当于人类业余棋手水平,直到谷歌公司基于深度学习技术开发了人工智能程序——AlphaGo围棋程序。

2016年,AlphaGo与韩国棋手李世石的围棋大战,AlphaGo最终以4:1的战绩战胜李

世石,这是基于蒙特卡洛树搜索和深度学习的人工智能系统的胜利。

2017年,AlphaGo再次挑战围棋世界冠军、中国棋手柯洁,这次"人机大战",AlphaGo最终仍然获胜,在学术界产生了空前的影响。这标志着机器博弈技术取得重大成功,是机器博弈发展史上新的跃迁。

人工智能对人类顶级选手压倒性胜利,进一步引发全球对人工智能的关注,掀起了人工智能热潮。可以预见,在机器博弈领域越来越多的人机博弈项目中,人工智能的战绩将越来越耀眼。从某种意义上说,机器博弈程序的人工智能水平代表了人工智能的发展程度,正是对机器博弈的研究,引领了人工智能的发展。

人工智能的胜利,既是人类创造力与智慧的结晶,也是科学发展的必然,同样也是人类最终的胜利。可以说,人工智能的胜利本质上仍是人类的胜利。

3. 中国机器博弈的发展历程

中国机器博弈研究起步于二十世纪八九十年代,相对较晚,仅有少数科研机构和学者参与,机器博弈研究氛围沉寂。二十一世纪初,东北大学徐心和教授带领团队对机器博弈展开了深入研究,并在其带领下,与一群专家、学者共同创建了中国人工智能学会机器博弈专业委员会,为我国机器博弈技术发展搭建了一个研究与交流的平台。特别是2006年以来,中国人工智能学会机器博弈专业委员会的推动,极大地促进了国内机器博弈技术的研究与发展,越来越多的高校和科研机构参与到机器博弈相关领域的研究中。

2017年7月8日,国务院印发了《新一代人工智能发展规划》,其中明确提出:开展综合深度推理与创意人工智能理论与方法、非完全信息下智能决策基础理论与框架、数据驱动的通用人工智能数学模型与理论等研究;支持开展人工智能竞赛。《新一代人工智能发展规划》给我国人工智能发展指明了道路,为机器博弈发展注入新的活力并带来更多机遇。

近几年,机器博弈不仅在学术界掀起对其研究的热潮,还带动与之密切相关产业的飞速发展。庞大的机器博弈产业吸引了众多公司争相跟进,学术界与产业界结合日趋紧密。企业积极与从事机器博弈领域研究的专家学者展开多方位的合作,将学者们的科研成果转化为具有更高人工智能水平的产品。随着机器博弈与相关领域产学研相结合,机器博弈技术真正进入实用阶段,在我国智能化建设中展示了巨大的潜在应用价值。在国家层面政策的支持下,我国机器博弈领域的研究与应用进入快速发展的新阶段。

第3章 数据类型与表达式

如何让计算机下棋？为了让计算机能够下棋，在机器博弈程序设计中，首要任务就是通过恰当的数据结构使棋类要素数字化，以亚马逊棋(界面如图 3-1 所示)为例，通常需要考虑棋盘大小，棋子坐标，棋局状态(有无走子、落子)，棋规(着法规则、胜负规则)等情况，要表示这些信息，需要用到数据类型、常量、变量等相关知识。

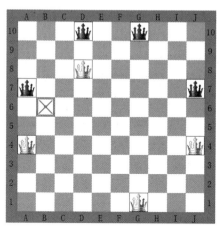

图 3-1　亚马逊棋博弈界面(白棋 D1 走到 D8，在 B6 放一个障碍)

在 C 语言中，所有数据都有自己的类型，数据类型是按被说明量的性质、表示形式、占据存储空间的多少、构造特点划分的。数据类型可分为基本数据类型、构造数据类型、指针类型和空类型四大类，具体如表 3-1 所示。

表 3-1　C 语言的数据类型

序　号	类　　型	描　　述
1	基本数据类型	基本数据类型是自我说明的，即其值不可以再分解为其他类型，包括整型、字符型、实型(浮点型)、枚举类型

序号	类　型	描　述
2	构造数据类型	亦称为聚合类型,是根据已定义的一个或多个数据类型用构造的方法定义的。即一个构造类型的值可以分解成若干个"成员"或"元素"。每个"成员"都是一个基本数据类型或是一个构造类型。它包括数组类型、结构类型、共用体(联合)类型
3	指针类型	指针是一种特殊的,同时又具有重要作用的数据类型。其值用来表示某个变量在内存中的地址。虽然指针变量的取值类似于整型量,但这是两个类型完全不同的量,因此不能混为一谈
4	空类型	用 void 说明,表明没有可用的值。它通常用于以下几种情况:函数返回值为空、函数参数为空、指针指向为空

本章接下来的内容结合机器博弈的应用,先介绍基本数据类型中的整型、浮点型和字符型,其他几种数据类型会在后面章节中进行讲解。

 棋局要素

扫一扫

在机器博弈程序开发过程中,通常要重点考虑如下几部分内容:棋局博弈状态的表示、博弈平台或界面、着法搜索算法与局面评估函数。

其中,棋局博弈状态的数据表示直接影响程序的时间及空间复杂度,为了追求更高的效率,针对不同棋类的特点,可采用多种不同的表示方法。例如,棋盘可以考虑用数组(将在第6章介绍)表示,也可以用位棋盘(bit boards,将在第13章介绍)表示。博弈平台或界面最基本的功能是显示博弈过程,界面设计是否合理,将直接影响人机交互的流畅性。此外,还要判断博弈双方的行棋是否符合博弈项目的规则,以及最终胜负结果。着法搜索算法与局面评估函数是机器博弈系统开发中体现程序 AI 水平的关键技术,着法搜索算法的功能是从指定范围内的合法着法中找出最优解,局面评估函数用于评价局面优劣,二者通常配合使用。

在机器博弈开局时,博弈双方局面状态通常采用某种定式,例如中国象棋或亚马逊棋棋盘的初始布局,通常可以用常量表示此类开局状态。

但在机器博弈程序运行过程中,棋局状态不断发生改变,例如棋子的位置、状态(吃子、走子等),对应的信息显然不能再用常量表示,此时博弈局面数字化表示需要用到变量。

以图 3-1 所示的亚马逊棋博弈界面为例,可以用一个 10×10 的二维数组 chessboard[10][10]表示棋盘,数组中每一个元素表示棋盘上一个格子的状态。0 表示该格子里没有棋子,1 表示该格子里有一个黑棋,2 表示该格子里有一个白棋,3 表示该格子里有一个障碍。棋盘初始化语句如下。

```
int  chessboard[10][10] ={{0,0,0,1,0,0,1,0,0,0},{0,0,0,0,0,0,0,0,0,0},
                          {0,0,0,0,0,0,0,0,0,0},{1,0,0,0,0,0,0,0,0,1},
                          {0,0,0,0,0,0,0,0,0,0},{0,0,0,0,0,0,0,0,0,0},
                          {2,0,0,0,0,0,0,0,0,2},{0,0,0,0,0,0,0,0,0,0},
                          {0,0,0,0,0,0,0,0,0,0},{0,0,0,2,0,0,2,0,0,0}};
```

白棋 D1 走到 D8,在 B6 放一个障碍后,棋局状态数据如下:

{{0,0,0,1,0,0,1,0,0,0}, {0,0,0,0,0,0,0,0,0,0},
{0,0,2,0,0,0,0,0,0,0}, {1,0,0,0,0,0,0,0,0,1},
{0,3,0,0,0,0,0,0,0,0}, {0,0,0,0,0,0,0,0,0,0},
{2,0,0,0,0,0,0,0,0,2}, {0,0,0,0,0,0,0,0,0,0},
{0,0,0,0,0,0,0,0,0,0}, {0,0,0,0,0,0,2,0,0,0}}

3.2 常量与变量

对于基本类型的数据,根据其值在程序运行过程中是否允许被改变,可分为常量和变量。在程序执行过程中,其值不允许发生改变的量称为常量,而其值可变的量则称为变量。在 C 程序中,变量必须先定义后使用。可以把数据类型与常量、变量相结合进行分类,例如,整型常量、整型变量,浮点型常量、浮点型变量。

3.2.1 常量

常量可以是整型常量、浮点型常量、字符型常量,以及枚举常量等任何的基本数据类型。例如:

(1) 整型常量,如 123、0、−123。

(2) 浮点型常量,如 1.23、0.0、−1.23。

(3) 字符型常量,如'C'、'G'、'0'。

1. 整型常量

在 C 语言中,整型数据在计算机的内存中是以补码形式存放的。通常使用的整数有十进制数、八进制数和十六进制数 3 种,在程序中根据前缀区分各种进制数。

1) 十进制数

十进制整数没有前缀,其数码为 0~9。例如,1234、−1234、0 是合法的十进制整数。

2) 八进制数

八进制整数通常是无符号数,且以 0 作为前缀,数码取值为 0~7。例如,016(十进制数为 14)、0101(十进制数为 65)是合法的八进制数。

3) 十六进制数

十六进制整数的前缀为 0X 或 0x,其数码取值为 0~9、A~F 或 a~f。例如,0X12(十进制数为 18)、0XFFFF(十进制数为 65535)是合法的十六进制整数。

无符号数也可用后缀表示,整型常数的无符号数的后缀为"U"或"u"。例如:123u、0x12Au、123Lu 均为无符号数。前缀、后缀可同时使用,以表示各种类型的数,如 0X123Lu 表示十六进制无符号长整数 123。

2. 浮点型常量

浮点型也称为实型。浮点型常数也称为实数或者浮点数,由整数部分、小数点、小数部分和指数部分组成。在 C 语言中,实数只采用十进制。它有两种形式:小数形式和指数形式。

1) 小数形式

当使用小数形式表示时,由数码 0~9 和小数点组成,且至少包含整数部分、小数部分两

者之一。例如,0.0、0.123、1.23、123.0、123.、-1.23 等均为合法的实数。

2) 指数形式

当使用指数形式表示时,由十进制数加阶码标志"E"或"e"以及阶码(只能为整数,可以带符号)组成,且至少包含小数点、指数两者之一。例如,实数正确的书写形式如下。

1.23E4(等于 $1.23×10^4$)、1.23E-4(等于 $1.23×10^{-4}$)、-0.123E4(等于 $-0.123×10^4$)。

以下是不合法的实数:

123(无小数点)、E123(阶码标志 E 之前无数字)、123.-E4(负号位置不对)、1.23E(无阶码)。

标准 C 允许使用后缀"f"或"F"表示该数为浮点数,如 123f 和 123.等价。

【注意】 浮点型常数都按双精度 double 型处理。

3. 字符型常量

字符型常量是用单引号括起来的一个字符。例如,'a'、'1'、'+'、'! ',都是合法的字符数据。字符型常量具有如下特点。

(1) 字符型常量只能用单引号括起来,不能用其他符号。

(2) 字符型常量只能是单个字符,不能是字符串。

(3) 字符型常量可以是字符集中的任意字符。但数字被定义为字符型之后就不能参与数值运算。

【注意】 '1'与 1 不同,'1'是一个字符。

在 C 语言中,有一种特殊的字符,称为转义字符。它以反斜线"\"开头,后跟一个或几个字符,含义不同于原有的字符。转义字符主要用来表示那些用一般字符不便于表示的控制代码。C 语言常用的转义字符及其含义如表 3-2 所示。

表 3-2 C 语言常用的转义字符及其含义

转义字符	转义字符的意义	ASCII 代码
\n	回车换行	10
\t	横向跳到下一制表位置	9
\b	退格	8
\r	回车	13
\f	走纸换页	12
\\	反斜线符"\"	92
\'	单引号符	39
\"	双引号符	34
\a	鸣铃	7
\ddd	1~3 位八进制数所代表的字符	
\xhh	1~2 位十六进制数所代表的字符	

广义地讲,C 语言字符集中的任何一个字符均可用转义字符表示。表中,\ddd 和\xhh 中,ddd 和 hh 分别为八进制和十六进制的 ASCII 码值,如\101 表示字母'A',\134 表示反斜

线,\XOA 表示换行等。

4. 字符串常量

字符串常量是由一对双引号括起的字符序列。例如,"Computer Games"和"勤劳的中华儿女"等都是合法的字符串常量。字符串常量和字符常量是不同的量。它们之间主要有以下区别。

(1) 字符常量由单引号括起来,字符串常量由双引号括起来。

(2) 字符常量只能是单个字符,字符串常量则可以含一个或多个字符。

(3) 可以把一个字符常量赋予一个字符变量,但不能把一个字符串常量赋予一个字符变量。在 C 语言中没有相应的字符串变量。这是与 Basic 语言不同的。但是可以用一个字符数组存放一个字符串常量,此内容将在第 6 章予以介绍。

(4) 字符常量占一字节的内存空间。字符串常量占的内存字节数等于字符串中的字节数加 1。增加的一字节中存放字符'\0'(ASCII 码值为 0),这是字符串结束的标志。例如:

字符串 "Computer Games" 在内存中所占的字节为

字符常量'a'和字符串常量"a"虽然都只有一个字符,但在内存中的情况是不同的。'a'在内存中占一字节,可表示为

a

"a"在内存中占两字节,可表示为

5. 符号常量与常变量

在 C 语言中,可以用一个标识符表示一个常量,通常称之为符号常量。符号常量就像常规的变量,只不过符号常量的值在定义后不能进行修改,且符号常量在使用之前必须先定义,其一般形式如下:

#define 标识符 常量

例如:

define PI 3.1415926

其中,#define 是一条预处理命令(预处理命令都以"#"开头),称为宏定义命令(在第 8 章进一步介绍),其功能是把该标识符定义为其后的常量值。符号常量与变量不同,它的值在其作用域内不能改变,也不能再被赋值。一经定义,在以后的程序中,所有出现该标识符的地方均以该常量值代之。显然,使用符号常量的好处是:含义清楚,且可以"一改全改"。

除了使用#define 预处理命令,还可以使用 const 关键字定义常量。

使用 const 前缀声明指定类型的常量,其一般形式如下:

const 数据类型变量名=值;

例如：

```
const int LENGTH=10;      //定义棋盘长度
const int WIDTH=10;       //定义棋盘宽度
const char status='Y';    //定义棋局状态
```

【说明】

用 const 定义常量，实际上是改变变量的存储状态，是其值不允许改变的常变量，在编译、运行阶段会执行类型检查。

用♯define 定义的常量，是不带类型的常数，仅进行简单的字符替换，在预编译阶段起作用，不做任何类型检查。

3.2.2　变量

程序运行期间，其值可以改变的量称为变量，它其实是程序可操作存储区的名称。一个变量有一个名字，在内存中占据一定的存储单元。在变量使用之前必须对变量定义，一般放在函数体的开头部分。

C 语言中，每个变量都有特定的类型，类型决定了变量存储的大小和布局，该范围内的值都可以存储在内存中，运算符可应用于变量上。

变量的名称可以由字母、数字和下画线字符组成，必须以字母或下画线开头。因为 C 语言对大小写敏感，所以大写字母和小写字母是不同的。基于前面讲解的基本类型常量，有如下几种基本的变量类型。

1. 整型变量

(1) 基本型：类型说明符为 int。

(2) 短整型：类型说明符为 short int 或 short。

(3) 长整型：类型说明符为 long int 或 long。

(4) 无符号型：类型说明符为 unsigned。无符号型又可与上述 3 种类型匹配而构成。

- 无符号基本型：类型说明符为 unsigned int 或 unsigned。
- 无符号短整型：类型说明符为 unsigned short。
- 无符号长整型：类型说明符为 unsigned long。

各种无符号类型量所占的内存空间字节数与相应的有符号类型量相同。但由于省去了符号位，故不能表示负数。整型变量的存储大小和取值范围如表 3-3 所示。

表 3-3　整型变量的存储大小和取值范围（VS 2010 环境）

类型说明符	存储大小	值 范 围
int	4B	$-2\ 147\ 483\ 648$ 到 $2\ 47\ 483\ 647$，即 $-2^{31} \sim (2^{31}-1)$
unsigned int	4B	0 到 $4\ 294\ 967\ 295$，即 $0 \sim (2^{32}-1)$
short	2B	$-32\ 768$ 到 $32\ 767$，即 $-2^{15} \sim (2^{15}-1)$
unsigned short	2B	0 到 $65\ 535$，即 $0 \sim (2^{16}-1)$
long	4B	$-2\ 147\ 483\ 648$ 到 $2\ 147\ 483\ 647$，即 $-2^{31} \sim (2^{31}-1)$
unsigned long	4B	0 到 $4\ 294\ 967\ 295$，即 $0 \sim (2^{32}-1)$

【注意】 各种类型的存储大小与系统位数有关,为了得到某个类型或某个变量在特定平台上的准确大小,可以使用 sizeof 运算符的表达式 sizeof(变量或类型)得到变量或类型存储字节的大小。

2. 浮点型变量

浮点型变量分为单精度(float 型)、双精度(double 型)和长双精度(long double 型)3类,其所占内存空间及数值范围如表 3-4 所示。

表 3-4　浮点型数据占用空间及数值范围(VS 2010 环境)

类型说明符	存储大小	值　范　围
float	4B	$1.2 \times 10^{-38} \sim 3.4 \times 10^{38}$
double	8B	$2.3 \times 10^{-308} \sim 1.7 \times 10^{308}$
long double	8B	$2.3 \times 10^{-308} \sim 1.7 \times 10^{308}$

浮点型数据在内存中一般按指数形式存储。例如,浮点数 1.23456 在内存中的存放形式如下:

+	.123456	1
数符	小数部分	指数

- 小数部分占的位数越多,数的有效数字越多,精度越高。
- 指数部分占的位数越多,则能表示的数值范围越大。

3. 字符型变量

字符型变量用来存储单个字符,其类型说明符是 char。每个字符型变量被分配一字节的内存空间,只能存放一个字符。字符型变量所占存储空间及取值范围如表 3-5 所示。

表 3-5　字符型变量所占存储空间及取值范围

类型说明符	存储大小	值　范　围
char	1B	$-128 \sim 127$ 或 $0 \sim 255$
unsigned char	1B	$0 \sim 255$
signed char	1B	$-128 \sim 127$

字符以 ASCII 码的形式存放在变量的内存单元中,可以把它们看成整型量。C 语言允许字符变量参与数值运算,即用字符的 ASCII 码值参与运算。可以对整型变量赋以字符值,也可以对字符变量赋以整型值。在输出时,允许把字符变量按整型量输出,也允许把整型量按字符量输出。字符量为单字节量,当整型量按字符型量处理时,只有低字节参与处理。

3.2.3　变量的定义与声明

1. 变量定义

变量定义就是告诉编译器在何处创建变量的存储,以及如何创建变量的存储。变量定

义指定一个数据类型,并包含了该类型的一个或多个变量的列表。其一般形式如下:

类型说明符 变量名标识符 1,变量名标识符 2,…,变量名标识符 n;

在这里,类型说明符必须是一个有效的 C 语言数据类型,可以是 char、int、float、double 或任何用户自定义的对象,**变量名标识符**可以由一个或多个标识符名称组成,多个标识符之间用逗号分隔,且类型说明符与变量名之间至少用一个空格间隔。下面列出几个有效的定义。

```
int x,y;                //x、y 为整型变量,可以表示棋子走子坐标
float power;            //power 为单精度实型变量,可以表示局面评估值
double m,n;             //m、n 为双精度实型变量
char a,b;               //a、b 为字符型变量
```

【注意】 由于实型变量是由有限的存储单元组成的,能提供的有效数字总是有限的,因此,在运算过程中,实型数据可能存在舍入误差。例如,1.0/3 * 3 的结果并不等于 1。

2. 变量声明

变量声明向编译器保证变量以指定的类型和名称存在,这样,编译器在不需要知道变量完整细节的情况下也能继续进一步编译。变量声明只在编译时有意义,在程序连接时编译器需要实际的变量定义,即变量声明之后,需要定义才能使用。

变量的声明有两种情况:

(1) 一种是需要建立存储空间的。例如,int x,y;在声明的同时就已定义,并分配了存储空间。

(2) 另一种是不需要建立存储空间的,通过使用 extern 关键字声明变量名,而不定义它。例如:

```
extern int x; //声明一个全局变量 x,变量 x 可在其他文件中定义
```

变量定义与声明的区别在于:

变量定义也是声明,变量定义为变量分配存储空间,而声明不会。变量定义还可为变量指定初始值。变量声明用于向程序表明变量的类型和名字。程序中变量可以声明多次,但只能定义一次。

3.2.4 变量初始化

在 C 语言程序中常常需要对变量赋值,以便使用变量。变量可以在定义的时候被初始化(指定一个初始值)。变量初始化由赋值符号后跟一个常量表达式组成,其一般形式如下:

类型说明符 变量 1=值 1,变量 2=值 2,……;

下面列举几个定义并初始化的实例:

```
int x=1,y=2;
float a=3.2,b=3f;
char str1='C',str2='G';
```

【注意】 在定义中不允许连续赋值,如 int a=b=c=5 是错误的。

对于未初始化的变量定义,带有静态存储持续空间的变量默认被初始化为 NULL(值

为 0),其他变量的初始值都是不确定的。

例 3.1　2020 年 11 月 24 日,总质量 8.2 吨的"嫦娥五号"探测器,由"长征五号"运载火箭成功发射。这句话中的数字可以用什么基本数据类型变量存储?

【分析】　年月日可以用整型变量存储,探测器总质量可以用浮点型变量存储。

各变量可以定义如下:

```
int year=2020,month=11,date=24;
float weight=8.2;
```

3.3　数据类型转换

求解一个表达式值时,如果一个表达式中含有不同类型的数据,最终会转换为同种类型数据。数据类型转换的方法有两种:一是隐式转换,由编译器自动执行;二是显式转换,通过使用**强制类型转换运算符**实现。编程时,在需要类型转换时使用强制类型转换运算符,是一种良好的编程习惯。

3.3.1　隐式类型转换

隐式类型转换由编译系统自动完成,不同类型的数据混合运算时,遵循以下转换规则,如图 3-2 所示。

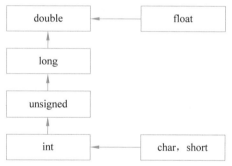

图 3-2　隐式类型转换规则图

(1) 如果一个运算符两边的数据类型不同,先按数据长度增加的方向将其转换成同一数据类型,再进行运算,以保证不降低精度。如 char 型和 short 型参与运算时,必须先转换成 int 型。int 型和 long 型运算时,先把 int 型量转成 long 型后再进行运算。

(2) 浮点运算都以双精度进行,即使仅含单精度量运算的表达式,也要先转换成双精度型,再进行运算。

(3) 在赋值运算中,如果赋值运算符两边数据类型不相同,系统将自动进行类型转换,即把赋值符号右边量的类型转换为左边量的类型。

① 如果右边量的数据类型长度比左边长时,将丢失一部分数据,这样会降低精度。

② 整型量赋给浮点型变量,数值不变,但将以浮点形式存储,即增加小数部分(小数部分的值为 0)。

③ 字符型量赋给整型变量,仅将字符的 ASCII 码值放到整型变量低八位中,高位为 0。

④ 整型量赋给字符型变量,只把低八位赋予字符变量。

例如,有如下语句:

```
int s,r=5;
s=r*r*3.14;
```

其中,变量 s、r 为整型。在执行 s＝r＊r＊3.14;语句时,r 转换成 double 型计算,结果也为 double 型。但由于 s 为整型,故赋值结果仍为整型,舍去了小数部分。

例 3.2　给定华氏温度为 30,计算并输出相应的摄氏温度(浮点型数据)。已知华氏温度 F 与摄氏温度 C 间的计算公式为 $C=\dfrac{5}{9}(F-32)$。

【分析】　定义华氏温度为整型变量,相应的摄氏温度为浮点型数据,计算过程中数据类型自动转换为浮点型。参考程序如下:

```
01   #include<stdio.h>
02   int main(void)
03   {
04       int f=30;                        //定义整型变量 f 存储华氏温度
05       float c=5.0/9*(f-32);            //定义浮点型变量 c 存储摄氏温度
06       printf("摄氏温度=%f\n",c);        //输出浮点型数据
07       return 0;
08   }
```

【思考】　将程序第 5 行的 5.0 换为 5,结果会如何?

3.3.2　显式类型转换

显式类型转换,即强制类型转换,把表达式显式地从一种类型强制转换为另一种数据类型,一般形式如下:

(类型说明符)(表达式)

例如,把一个 float 型数据 a 转换为整型,可以用(int)a 显式类型转换。

使用强制转换时应注意以下问题:

(1) 类型说明符和表达式都必须加括号(单个变量可以不加括号),如把(int)(a＋b)写成(int)a＋b 则成了把 a 转换成 int 型之后再与 b 相加了。

(2) 无论是显式类型转换还是隐式类型转换,都只是为了本次运算的需要而对变量的数据长度进行的临时性转换,而不改变数据说明时对该变量定义的类型。

例如:

```
float pi=3.1415926;
```

(int)pi 的值强制转换为整数 3(舍去了小数部分),但该值是临时性的,仅在运算中起作用,而 pi 本身的类型并不改变,其值仍为 3.1415926。

3.4　运算符和表达式

C 语言中运算符丰富,可以分为 10 类,包括算术运算符、关系运算符、逻辑运算符、位操作运算符、赋值运算符、条件运算符、逗号运算符、指针运算符、求字节数运算符、特殊运算符,具体如附表 A-1 所示。C 语言运算符有优先级和结合性两个属性。

1. 运算符的优先级

C 语言中,运算符的运算优先级由高到低共分为 15 级。在表达式中,优先级较高的先于优先级较低的进行运算,优先级相同时,则按运算符的结合性所规定的结合方向处理。

一般而言,单目运算符优先级较高,赋值运算符优先级较低。算术运算符优先级较高,关系和逻辑运算符优先级较低。

2. 运算符的结合性

运算符的结合性是指同一优先级的运算符在表达式中操作的组织方向,即当一个运算对象两侧运算符优先级相同时,运算对象与运算符的结合顺序,C 语言运算符的结合方向分为两种,即左结合性(自左至右的结合方向)和右结合性(自右至左的结合方向)。

大多数运算符的结合方向是从左至右,仅有三类运算符的结合方向是从右至左,即单目运算符(++、− −、−、!)、条件运算符(?)以及赋值运算符(=)。例如,x=y=z,由于"="的右结合性,应先执行 y=z 再执行 x=(y=z)运算。C 语言运算符的优先级和结合性具体如附表 A-1 所示。

表达式是由常量、变量、函数和运算符组合起来的式子,单个常量、变量、函数可以看作表达式的特例。各运算量参与运算的先后顺序不仅要遵守运算符优先级别的规定,还要受运算符结合性的制约,以便确定是自左向右进行运算,还是自右向左进行运算。这种结合性是其他高级语言的运算符所没有的,因此也增加了 C 语言的复杂性。

3.4.1　算术运算符及其表达式

算术运算符包括"+""−""*""/""％""++"和"− −"。算术表达式则是用算术运算符和括号将运算对象(也称操作数)连接起来的、符合 C 语言语法规则的式子。在算术运算符中:

减法运算符"−",为双目运算符时,具有左结合性;作负值运算符时,为单目运算,具有右结合性,如−x、−5 等。

除法运算符"/",参与运算量均为整型时,结果也为整型,舍去小数。运算量中若有一个为实型,则结果为双精度实型。

求余运算符(模运算符)"％"要求参与运算的量均为整型。求余运算的结果等于两数相除后的余数。

自增、自减运算符"++"和"− −"的功能是使变量值自增 1 或自减 1,它们均为单目运算符,都具有右结合性。自增、自减运算符形式如表 3-6 所示。

表 3-6 自增、自减运算符形式

运算式	含　义	运算式	含　义
++i	i 先自增 1 后,再参与其他运算	i++	i 先参与其他运算,i 的值再自增 1
--i	i 先自减 1 后,再参与其他运算	i--	i 先参与其他运算,i 的值再自减 1

假设 i 的当前值为 5,则 y=i++;语句运行后,y 值为 5,i 值为 6。若 i 的当前值为 5,则 y= ++i;语句运行后,y 值为 6,i 值也为 6。

3.4.2　赋值运算符及其表达式

1. 简单赋值运算符和表达式

简单赋值运算符记为“=”,赋值运算符具有右结合性。由赋值运算符连接的式子称为赋值表达式。简单赋值表达式的功能是计算表达式的值后再赋予左边的变量。其一般形式如下:

变量=表达式

凡是表达式可以出现的地方均可出现赋值表达式。例如,x=y=c=(a=1)+(b=2)是合法的,可理解为 x=(y=(c=((a=1)+ (b=2))))。其意义是把 1 赋予 a,2 赋予 b;再把 a、b 相加的和赋予 c,故 c 值为 3;最后把 c 赋予 y,y 赋予 x。

在赋值表达式末尾加上分号,就构成赋值语句。

2. 复合赋值运算符

在赋值运算符“=”之前加上其他二目运算符可构成复合赋值运算符,如+=、-=、*=、/=、%=、<<=、>>=、&=、^=、|=。复合赋值表达式的一般形式如下:

变量 双目运算符=表达式

它等效于:

变量=变量 运算符 表达式

例如:

y*=x+1

等价于

y=y*(x+1)

复合赋值运算符的写法,有利于编译处理,能提高编译效率,并产生质量较高的目标代码。

例 3.3　语句 y=(x=a+b),(b+c),(a+c);运行后,求表达式的结果。

【分析】 在 C 语言中,逗号“,”也是一种运算符,称为逗号运算符。其功能是把前后两个表达式连接起来,组成一个表达式,该表达式称为逗号表达式,其一般形式如下:

表达式 1,表达式 2,…,表达式 n

其求值过程是分别求各个表达式的值,并以最后一个表达式 n 的值作为整个逗号表达式的值。程序中使用逗号表达式,通常要分别求逗号表达式内各个表达式的值,但有时候并不一定要求整个逗号表达式的值。本例中,y 等于整个逗号表达式的值,也就是表达式(a＋c)的值。

【注意】 并不是在所有出现逗号的地方都组成逗号表达式,如在变量定义中、函数参数列表中,逗号只是用作各变量之间的间隔符。

扫一扫

3.4.3 机器博弈中的局面评估函数

机器博弈中,评价当前局面是否对己方有利,通常需要借助评估函数。评估函数通常可以用表达式形式描述,表达式中的各个变量分别代表不同的因素和权重系数。设计评估函数需要考虑诸多因素,在完备信息博弈中双方的子力(Material)、领地(Territory)、位置(Position)、空间(Space)、机动性(Mobility)、拍节(Tempo)、威胁(Threat)、形状(Shape)、图案(Motif)都可以作为评估参数,非完备信息博弈中除了己方已知参数外,还要猜测对手的情况,并通过量化后加权组合而成。

以亚马逊棋为例,根据规则,博弈双方目标是用自己的棋子和障碍将对手的棋子困住,因此一般采取占领地或阻塞对手路线的思路设计评估函数。亚马逊棋评估函数,一般基于 Kingmove 和 Queenmove 走法设计,下面给出了一种典型的评估函数,其表达式形式如下:

$$Value=a*t1+b*t2/2+c*((c1+c2)/2)+s$$

其中,t1、t2 为 Territory 特征值,代表双方对空闲区域的控制能力;c1、c2 为位置 Position 特征值,用于反映双方对空格控制权的差值特征;a、b、c 参数是根据棋局进行状态不断变换的权重,用于动态控制在不同棋局状态下各个特征值对结果的影响;参数 s 用于判断当前着法是否会产生区域浪费(某个空区域被围堵,不可使用)的情况。

尽管对博弈局面评估得越全面、越准确,获胜的概率就会越高,但在机器博弈中,有个很重要的约束条件——时间。在局面评估中考虑的情况越全面、越细致,则耗费的时间就越多,搜索的深度和速度必然受到影响。

扫一扫

3.5 输入与输出

顺序结构是结构化程序设计中最为简单的一种,语句按照位置的先后顺序执行。本节通过机器博弈中一些简单的顺序结构程序实例,介绍如何通过调用函数库中的字符输入、输出函数和格式输入、输出函数,实现棋局信息的输入和输出操作。

3.5.1 字符输入/输出函数

1. 字符输出函数 putchar

字符输出函数的一般形式如下:

int putchar(char c)

功能:向终端输出一个字符,并返回该字符的 ASCII 码值。

2. 字符输入函数 getchar

字符输入函数的一般形式如下：

int getchar( )

功能：接收从终端输入的一个字符，并返回该字符的 ASCII 码值。

3.5.2　棋局信息输出

例 3.4　在机器博弈比赛项目中，爱恩斯坦棋博弈通过掷骰子的方式决定对弈双方可移动的棋子。编写程序，随机产生一个骰子值，并在屏幕上输出该值。

【分析】　putchar 函数仅用于单个字符的输出，如果需要输出更多类型的数据，一般采用格式输出函数 printf。printf 函数按照格式控制要求，向终端输出参量表中各个输出项的值，其一般格式如下：

printf(格式控制字符串,参量表);

其中，"格式控制字符串"是用双引号括起来的字符串，包括两种信息：①格式控制说明，由'％'字符和格式字符组成；②需要原样输出的普通字符。参量表可以没有（输出一个字符串常量时），也可以包含一个或多个常量、变量或表达式，多个参量用逗号分隔。

另外，产生随机整数可以使用 rand 函数实现，随机数的范围应控制在 1～6；printf 函数可实现输出该数到屏幕。

```
01  #include<stdio.h>
02  #include<stdlib.h>
03  #include<time.h>
04  int main(void)
05  {
06      int magic;
07      srand((unsigned int)time(NULL));        //初始化随机数发生器
08      magic =rand() %6 +1;                     //产生一个 1~6 的随机数
09      printf("random  number =%d\n", magic);   //输出随机数到屏幕
10      return 0;
11  }
```

程序运行结果如下：

```
random  number=4
```

【说明】

（1）rand 函数用于产生随机整数。为了避免产生重复的有序随机数，需要使用 srand (seed)函数初始化随机数发生器，用时间作种子 srand(time(NULL))，可以保证随机数的随机性。由于使用了时间函数，因此需要引入头文件 time.h。

（2）在标准 C 中，rand 函数产生随机数的范围是 0～RAND_MAX(RAND_MAX 值为 32767)，而符号常量 RAND_MAX 是在头文件 stdlib.h 中定义的，因此，使用随机函数需要为程序增加头文件 stdlib.h。

（3）如果要改变产生随机数的范围，可以通过一些简单计算来实现。如产生一个在区间[a,a＋b−1]的随机数，可以用表达式 rand( )％b＋a 实现。

例如,上述程序中产生一个 1～6 的随机数,可表示为

```
magic=rand( ) %6 +1;
```

在 printf 语句中,"magic = %d\n"格式控制说明"%d"将参量"magic"转换成十进制整数的形式输出,"random　number ="是普通字符,会原样输出到屏幕。其他更多的格式控制符说明如表 3-7 所示。

表 3-7　格式控制符说明

格式控制符	功 能 说 明
%d	输入或输出带符号的十进制整数,正数的符号省略
%u	输入或输出无符号的十进制整数
%o	输入或输出无符号的八进制整数,不输出前导符 0
%x	输入或输出无符号的十六进制整数(字母小写),不输出前导符 0x
%X	输入或输出无符号的十六进制整数(字母大写),不输出前导符 0X
%c	输入或输出一个字符
%s	输入或输出字符串。输入时以非空白字符开始,以第一个空白字符结束,空白字符指空格、回车和制表符
%f	以十进制小数形式输出单、双精度实数,默认输出 6 位小数,整数部分按实际位数输出;用于输入时,输入小数或指数形式均可
%e, %E	以指数形式输出实数,用 E 时,指数用大写字母表示;用于输入时可与 f、g 互相替换,大小写作用相同
%g, %G	选取 %f 或 %e 中输出宽度较小的一种使用,不输出无意义的 0,用 G 时,若以指数形式输出,指数用大写字母表示;用于输入时可与 e、f 互相替换,大小写作用相同

例 3.5　五子棋棋盘如图 3-3 所示,输出符合棋谱规范的一步棋谱 B(H,8)。

```
01   #include<stdio.h>
02   int main(void)
03   {
04       int y;
05       char x,color;
06       color='B';
07       x='H';
08       y=8;
09       printf("行棋棋谱:");
10       printf("%c(%c,%d)",color,x,y);   //输出一步棋谱信息
11       return 0;
12   }
```

程序运行结果如下:

行棋棋谱:B(H,8)

【说明】

(1) printf 函数既可以输出字符串常量,也可以使用格式控制符进行格式化输出。程序

第 10 行 printf 函数中的 3 个格式符"%c""%c""%d"
与参量表中的 3 个变量按先后顺序一一对应,分别控
制 3 个变量的输出格式。

（2）在机器博弈竞赛中,保存棋谱有利于比赛过
程回溯与算法改进。2018 年,中国人工智能学会机器
博弈专业委员会制定了包括五子棋、六子棋、爱恩斯
坦棋等十几个棋（牌）类项目的棋谱规范。本例中并
未完全参照棋谱规范输出完整的棋谱信息,而是进行
了信息截取和适当调整。

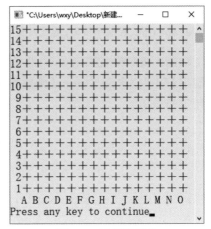

图 3-3　五子棋棋盘

（3）在 printf 函数的格式说明中,可以在 % 和格
式符中间插入几种格式修饰符,用来对输出格式进行
微调,如表 3-8 所示。

表 3-8　printf 函数格式修饰符

格式修饰符	说　　明
英文字母 i	加在格式符 d、u、o、x 之前,用于输出 long 型数据
输出域宽 m	m 表示一个整数,指定输出项输出时所占的列数(包括符号位) 若 m 为正整数,当数据的实际位数小于 m 时,左端补空格;当数据的实际位数大于 m 时,按实际位数输出;若 m 有前导符 0,则左边多余位补 0 若 m 为负整数,当数据的实际位数小于 m 的绝对值时,右端补空格
显示精度.n	n 表示一个大于或等于 0 的整数,精度修饰符一般用在域宽修饰符之后 对于浮点数,用于指定输出浮点数的小数位数 对于字符串,用于指定从字符串左侧开始截取的字符个数

例如,若执行下面的程序段:

```
int camera=4000;
float mscreen=6.53;
printf("%6d,%6.3f\n", camera,mscreen);
```

则运行后的输出结果是:

```
4000,6.530
```

上述语句中的"%6d"规定了变量 camera 的输出列数为 6 列,由于该变量的实际位数为
4,因此,输出时在数值的左侧补了两个空格符。语句中的"%6.3f"规定了变量 mscreen 输
出 6 列,同时保留 3 位小数,而 6.530 实际为 5 列,因此,输出时也在左侧补了一个空格符。

【注意】　如果想输出字符'%',应该在格式控制字符串中用两个连续的 % 表示,如:

```
printf("%f%%",45.8/60*100);
```

输出:

```
76.333333%
```

3.5.3　棋局信息输入

例 3.6　在五子棋人机博弈中,黑方（人方）输入一步行棋,棋盘样式参照图 3-3。

【分析】　棋局信息的输入可以采用格式输入函数 scanf,其一般格式如下:

scanf(格式控制字符串,地址列表);

功能:按照格式控制要求,将输入的数据赋值给地址列表中的各个变量。其中,"格式控制字符串"的含义与 printf 函数类似;"地址列表"是若干个变量地址构成的列表,地址之间用逗号分隔。

```
01  #include<stdio.h>
02  int main(void)
03  {
04      int y;
05      char x,color;
06      printf("请输入落子坐标,格式:color,X,Y\n ");
07      scanf("%c%c%d",& color, &x, &y);
08      printf("黑方行棋棋谱为:\n");
09      printf("%c(%c,%d)",color,x,y);
10      return 0;
11  }
```

程序运行结果如下:

请输入落子坐标,格式:color,X,Y

BH8↙

黑方行棋棋谱为:

B(H,8)

【说明】

(1) scanf 函数中,"&color"里面的"&"是"地址运算符",& color 表示变量 color 在内存中的地址。该例中 scanf 函数的作用是:将输入的 3 个数据按照变量 color、X 和 Y 的内存地址存进去。

(2) scanf 函数中格式控制字符之间无间隔时,可用空格键、Enter 键、Tab 键对输入的数据进行间隔。若 scanf 函数格式控制字符串中包含其他的字符常量,如逗号、等号和字母等,则在输入数据时,需要在对应位置输入与这些字符相同的字符。但在用"%c"格式输入字符时,空格字符和转义字符都作为有效字符输入。

输入函数的格式控制符说明如表 3-7 所示。scanf 函数格式修饰符如表 3-9 所示。

表 3-9　scanf 函数格式修饰符

格式修饰符	说　　　明
英文字母 i	加在格式符 d、u、o、x 之前,用于输入 long 型数据;加在格式符 f、e 之前,用于输入 double 型数据
英文字母 h	加在格式符 d、o、x 之前,用于输入 short 型数据
输入域宽 m	m 表示一个正整数,指定输入数据所占的列数
*	表示对应的输入项输入后不赋给相应的变量

【说明】

(1) 可以在输入时指定域宽,使系统自动截取所需的数据。例如:

```
scanf("%2d%3d",&x,&y);
输入:234579↙
```

则系统取前两列赋给变量 x,取第 3 至 5 列赋给变量 y,即 x 值为 23,y 值为 457。

（2）输入数据时不允许指定精度,例如:

```
scanf("%5.2f",&t);
```

是不合法的。

（3）如果在％后面有字符'＊',表示跳过它指定的列数。例如:

```
scanf("%2d% * 2d%3d",&x,&y);
输入:234579628↙
```

则系统将 23 赋给变量 x,然后跳过 2 列,再取 796 赋给变量 y。％＊2d 表示读入 2 位整数,但不赋给任何变量。

3.6　小结

本章主要介绍了如下内容:

（1）C 语言基本数据类型的分类及特点。

（2）机器博弈中的棋局要素,常量与变量的定义和初始化。

（3）数据类型转换规则。

（4）常见运算符及其表达式,机器博弈中的评估函数;表达式是由运算符连接常量、变量、函数所组成的式子,表达式也有值和类型。

（5）基本输入/输出函数及棋局信息的输入与输出。

3.7　习题

1. 编写一个 C 语言程序,求下列表达式的值,并与手工计算结果相比较。

（1）若有 int a＝7;float x＝2.5,y＝4.7;求 x＋a％3＊(int)(x＋y)％2/4。

（2）若有 int a＝2,b＝3;float x＝3.5,y＝2.5;求 (float)(a＋b)/2＋(int)x％(int)y。

（3）若有 int x＝3,y＝4,z＝5;求 (x&&y)＝＝(x||z)。

（4）若有 int x＝3,y＝4,z＝5;求 !(x＞y)＋(y!＝z)||(x＋y)&&(y－z)。

2. 参考图 3-1 所示亚马逊棋博弈界面,根据需要定义几个变量并初始化,用于存放一步行棋信息。（提示:棋局描述可以考虑棋子颜色、棋子坐标、障碍坐标等信息。）

3.8　扩展阅读——机器博弈竞赛

1. 机器博弈竞赛概述

机器博弈涉及知识库、搜索算法、局面评估、神经网络与机器学习等多种技术,吸引了国内外越来越多的专家、学者与机器博弈爱好者参与到相关技术的研究中。而机器博弈竞赛则为相关技术人员提供了一个公平、开放的交流与验证的平台。

目前,机器博弈竞赛涵盖多种类型的博弈项目:

(1) 按参与人数划分,包括双人博弈(如中国象棋、围棋)和多人博弈(如二打一扑克);

(2) 按参与人对信息的掌握程度划分,包括完备信息博弈(如中国象棋、围棋、六子棋、亚马逊棋、苏拉卡尔塔棋等)和非完备信息博弈(如幻影围棋、军棋、德州扑克、桥牌、麻将等);

(3) 按参与人之间有无合作划分,包括合作博弈(如桥牌)与非合作博弈(如中国象棋);

(4) 按着法产生确定性划分,包括确定性博弈(如亚马逊)与随机性博弈(如爱恩斯坦棋、牌类游戏)。

2. 国际机器博弈竞赛

由国际机器博弈协会(International Computer Games Association,ICGA)组织的每年一届的国际计算机博弈比赛(Computer Olympiad,CO),至今已经有几十年的历史。比赛项目包括中国象棋、六子棋、亚马逊棋、围棋等。

除了以上竞赛,还有世界范围内的各种人机大战活动。其中最著名的比赛有国际象棋世界棋王加里·卡斯帕罗夫与IBM公司的计算机程序"深蓝"在1996年和1997年分别进行的两场国际象棋人机大战;2011年,IBM公司的超级计算机Watson在Jeopardy比赛中击败两位世界冠军;2016—2017年,人工智能程序AlphaGo分别与韩国棋手李世石和中国棋手柯洁的围棋人机大战。人机大战,皆以计算机获胜为最终结局。

3. 中国机器博弈竞赛

2006年8月,由中国人工智能学会主办,首届中国计算机博弈锦标赛拉开帷幕,这标志着中国机器博弈活动轰轰烈烈地展开,全速起航。从2011年开始,每年举行一届中国大学生计算机博弈大赛暨全国锦标赛,该赛事由中国人工智能学会和教育部高等学校计算机类专业教学指导委员会共同主办(大赛网址为http://computergames.caai.cn/)。现在,"中国机器博弈竞赛"已经形成校赛、省赛、国赛三级体制,进入高教学会大学生机器人竞赛清单及其排行指数清单。中国机器博弈竞赛以"高技术、强对抗、有门槛、有热度"为特点,提升大学生创新能力,助力人工智能高技术型人才的培养。

目前,中国机器博弈竞赛共设置19个项目,分为仅面向大学生的机器博弈大赛项目和面向全社会的锦标赛项目两大类。其中,大学生竞赛项目包括五子棋、六子棋、点格棋、苏拉卡尔塔棋、亚马逊棋、幻影围棋、不围棋、爱恩斯坦棋、军棋、海克斯棋总计10种棋类;锦标赛项目包括:中国象棋、围棋(19路)、国际跳棋(100格)、国际跳棋(64格)、二打一扑克牌(斗地主)、德州扑克、麻将、藏棋久棋和桥牌总计9种棋牌类。参赛队伍分别来自北京理工大

学、东南大学、东北大学、吉林大学、中央民族大学、北京邮电大学、北京科技大学、哈尔滨工程大学、安徽大学、西安电子科技大学、武汉理工大学、中国海洋大学、成都理工大学、沈阳航空航天大学等 100 多所高校及中科院相关研究院所。

4. 机器博弈研究与竞赛的意义

各种形式的机器博弈竞赛,激发了人们的挑战热情和创新精神,检验了新技术,促进了学术交流,为社会培养了大量的科技精英,极大地推动了机器博弈技术的研究。在促进人工智能快速发展的同时,还产生了新的科研成果。

特别值得一提的是,尽管我国机器博弈竞赛的发展历程相对短暂,但是发展迅猛。尤其是在近几年的全国比赛中,平均每年有数百支代表队近千人参赛,参赛人数规模不逊于目前国际上任何一项机器博弈比赛赛事。目前,我们在科学研究方面与国际先进水平尚有差距,整体技术水平还有待提高,但是这种差距正在不断地缩小。在全球人工智能热潮大背景下,恰逢国家新一代人工智能发展规划发布的契机,面向全国大、中、小学生推广与开展机器博弈竞赛、宣传与科普人工智能知识,更具有时代意义。

相信不久的将来,在国内机器博弈领域的专家、学者与爱好者共同努力下,我国不仅将成为机器博弈活动的大国,而且会成为机器博弈技术的强国。

第4章 选择结构

在顺序结构中,程序按照语句编写的先后顺序执行,但在实际问题中,常常需要根据条件判断做出选择,如在井字棋、五子棋博弈中,可根据下棋步数的奇偶性判断落子的颜色,这就要用到选择结构。在 C 语言中,选择结构可以通过 if 语句和 switch 语句实现,它们根据条件判断的结果,选择要执行的语句。

4.1 引例

图 4-1 例 4.1 程序流程图

例 4.1 用公式计算一元二次方程的根。先求解判别式的值,如果方程有实根,则求解实根并输出,否则给出用户提示。

【分析】 当判别式 p 的值大于或等于 0 时,方程有实根,程序需要用公式计算结果并输出;当 p 的值小于 0 时,只给出用户提示即可,不需要再求实根。条件判断可以采用 if 语句实现,例 4.1 程序流程图如图 4-1 所示。

```
01  #include<stdio.h>
02  #include<math.h>
03  int main(void)
04  {
05      double a,b,c;
06      double x1,x2,p;
07      printf("Please enter a,b,c:");
08      scanf("%lf,%lf,%lf",&a,&b,&c);
09      p=b*b-4*a*c;
10      if(p>=0)                    //判断判别式的值
11      {
```

```
12          x1=(-b+sqrt(p))/(2*a);                    //计算 2 个根的值
13          x2=(-b-sqrt(p))/(2*a);
14          printf("x1=%.2lf,x2=%.2lf\n",x1,x2);       //输出 2 个根的值
15      }
16      else
17          printf("The equation has no real roots.\n");  //没有实数根时给出提示
18      return 0;
19  }
```

程序运行结果 1 如下：

```
Please enter a,b,c: 2,5,3↙
x1=-1.00,x2=-1.50
```

程序运行结果 2 如下：

```
Please enter a,b,c: 3,2,2↙
The equation has no real roots.
```

【说明】 在程序中加入 if-else 语句,构成了选择结构。对判别式的值进行判断,针对不同的判断结果,给出不同的处理方法,从而提高程序的容错性。

4.2 关系运算与逻辑运算

4.2.1 关系运算符及其表达式

扫一扫

在 C 语言中,关系运算即比较运算,用于对两个操作数进行大小比较。若关系成立,则运算结果为 1,表示条件为"真";若关系不成立,则运算结果为 0,表示条件为"假"。例如：

x>=0

其中,x 和 0 为参加运算的操作数,">="为关系运算符,x>=0 为关系表达式。若 x 值大于或等于 0,则条件成立,运算结果为 1;若 x 值小于 0,则条件不成立,运算结果为 0。

C 语言提供了 6 种关系运算符,如表 4-1 所示。

表 4-1 关系运算符及其优先级

运算符	含　义	优先级
<	小于	6
>	大于	
<=	小于或等于	
>=	大于或等于	
==	等于	7
!=	不等于	

【说明】

(1) 在表4-1中,前4种运算符的优先级相同,后两种运算符的优先级也相同。前4种运算符的优先级高于后两种。

(2) 要区分"=="与"="运算符。前者为关系运算符,表示两个操作数是否相等;后者为赋值运算符,用于给变量等赋值。

用关系运算符将两个操作数连接起来的式子,称为关系表达式,通常用于表达一个判断条件。关系表达式的运算结果为逻辑值"真"或"假",在C语言中没有逻辑类型,规定用1表示真,用0表示假,即关系表达式的运算结果为1或0。

【注意】 在C语言中,用于表示条件的表达式并不仅限于关系表达式,也可以是任意合法的表达式。此时,用非0值表示"真",用0表示"假"。例如:①num％3!＝0和②num％3等价。其中,表达式①表示变量num除以3的余数不等于0,即如果num不能被3整除,则表达式①为真,运算结果为1,否则表达式①为假,运算结果为0。当num不能被3整除时,表达式②的运算结果为非0,而非0值在C语言中表示"真",因此表达式值为真。

4.2.2　逻辑运算符及其表达式

扫一扫

在C语言中,逻辑运算也称布尔运算,用于构造复合条件。例如,判断坐标点(x,y)是否位于第一象限,需要同时满足两个条件:x值大于0,y值大于0。复合条件仅用关系表达式是无法表示的,需要使用逻辑运算符处理。C语言提供了3种逻辑运算符,如表4-2所示。

表 4-2　逻辑运算符及其优先级

运算符	含　义	优先级
!	逻辑非	2
&&	逻辑与	11
||	逻辑或	12

【说明】 在表4-2中,"!"是单目运算符,"&&"和"||"是双目运算符。"!"运算符在3种逻辑运算符中优先级最高,其次是"&&"运算符,"||"运算符在三者中优先级最低。

用逻辑运算符将操作数连接起来构成逻辑表达式,逻辑表达式的运算结果也为"真"或"假",即1或0。逻辑运算符真值表如表4-3所示。

表 4-3　逻辑运算符真值表

a	b	a&&b	a||b	!a
非0	非0	1	1	0
非0	0	0	1	0
0	非0	0	1	1
0	0	0	0	1

【说明】

（1）逻辑运算符"&&"和"||"可以连接多个关系表达式进行逻辑判断。若有多个条件，"&&"运算必须条件全部为真，结果才为真；"||"运算只要有一个条件为真，结果就为真。

例如，假设变量 a、b 和 c 表示一个三角形三条边的长度，可以采用如下几个条件对三角形的具体情况进行判断：

① a==b &&b==c   // 两个条件同时满足，是等边三角形
② (a * a+b * b==c * c) || (a * a+c * c==b * b) || (b * b+c * c==a * a)
//三个条件有一个满足，就是直角三角形

又如，在 C 语言中，表示数学表达式 $5 \leqslant x < 16$，应采用如下形式：

x>=5 && x<16

若将上述数学式写成 $5 <= x < 16$，在计算时将先求解 $5 <= x$ 的值，然后再用该值（0 或 1）与 16 进行比较。这种计算方式不能表达 x 在 5 与 16 之间的含义，因此必须使用逻辑运算符。

（2）求解逻辑表达式时，并不是所有的运算都会被执行，只有在必须执行下一个运算才能求出最终结果时，才执行该运算。

例如，在上述判断等边三角形的逻辑表达式 a==b && b==c 中，若关系表达式 a==b 的运算结果为假，就不必再判断 b 和 c 的关系，逻辑表达式的结果直接等于 0。若关系表达式 a==b 的运算结果为真，才需要进一步判断 b 和 c 的关系，从而确定逻辑表达式的最终结果。

4.2.3 井字棋落子坐标合法性判断

例 4.2 在机器博弈程序中，井字棋棋盘可以表示为图 4-2 的形式（图中阿拉伯数字表示行号，大写英文字母表示列号）。在人机对弈时，程序需要对人方输入的落子坐标正确性进行判断，如果坐标正确，才有可能落子，否则应给出错误提示。编写程序，实现对输入坐标值正确与否的判断。

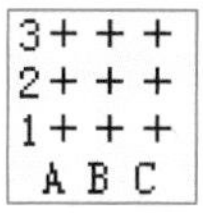

```
3 + + +
2 + + +
1 + + +
  A B C
```
图 4-2 井字棋棋盘

【分析】 当用户输入的行序号为 1～3，列编号为 A～C 时，即为合法的坐标位置，对此条件的判断，可以采用 if 语句实现。

```c
01  #include<stdio.h>
02  int main(void)
03  {
04      int y;
05      char x;
06      printf("Please enter y and x coordinates: ");
07      scanf("%d%c",&y,&x);
08      if((y>=1 && y<=3) &&(x>='A' && x<='C'))
09          printf("Right! \n");
10      else
11          printf("Error! \n");
12      return 0;
13  }
```

程序运行结果如下：

```
Please enter y and x coordinates:3A↙
Right!
```

【说明】 在完善的机器博弈程序中，除对坐标的合法性进行判断外，还应考虑坐标位置是否为空，如果该位置已有棋子，也不能再落子。

4.3 if 语句

扫一扫

4.3.1 简单逻辑判断

C语言中的选择结构通常用 if 语句实现。if 语句可以判断给定的条件是否满足，并根据判断结果选择要执行的语句。if 语句包括单分支 if 语句、双分支 if 语句和多分支 if 语句 3 种形式，在程序中可以使用它们实现简单的逻辑判断。

1. 单分支 if 语句

单分支 if 语句的一般形式如下：

if (表达式) 语句

执行过程如图 4-3 所示，如果表达式的值为真，则执行其后的语句，否则不执行该语句。

例 **4.3** 输入两个数，求较大的数并输出。

【分析】 定义 3 个变量 x、y 和 max，分别用来存储待比较的两个数和较大值。首先假设 x 和 y 中任意 1 个数较大，将其赋值给 max，如 x，然后比较 max 与 y，如果 max 小于 y，则将 y 值赋给 max，最后输出较大值 max。例 4.3 程序流程图如图 4-4 所示。

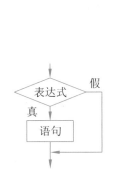
图 4-3 单分支选择结构流程图

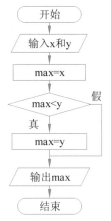
图 4-4 例 4.3 程序流程图

```
01  #include<stdio.h>
02  int main(void)
03  {
04      float x,y,max;
```

```
05      scanf("%f%f",&x,&y);
06      max=x;
07      if(max<y) max=y;
08      printf("max=%.2f\n",max);
09      return 0;
10  }
```

程序运行结果如下：

```
6.3 3.5↙
max=6.30
```

【说明】 if 语句中的表达式一般为关系表达式或逻辑表达式,但也可以是算术表达式、赋值表达式等任何合法的 C 语言表达式。

2. 双分支 if 语句

双分支 if 语句的一般形式如下：

if (表达式) 语句 1
else   语句 2

执行过程如图 4-5 所示,如果表达式的值为真,则执行其后的语句 1,否则执行语句 2。

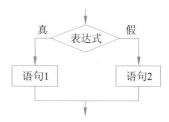

图 4-5 双分支选择结构流程图

用双分支 if 语句实现例 4.3,代码如下：

```
01  #include<stdio.h>
02  int main(void)
03  {
04      float x,y,max;
05      scanf("%f%f",&x,&y);
06      if(x>=y) max=x;
07      else max=y;
08      printf("max=%.2f\n",max);
09      return 0;
10  }
```

程序运行结果如下：

```
3.2 8.9↙
max=8.90
```

例 4.4 输入两个数 x 和 y,按升序输出。

【分析】 若要按照 x、y 的顺序升序排列,那么当 x 大于 y 时,需要进行两个数的交换。可将要交换的两个数看成两杯液体,实现交换需要一个空杯子。程序中使用一个中间变量充当空杯子,实现两个变量的交换。

```
01  #include<stdio.h>
02  int main(void)
03  {
04      double x,y,t;
05      printf("Please enter x,y: ");
06      scanf("%lf,%lf",&x,&y);
```

```
07        if(x>y)                          //判断两个数的关系
08        {
09            t=x;                         //借助变量t交换x和y的值
10            x=y;
11            y=t;
12        }
13        printf("x=%.2lf,y=%.2lf\n",x,y);  //按照x和y的顺序输出
14        return 0;
15    }
```

程序运行结果如下：

```
Please enter x,y:6.6,5↙
x=5.00,y=6.60
```

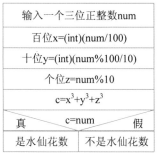

图 4-6　例 4.5 程序流程图

【说明】　if 或 else 后面的语句称为内嵌语句,内嵌语句可以是一条语句,也可以是多条语句,多条内嵌语句需要用花括号"{}"括起来,组成**复合语句**。例 4.4 中 if 后面的语句即为复合语句。

例 **4.5**　识别水仙花数。输入一个三位正整数,求这个数各位上数字的立方和。若立方和与该数本身相等,则输出该数是水仙花数,否则输出该数不是水仙花数。例 4.5 程序流程图如图 4-6 所示。

```
01    #include<stdio.h>
02    int main(void)
03    {
04        int num,x,y,z,c;
05        scanf("%d",&num);
06        x=(int)(num/100);                //计算百位上的数
07        y=(int)(num%100/10);             //计算十位上的数
08        z=num%10;                        //计算个位上的数
09        c=x*x*x+y*y*y+z*z*z;             //计算各位数字立方和
10        if(c==num) printf("%d is a narcissistic number.\n",num);
11        else       printf("%d is not a narcissistic number.\n",num);
12        return 0;
13    }
```

程序运行结果 1 如下：

```
153↙
153 is a narcissistic number.
```

程序运行结果 2 如下：

```
128↙
128 is not a narcissistic number.
```

【注意】　区分关系运算符"=="和赋值运算符"=",前者表示相等关系,而后者表示赋值运算。

3. 条件运算符和条件表达式

条件运算符是 C 语言中唯一的一个三目运算符,用条件运算符构造的条件表达式也是一种选择结构。条件表达式的一般形式如下:

表达式 1 ? 表达式 2 ：表达式 3

执行过程:如果表达式 1 为真,则条件表达式值为表达式 2 的值,否则为表达式 3 的值。

例 4.6 修改例 4.3,使用条件运算符计算两个数的较大值。

```
1  #include<stdio.h>
2  int main(void)
3  {
4      float x,y,max;
5      scanf("%f%f",&x,&y);
6      max=x>=y? x:y;        //用条件运算符求 x 和 y 的较大值
7      printf("max=%.2f\n",max);
8      return 0;
9  }
```

【说明】 适当使用条件运算符,可以简化程序的书写。

4. 多分支 if 语句

多分支 if 语句的一般形式如下:

扫一扫

if (表达式 1)　　　　**语句 1**
else if(表达式 2)　　　**语句 2**
…
else if(表达式 n-1)　　**语句 n-1**
else　语句 n

执行过程:如果表达式 1 的值为真,则执行语句 1,否则如果表达式 2 的值为真,则执行语句 2,以此类推,直到找到一个为真的条件时,执行相应的语句。如果 if 后面的条件均为假,则执行语句 n。图 4-7 给出了 3 个分支 if 语句的流程图。

例 4.7 实现简单的猜数游戏。随机产生一个 1～50 的整数由用户去猜,若猜测数与随机数相等,则显示猜中;若猜测数小于随机数,则显示猜小了;若猜测数大于随机数,则显示猜大了。

【分析】 由于猜数过程中需要判断的条件有多个,即相等、小于和大于,因此适合应用多分支 if 语句,程序流程图如图 4-8 所示。

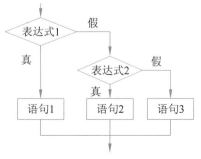

图 4-7 3 个分支 if 语句的流程图

图 4-8 例 4.7 程序流程图

```
01   #include<stdio.h>
02   #include<stdlib.h>
03   #include<time.h>
04   int main(void)
05   {
06       int magic,guess;
07       srand((unsigned int)time(NULL));          //初始化随机数发生器
08       magic = rand() % 50 + 1;                   //产生一个 1~50 的随机数
09       scanf("%d",&guess);
10       if(guess==magic) printf("猜中!\n");        //若相等,则显示猜中
11       else if(guess>magic) printf("猜大了!\n");  //若大于随机数,则显示猜大了
12       else printf("猜小了!\n");                  //若小于随机数,则显示猜小了
13       return 0;
14   }
```

程序运行结果如下:

25↙
猜大了!

【思考】 如果想猜测多次,应该如何实现呢?代码的重复执行需要用到循环结构,该部分内容将在第5章进行讨论。

4.3.2　复杂逻辑判断

如果 if 语句中又包含一个或多个其他的 if 语句,则称为 if 语句的嵌套。嵌套的 if 语句形式灵活多变,可以实现更为复杂的逻辑判断,一般形式如下:

```
if(表达式 1)
    if(表达式 2) 语句 1  ⎫
    else        语句 2  ⎬ 内嵌 if 语句
else
    if(表达式 3) 语句 3  ⎫
    else        语句 4  ⎬ 内嵌 if 语句
```

执行过程:如果表达式 1 为真,则执行 if 语句的内嵌 if 语句,否则执行 else 语句的内嵌 if 语句。

【注意】

(1) if 语句嵌套的形式不是唯一的,可根据实际情况,采用 4.3.1 节中的 3 种 if 语句构造不同的形式。

(2) 应注意 if 语句嵌套中 else 与 if 的匹配关系,else 总是与它前面最接近的一个尚未匹配的 if 相匹配。为了避免一些不必要的错误,可使用花括号"{}"限定内嵌 if 语句的范围,明确地表示匹配关系。例如:

```
if(表达式 1)
{
    if(表达式 2) 语句 1
}
else   语句 2
```

上述语句使用花括号"{}"明确限定了内嵌 if 语句的范围,从而使 else 与第 1 个 if 相

匹配。

（3）嵌套 if 语句更应该注意内嵌 if 语句的缩进，从而增强程序的可读性和可维护性，但缩进关系并不能限定 else 与 if 语句的匹配关系。

例 4.8　根据研究生考试成绩，确定是否录取。要求先判断总分，再判断单科分数（假设单科分数仅考虑英语和数学成绩，且两科满分值和分数线相同）。例 4.8 程序流程图如图 4-9 所示。

扫一扫

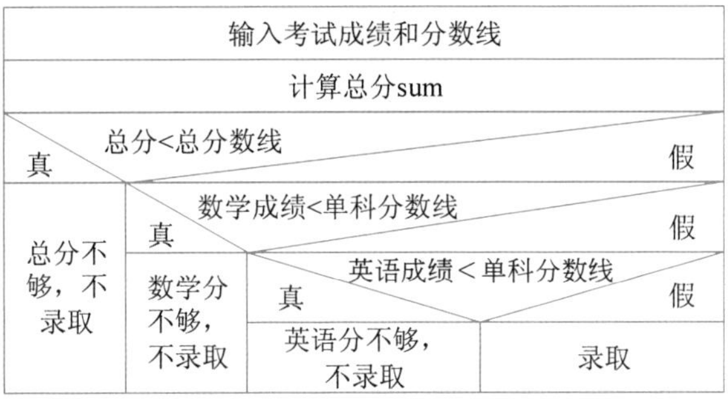

输入考试成绩和分数线			
计算总分sum			
总分<总分数线			假
真			
总分不够，不录取	数学成绩<单科分数线		假
	真		
	数学分不够，不录取	英语成绩<单科分数线	假
		真	
		英语分不够，不录取	录取

图 4-9　例 4.8 程序流程图

```
01  #include<stdio.h>
02  int main(void)
03  {
04      int sum,limit1,limit2;
05      int math,english,politics,profession;
06      printf("Please enter 4 scores:");
07      scanf("%d,%d,%d,%d",&math,&english,&politics,&profession);
08      printf("Please enter 2 cutoff scores:");
09      scanf("%d,%d",&limit1,&limit2);
10      sum=math+english+politics+profession;
11      if(sum<limit1)                //判断总分是否达到分数线
12          printf("The total score is not enough, not accepted.\n");
13      else
14          if(math<limit2)          //判断数学是否达到分数线
15              printf("Your mark in math is not enough, not accepted.\n");
16          else if(english<limit2)  //判断英语是否到达分数线
17              printf("Your mark in english is not enough, not accepted.\n");
18          else
19              printf("Congratulations! \n");
20      return 0;
21  }
```

程序运行结果如下：

```
Please enter 4 scores:80,56,65,125↙
Please enter 2 cutoff scores:310,60↙
Your mark in english is not enough, not accepted.
```

【思考】　如果将 if 语句的条件改为 sum>=limit1，那么程序应该如何修改？

4.3.3　井字棋步数和落子颜色判断

例 4.9　井字棋在下棋时，黑方和白方交替落子，黑方先手。编写程序，输入当前的步

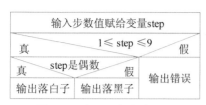

图 4-10 例 4.9 程序流程图

数,判断步数的合法性和当前应落子的颜色,并输出相应的提示信息。例 4.9 程序流程图如图 4-10 所示。

【分析】

（1）井字棋的棋盘有 3 行 3 列,共计 9 个落子位置（见图 4-2）,因此输入的步数值应为 1～9。

（2）可以通过步数值的奇偶性,判断落子的颜色,若步数值为奇数,则落黑子;若步数值为偶数,则落白子。

```
01  #include<stdio.h>
02  int main(void)
03  {
04      int step;
05      scanf("%d",&step);          //输入当前的步数
06      if(step>=1 && step<=9)      //判断步数是否合法
07          if(step%2==0)
08              printf("White\n");   //提示落白子
09          else
10              printf("Black\n");   //提示落黑子
11      else
12          printf("Error! \n");
13      return 0;
14  }
```

程序运行结果如下:

```
4↙
White
```

扫一扫

4.4 switch 语句

当 if 语句分支过多时,程序就会变得复杂,可读性也随之降低,此时可以适当采用 switch 语句代替 if 语句,以简化程序的书写。switch 语句的一般形式如下:

```
switch(表达式)
{
    case 常量表达式 1: 语句 1
    case 常量表达式 2: 语句 2
    ……
    case 常量表达式 n: 语句 n
    [default: 语句 n+1]
}
```

执行过程:当 switch 后面的表达式值与某一个 case 后面的常量表达式值相等时,就执行该 case 后面的语句,直到遇到 break 语句或 switch 语句结束。如果表达式值与 case 后面的常量表达式值均不相等,那么执行 default 后面的语句,default 语句不是必需的语句。

4.4.1 switch 语句的基本应用

例 4.10　输入一个百分制成绩,输出对应
的成绩等级。成绩等级划分为:大于或等于 90
分,等级为 A;80～89 分,等级为 B;70～79 分,
等级为 C;60～69 分,等级为 D;小于或等于 59
分,等级为 E。例 4.10 程序流程图如图 4-11
所示。

输入百分制成绩score				
判断score/10的可能取值				
等于10 或9	等于8	等于7	等于6	其他
输出A	输出B	输出C	输出D	输出E

图 4-11　例 4.10 程序流程图

```
01  #include<stdio.h>
02  int main(void)
03  {
04  int score;
05  printf("Please enter a score:");
06  scanf("%d",&score);
07  switch(score/10)    //将百分制化为 10 分制
08  {
09      case 10:
10      case 9: printf("A\n");break;
11      case 8: printf("B\n");break;
12      case 7: printf("C\n");break;
13      case 6: printf("D\n");break;
14      default: printf("E\n");
15  }
16  return 0;
17  }
```

程序运行结果如下:

```
Please enter a score:78↙
C
```

【说明】

(1) switch 后面括号中的表达式只能是整型或字符型,case 后面常量表达式值的类型
要与其保持一致。

(2) 每个 case 后面的常量值必须各不相同,否则会出现互相矛盾的代码,造成语法错误。
各个 case 语句和 default 语句的先后顺序不影响程序的运行结果,default 语句可以省略。

(3) 上述程序中,break 语句的作用是在执行完输出语句后,跳出 switch 语句,如果去
掉 break 语句,程序将从某个匹配的 case 入口开始,顺序执行之后所有 case 和 default 语句
后面的语句,直至遇到 break 语句或 switch 语句结束为止。例如,上述程序若去掉所有的
break 语句,程序运行将得到下面的结果:

```
Please enter a score:78↙
C
D
E
```

(4) 如果程序中的 case 语句已经列出表达式所有可能的取值,也可以使用 default 语句
应对非法的表达式值,以保证程序的健壮性。

4.4.2 爱恩斯坦棋着法选择

例 4.11 在爱恩斯坦棋博弈中,最简单的着法就是让选中的棋子随机移动。以位于棋盘右下角的蓝方为例,编写程序,输出某个棋子的随机移动方向(设该棋子有 3 个位置可以移动)。

【分析】 可以用序号 1、2 和 3 分别表示棋子向左、向左上角和向上 3 个移动位置,然后产生一个 1~3 的随机整数,用 switch 语句控制不同的方向选择。

```
01   #include<stdio.h>
02   #include<stdlib.h>
03   #include<time.h>
04   int main(void)
05   {
06       int n;
07       srand((unsigned)time(NULL));
08       n=rand()%3+1;        //产生 1~3 的随机数表示位置序号
09       printf("%d\n",n);
10       switch(n)
11       {
12       case 1:printf("Move left\n");break;              //向左移动
13       case 2:printf("Move top-left corner\n");break;   //向左上角移动
14       case 3:printf("Move up\n");                      //向上移动
15       }
16       return 0;
17   }
```

程序运行结果如下:

```
3
Move up
```

4.5 小结

本章主要介绍了选择结构及相关语句的用法,具体包括以下几部分内容:
(1) 关系运算符与逻辑运算符的运算规则,及其表达式的构建;
(2) 单分支、双分支和多分支等不同形式 if 语句的用法;
(3) switch 语句的用法;
(4) 条件运算符的规则及条件表达式的使用。

4.6 习题

1. 编程实现:输入一名学生高等数学的平时成绩、期中考试成绩和期末考试成绩,按照公式:总成绩=平时成绩×10%+期中考试成绩×30%+期末考试成绩×60%,计算个人总成绩并进行成绩判断,如果总成绩大于或等于 60 分,则输出“Pass”,否则输出“Not pass”。

2.编程实现：掷骰子猜大小，并判断输赢。随机生成骰子点数，由用户猜大(可用 b 表示)或小(可用 s 表示)。骰子数为 1、2、3 点定为小，骰子数为 4、5、6 点定为大。

3.程序改错：下面程序的功能是输入一个字符，判断该字符是数字字符、字母，还是其他字符。上机调试程序，找出错误并改正，每一个 found 标记下面有一个错误。

```
#include<stdio.h>
int main(void)
{
    /***********found***********/
    char ch;
    scanf("%c",ch);
    /***********found***********/
    if(0<=ch<=9)
        printf("It is a figure.\n");
    else if((ch>='A' && ch<='Z')||(ch>='a' && ch<='z'))
        printf("It is a letter.\n");
    else
        printf("Other character.\n");
    return 0;
}
```

4.编程实现：输入空气污染指数 PM2.5 的值，判断并输出空气质量等级，具体数据见表 4-4。

表 4-4　空气污染指数 PM2.5 与空气质量等级关系表

PM2.5 平均值/μg·m⁻³	空气质量等级	PM2.5 平均值/μg·m⁻³	空气质量等级
0～35	优	76～115	轻度污染
36～75	良	大于 115	中重度污染

5.编程实现：参考例 4.10，输入一个学生的成绩等级，输出对应的分数区间。设优秀对应：>=90 分，良好对应：80～89 分，中等对应：70～79 分，及格对应：60～69 分，不及格对应：<60 分。要求用 switch 语句编程实现。提示：可以用字母 A～E 表示成绩等级。

6.编程实现：某购物网站开展满减优惠活动，优惠具体金额如表 4-5 所示。编写程序，输入购物金额，输出用户的实付费用。

表 4-5　优惠活动详细数据

消费金额/元	优惠金额/元	消费金额/元	优惠金额/元
54	15	179	50
69	20		

4.7　扩展阅读——机器博弈系统组成

机器博弈系统是指在特定规则下具有博弈能力的智能系统。一个完整的机器博弈系统至少需要包含输入模块、逻辑计算模块、规则判断、输出模块等几部分。在设计系统时，需要考虑知识表示、着法产生、搜索与评估等方面。

为便于功能拓展与开发,通常将机器博弈系统划分成机器博弈界面平台(简称博弈平台)和 AI 引擎(或称决策引擎)两部分。机器博弈系统典型架构示意图如图 4-12 所示。其中,博弈平台部分主要负责界面显示、棋规判定、行棋过程控制、信息传递等功能。在其设计过程中,通常考虑通用性、易用性、健壮性和艺术性;AI 引擎部分主要负责知识学习、开(或残)局库设计、棋局评估、博弈树搜索和着法生成等功能。

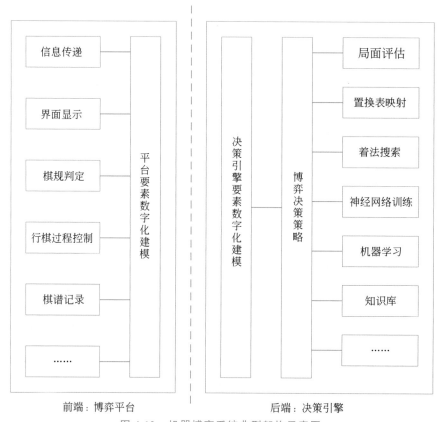

图 4-12　机器博弈系统典型架构示意图

相对整个机器博弈系统而言,后端决策引擎是整个博弈系统的核心部分,涉及局面评估、着法搜索、机器学习等关键技术,它决定了整个博弈系统的智能水平,是博弈胜负的关键。在决策引擎的开发过程中,除了考虑与博弈平台的接口外,还要根据各个棋种的特点,选择合适的搜索算法和评估函数。机器博弈系统的决策引擎通常采用递归或迭代算法,实现博弈树的展开、评估与搜索。

前端博弈平台本身并不具有下棋或出牌的逻辑决策功能,但是它可以加载其他若干个AI 决策引擎程序,使这些 AI 程序以选手的角色参与对局。在对局中主要起到输入/输出交互界面、规则判定和胜负判定的作用。它为对局的参与者提供了更高的执行效率、更方便的操作方法和客观的规则评判,使机器博弈对局更加公平、公正和高效。

第 **5** 章

循环结构

在实际应用中,经常会遇到一些需要重复处理的问题,在 C 语言中,这类问题可以通过循环语句解决。例如,在机器博弈中,对弈双方反复交替落子、棋盘的输出等,都需要用到循环结构。C 语言提供了 3 种循环语句,分别是 while 语句、do…while 语句和 for 语句。

 引例

扫一扫

例 5.1 假设一辆公交车从始发站出发,中间经过 19 站到达终点站。编写程序,计算一辆公交车从始发站到终点站总共的上车人数,每一站的上车人数可由随机函数产生。

【分析】

(1)公交车从始发站到终点站总共有 20 站可能有乘客上车。从实际出发,可以假设每一站的上车人数为 0～10,即在程序中控制随机数的产生范围是[0,10]。

(2)每一站进行的都是类似的操作,即产生随机上车乘客人数,并将人数累加。相同或相似操作的反复执行,可以使用循环语句实现。例 5.1 程序流程图如图 5-1 所示。

| sum=0,i=1 |
| 随机数初始化 |
| 当i≤20 |
| 产生上车人数num |
| sum=sum+num |
| i=i+1 |
| 输出sum的值 |

图 5-1 例 5.1 程序流程图

```
01  #include<stdio.h>
02  #include<stdlib.h>
03  #include<time.h>
04  int main(void)
05  {
06      int i=1,sum=0;                    //i变量控制重复次数,初始乘客人数 sum 为 0
07      int  num;                         //每一站上车的人数
08      srand((unsigned int)time(NULL));  //初始化随机数发生器
09      while(i<=20)
```

```
10      {
11          num = rand()%11;        //产生一个 0~ 10 的随机数作为每站上车人数
12          sum=sum+num;            //计算累加和
13          i++;
14      }
15      printf("sum=%d\n",sum);
16      return 0;
17  }
```

程序运行结果如下：

sum=99

【注意】　本例中设定公交车始发时车上没有乘客,因此 sum 变量的初始值赋值为 0。对于累加运算,求和变量赋初值为 0 的情况较为多见。

5.2　3 种循环语句

C 语言中的循环语句分为如下两种类型。

(1) 当型循环。该类型循环首先判断条件是否为真,为真时反复执行相应的语句,否则结束循环。while 语句和 for 语句构成的循环属于当型循环。

(2) 直到型循环。该类型循环首先进入循环体,执行相应的语句,然后再判断条件是否为真,为真时反复执行语句,否则结束循环。do…while 语句构成的循环属于直到型循环。

循环结构中反复执行的语句称为循环体。循环体可以只有一条语句,也可以是复合语句。

5.2.1　while 语句

while 语句的一般形式如下：

while(表达式)语句

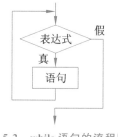

图 5-2　while 语句的流程图

while 语句的流程图如图 5-2 所示,其执行过程如下。

(1) 判断表达式是否为真;

(2) 如果表达式为真,那么执行循环体语句,返回步骤(1),否则转步骤(3);

(3) 结束循环,执行循环语句后面的语句。

5.2.2　do…while 语句

do…while 语句的一般形式如下：

```
do
    语句
while(表达式);
```

do…while 语句的流程图如图 5-3 所示,执行过程如下。

(1) 执行循环体语句;

(2) 判断表达式是否为真,如果表达式为真,则返回步骤(1),否则转步骤(3);

(3) 结束循环,执行循环语句后面的语句。

可见,while 语句在执行时先判断条件,当条件为真时执行循环体语句,属于当型循环;而 do…while 语句则先执行循环体语句,后判断条件,属于直到型循环。

图 5-3 do…while 语句的流程图

例 5.2 天天向上的力量:分别用 while 语句和 do…while 语句求 x^n。

【分析】

(1) 采用输入函数分别为变量 x 和 n 输入一个确定的值;

(2) 可以定义一个变量 s 保存最终计算结果,初值为 1。再令一个变量 i 按照每次增 1 的规律从 1 变到 n,控制循环执行 n 次,每次将一个 x 的值与 s 相乘,最终求得 x^n。例 5.2 方法 1 程序流程图如图 5-4 所示。

输入x和n的值
s=1,i=1
当i≤n
s=s*x
i=i+1
输出s的值

图 5-4 例 5.2 方法 1 程序流程图

方法 1:用 while 语句实现。

```
01  #include<stdio.h>
02  int main(void)
03  {
04      int i,n;
05      float x,s;
06      printf("Enter x,n:");
07      scanf("%f,%d",&x,&n);
08      i=1;
09      s=1; //累乘的初始值为1
10      while(i<=n)
11      {
12          s=s*x;    //累乘运算
13          i++;
14      }
15      printf("s=%.4f\n",s);
16      return 0;
17  }
```

程序运行结果如下:

Enter x,n: 1.01,365 ✓
s=37.7833

方法 2:用 do…while 语句实现。

```
01  #include<stdio.h>
02  int main(void)
03  {
04      int i,n;
05      float x,s;
06      printf("Enter x,n:");
07      scanf("%f,%d",&x,&n);
08      i=1;
09      s=1;
10      do
11      {
12          s=s*x;
13          i++;
14      }while(i<=n);
15      printf("s=%.4f\n",s);
16      return 0;
17  }
```

程序运行结果如下:

Enter x,n: 0.99,365 ✓
s=0.0255

短跑运动员苏炳添用"一厘米"的手势,提醒自己"进步一点点就好"。观察例 5.2 的运行结果,也体现了积少成多的道理。如果每天收获一点点,365 天以后,就有一个大的飞跃;如果每天放弃一点点,365 天以后,就会落后很多。学如逆水行舟,不进则退,希望你也能够日积月累、天天向上!

【说明】

（1）计算累乘时要注意结果变量的初始值，忘记赋值或赋值为 0 都将导致程序错误。

（2）do…while 语句结束的分号切勿省略，否则会导致语法错误。

（3）一般情况下，while 和 do…while 语句能够互换使用，解决同一问题时循环体部分是相同的，如例 5.2。但如果 while 后面的表达式一开始就为假，两种循环的执行结果则不同。例如，下面两段程序是不等价的。

```
1  x=6;
2  sum=0;
3  while(x<=5)
4  {
5      sum=sum+x;
6      x++;
7  }
8  printf("%d\n",sum);
```

```
1  x=6;
2  sum=0;
3  do
4  {
5      sum=sum+x;
6      x++;
7  } while(x<=5);
8  printf("%d\n",sum);
```

在上面两段程序中，while 循环由于一开始表达式值为假，循环体没有被执行，输出 sum 的值为初始值 0；do…while 循环由于先执行循环体语句，后判断条件，因此，执行了一次循环体语句后才结束循环，输出 sum 的值为 6。

5.2.3　for 语句

扫一扫

for 语句的一般形式如下：

for(表达式 1；表达式 2；表达式 3) 语句

图 5-5　for 语句的流程图

for 语句的流程图如图 5-5 所示，其执行过程如下。

（1）求解表达式 1；

（2）判断表达式 2；

（3）如果表达式 2 为真，那么执行循环体语句，转步骤（4），否则转步骤（5）；

（4）求解表达式 3，返回步骤（2）；

（5）结束循环，执行循环语句后面的语句。

可见，for 语句与 while 语句类似，也是在执行时先判断条件，当条件为真时才执行循环体语句，属于当型循环。

例 5.3　用 for 语句计算 x^n。

```
01  #include<stdio.h>
02  int main(void)
03  {
04      int i,n;
05      float x,s;
06      printf("Enter x,n:");
07      scanf("%f,%d",&x,&n);
08      s=1;
09      for(i=1;i<=n;i++)
```

```
10          s=s * x;
11      printf("s=%.4f\n",s);
12      return 0;
13  }
```

程序运行结果如下:

```
Enter x,n:1.01,730↙
s=1427.5784
```

【说明】

(1) 从例 5.3 可见,for 语句后面可以包含多个表达式,使程序更为简洁。一般情况下,上述 3 种循环语句可以互相替代。

(2) 如果不是循环体为空,不要在 for 语句和 while 语句的后面随意添加空语句,即分号";",否则会使原本的循环体语句失去应有的作用,甚至导致死循环。例如:

```
i=1;                              for(i=1;i<=n;i++);
while(i<=n);                          s=s * x;
{
    s=s * x;
    i++;
}
```

上述两个程序段均在循环表达式的右侧添加了分号,因此,两个循环的循环体都变成了空语句,即循环体什么都不做,程序出现了逻辑错误。当 n 的值大于或等于 1 时,while 循环语句将会变成死循环。

【思考】 若要参照例 5.2 或例 5.3 计算 n!,该如何修改程序?

5.3 计数循环

在程序中,循环次数已知的循环称为计数控制的循环。例如,查找所有的水仙花数、求阶乘等问题一般都采用计数循环求解。习惯上,用 for 语句实现计数控制的循环可使程序更为简洁。

5.3.1 计数循环的基本应用

例 5.4 计算 1~m 所有奇数的和。

【分析】

(1) 可以定义一个循环变量 i,使其从 1 变到 m 控制累加项的范围;

(2) i 的值每次递增 2,可以计算出下一个累加项的值。

例 5.4 程序流程图如图 5-6 所示。

输入m的值
sum=0,i=1
当i≤m
sum=sum+i
i=i+2
输出sum的值

图 5-6 例 5.4 程序流程图

```
01  #include<stdio.h>
02  int main(void)
```

```
03   {
04       int i,m;
05       long sum;
06       printf("Enter m:");
07       scanf("%d",&m);
08       for(i=1,sum=0;i<=m;i+=2)      //表达式1中应用了逗号表达式
09           sum=sum+i;
10       printf("sum=%ld\n",sum);      //长整型变量输出用ld格式符
11       return 0;
12   }
```

程序运行结果如下：

```
Enter m:5↙
sum=9
```

【说明】

（1）for 语句后面的表达式 1 和表达式 3 既可以是简单的表达式，也可以是逗号表达式，即包含多个简单表达式，中间用逗号分隔。例 5.4 中，for 语句的表达式 1 就是逗号表达式。虽然逗号表达式的应用使程序更为简洁，但过多地使用逗号表达式会使程序的可读性变差。因此，尽量不要把与循环控制无关的语句写到 for 语句的表达式中。

（2）for 语句中的 3 个表达式均可根据需要省略不写，但间隔的分号不能省略。当 for 语句的表达式 2 省略时，循环条件按其值为真进行认定。例如，例 5.4 中的 for 语句写成如下形式也是合法的。

```
for(i=1,sum=0;i<=m;)
{
    sum=sum+i;
    i+=2;
}
```

```
i=1;
sum=0;
for(;i<=m;i+=2)
    sum=sum+i;
```

例 5.5　完善例 4.5，输出所有的水仙花数。

```
01   #include<stdio.h>
02   int main(void)
03   {
04       int i,x,y,z,c;
05       for(i=999;i>=100;i--)               //在所有三位数中查找
06       {
07           x=(int)(i/100);
08           y=(int)(i%100/10);
09           z=i%10;
10           c=x*x*x+y*y*y+z*z*z;
11           if(c==i) printf("%-4d",i);      //输出水仙花数,占4列宽,右侧补空格
12       }
13       return 0;
14   }
```

程序运行结果如下：

```
407 371 370 153
```

5.3.2　蒙特卡洛方法求 π 的近似值

蒙特卡洛(Monte Carlo)方法,又称随机抽样或统计试验方法。当所要求解的问题是某种事件出现的概率,或某随机变量的期望值时,可以通过某种"试验"的方法求解。

例 5.6　编写程序,用蒙特卡洛方法求圆周率 π 的近似值。

扫一扫

【分析】

(1)用蒙特卡洛方法求解 π 近似值的思路:构造单位正方形及其内切单位圆,然后随机向单位正方形内抛洒大量点数,判断每个点是否在圆内,将圆内与正方形内的离散点数比模拟为面积比,计算 π 的值。四分之一单位圆与单位正方形随机抛点的情况如图 5-7 所示。

(2)圆的面积/正方形的面积 $=\pi r^2/(2r)^2=\pi/4$,当抛洒的点数足够多时,将圆和正方形的面积比用它们的点数比替代,此时,圆内点数/正方形内点数 $=\pi/4$,则 π$=4*$(圆内点数/正方形内点数)。例 5.6 程序流程图如图 5-8 所示。

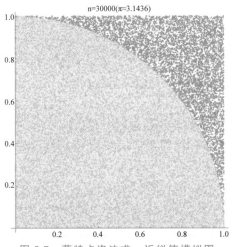

图 5-7　蒙特卡洛法求 π 近似值模拟图

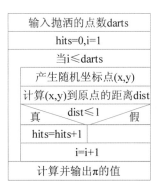

图 5-8　例 5.6 程序流程图

```
01  #include<stdio.h>
02  #include<math.h>
03  #include<time.h>
04  #include<stdlib.h>
05  int main(void)
06  {
07      long darts,i;
08      double x,y,dist,pi,hits;
09      srand((unsigned int)time(NULL));     //初始化随机数发生器
10      scanf("%ld",&darts);                 //输入抛洒的点数
11      hits=0.0;                            //落在圆内的点数
12      for(i=1;i<=darts;i++)
13      {
14          x=1.0 * rand()/RAND_MAX;         //产生[0,1]区间随机数字 x 坐标
15          y=1.0 * rand()/RAND_MAX;         //产生[0,1]区间随机数字 y 坐标
16          dist=sqrt(x * x +y * y);         //计算该点到原点的距离
17          if(dist<=1.0)                    //如果距离小于或等于 1,则表示在圆内
18              hits=hits +1;                //圆内点的个数加 1
```

```
19          }
20      pi=4 * (hits/darts);              //计算π的值
21      printf("%f\n",pi);
22      return 0;
23  }
```

程序运行结果1如下：

```
30000↙
3.145067
```

程序运行结果2如下：

```
500000↙
3.140552
```

【思考】 上述程序中，π值的精确程度与什么直接相关？

【说明】 蒙特卡洛方法是机器博弈中的基础算法，应用于爱因斯坦棋、德州扑克、五子棋、不围棋等多项棋牌游戏。

5.3.3 井字棋随机落子

例5.7 编写程序，在空的井字棋棋盘上随机落一个棋子，并打印棋盘当前状态。

【分析】

(1) 按行访问井字棋棋盘，将其看作线性排列的9个位置，并依次编号为1～9。

(2) 在1～9产生随机数作为落子位置，输出棋盘时在空白位置输出"＋"，在落子位置输出"●"或"○"，并进行换行控制。

```
01  #include<stdio.h>
02  #include<stdlib.h>
03  #include<time.h>
04  int main(void)
05  {
06      int i,position;
07      srand((unsigned int)time(NULL));
08      position=rand()%9+1;              //产生落子位置
09      for(i=1;i<=9;i++)
10      {
11          if(position==i)
12              printf("●");              //落子
13          else
14              printf("＋");
15          if(i%3==0) printf("\n");      //控制换行
16      }
17      return 0;
18  }
```

程序运行结果如下：

```
＋＋＋
＋＋＋
＋＋●
```

【说明】　在实际的博弈程序中,井字棋棋盘一般需要采用数组(第 6 章介绍)等方式保存起来,以便于落子的合法性判断以及着法生成等其他博弈算法的应用。

5.4　条件循环

循环次数未知时,一般用一个条件控制循环体是否执行,这种类型的循环称为条件控制的循环。该类循环采用 while 语句或 do…while 语句实现更为方便。

5.4.1　条件循环的基本应用

例 5.8　验证"角古猜想"。它是指对于一个自然数,若该数为偶数,则除以 2;若该数为奇数,则乘以 3 再加 1,将得到的数再重复按该规则运算,最终可得到 1。

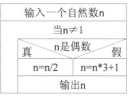

图 5-9　例 5.8 程序流程图

【分析】　对于任意输入的自然数,采用 if 语句进行奇偶性的判断,然后按照相应的运算规则反复进行运算。由于循环次数未知,采用 while 语句或 do…while 语句比较方便。例 5.8 程序流程图如图 5-9 所示。

```
01  #include<stdio.h>
02  int main(void)
03  {
04      int n,i;
05      printf("Please enter a number:");
06      scanf("%d",&n);
07      while(n!=1)              //当 n 值未到达 1 时,重复执行循环体语句
08      {
09          if(n%2==0)          //n 为偶数时
10              n=n/2;
11          else                //n 为奇数时
12              n=n*3+1;
13          printf("%d ",n);    //输出验证过程
14      }
15      return 0;
16  }
```

程序运行结果如下:

```
Please enter a number:20↙
10 5 16 8 4 2 1
```

例 5.9　继续完善例 4.7,随机产生一个 1～50 的整数由用户去猜,直到猜对为止。猜测过程中给出相应提示信息,若猜测数与随机数相等,显示猜中;若猜测数小于随机数,显示猜小了;若猜测数大于随机数,显示猜大了。例 5.9 程序流程图如图 5-10 所示。

图 5-10　例 5.9 程序流程图

```
01  #include<stdio.h>
02  #include<stdlib.h>
03  #include<time.h>
04  int main(void)
05  {
06      int magic,guess;
07      srand((unsigned int)time(NULL));
08      magic = rand() %50 +1;
09      do
10      {
11          printf("Please guess a magic number:");
12          scanf("%d",&guess);          //用户输入猜测的数
13          if(guess==magic) printf("猜中!\n");
14          else if(guess>magic) printf("猜大了!\n");
15          else printf("猜小了! \n");
16      }while(guess!=magic);            //循环直到猜中为止
17      return 0;
18  }
```

程序运行结果如下：

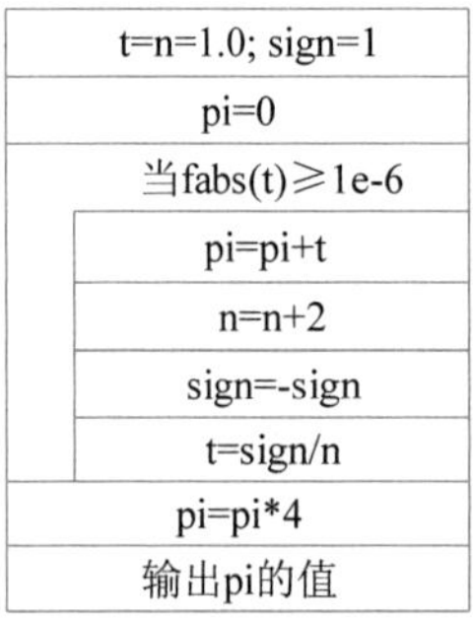

t=n=1.0; sign=1
pi=0
当fabs(t)≥1e-6
pi=pi+t
n=n+2
sign=-sign
t=sign/n
pi=pi*4
输出pi的值

图 5-11　例 5.10 程序流程图

```
Please guess a magic number:25✓
猜小了!
Please guess a magic number:35✓
猜小了!
Please guess a magic number:40✓
猜大了!
Please guess a magic number:38✓
猜中!
```

例 5.10　根据近似公式：$\dfrac{\pi}{4}=1-\dfrac{1}{3}+\dfrac{1}{5}-\dfrac{1}{7}+\cdots+$ $(-1)^{n-1}\dfrac{1}{2n-1}$，求圆周率 π 的值。要求最后一项的绝对值小于 10^{-6} 时结束求解，例 5.10 程序流程图如图 5-11 所示。

```
01  #include<stdio.h>
02  #include<math.h>
03  int main(void)
04  {
05      double t=1.0,pi=0.0,n=1.0;
06      int sign=1;
07      while(fabs(t)>=1e-6)
08      {
09          pi=pi+t;
10          n=n+2;
11          sign=-sign;    //控制正负号
12          t=sign/n;      //计算累加项
13      }
14      pi=pi * 4;
15      printf("pi=%10.8lf\n",pi);
16      return 0;
17  }
```

程序运行结果如下：

```
pi=3.14159265
```

【说明】 上述程序中，fabs 函数是 C 语言的标准函数，功能是求括号中参数的绝对值，该函数在使用时需要增加头文件 math.h。

【思考】 例 5.6 用蒙特卡洛方法计算了 π 的值，该方法与例 5.10 中的公式法相比哪一种方法结果更精确？

5.4.2 井字棋落子坐标控制

例 5.11 完善例 4.2，对用户输入的落子坐标合理性进行判断，直到用户输入正确为止。

```
01  #include<stdio.h>
02  int main(void)
03  {
04      int y;
05      char x;
06      do
07      {
08          printf("Please input y and x:");
09          scanf("%d%c",&y,&x);
10      }while(!((x>='A' && x<='C')&&(y>=1 && y<=3)));
11      printf("Right!\n");
12      return 0;
13  }
```

程序运行结果如下：

```
Please input y and x:4A
Please input y and x:3C
Right!
```

5.5 循环嵌套

一个循环体内又包含另一个完整的循环语句，称为循环的嵌套。内嵌的循环体中还可以继续包含循环结构，构成多重循环。for、while 和 do…while 3 种循环语句可以互相嵌套。

5.5.1 循环嵌套的基本应用

例 5.12 打印五行"*"字符，每行打印 5 个。

```
01  #include<stdio.h>
02  int main(void)
03  {
04      int i,j;
05      for(i=1;i<=5;i++)        //外层循环
06      {
07          for(j=1;j<=5;j++) //内层循环
08              printf("*");
```

```
09        printf("\n");
10      }
11    return 0;
12  }
```

程序运行结果如图 5-12(a)所示。

【思考】 如果例 5.12 的输出变成图 5-12(b)所示的形式,程序应如何修改?

例 5.13 我国古代数学家张丘建在《算经》一书中提出了著名的"百钱买百鸡"问题。它的内容可解释为:公鸡五元钱 1 只,母鸡三元钱 1 只,小鸡一元钱 3 只,用 100 元钱买 100 只鸡,求公鸡、母鸡和小鸡各多少只?

【分析】

(1)"百钱买百鸡"问题是典型的穷举法问题,可以根据已有的两个条件,验证出所有可能的结果。该问题可以采用三重循环或双重循环实现,双重循环算法的程序流程图如图 5-13 所示。

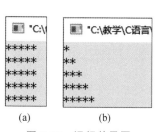

图 5-12 运行效果图

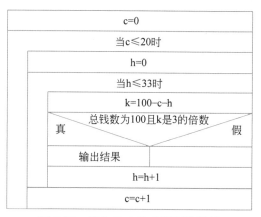

图 5-13 例 5.13 方法 2 程序流程图

(2)可定义变量 c、h、k 分别表示公鸡、母鸡和小鸡的购买数量,则有以下两个条件:

$c+h+k=100$

$c×5+h×3+k/3=100$

方法 1:

```
01  #include<stdio.h>
02  int main(void)
03  {
04    int c, h, k;
05    for(c=0; c<=20; c++)
06      for(h=0; h<=33; h++)
07        for(k=0; k<=100; k++)
08        {
09          if(5*c+3*h+k/3==100 && k%3==0 && c+h+k==100)
10          printf("Cock:%-3d Hen:%-3d Chick:%-3d\n", c, h, k);
11        }
12    return 0;
13  }
```

方法 2:

```
01  #include<stdio.h>
02  int main(void)
03  {
04    int c, h, k;
05    for(c=0; c<=20; c++)
06      for(h=0; h<=33; h++)
07      {
08          k=100-c-h;
09          if(5*c+3*h+k/3==100 && k%3==0)
10          printf("Cock:%-3d Hen:%-3d Chick:%-3d\n", c, h, k);
11      }
12    return 0;
13  }
```

程序运行结果如下：

```
Cock:0    Hen:25   Chick:75
Cock:4    Hen:18   Chick:78
Cock:8    Hen:11   Chick:81
Cock:12   Hen:4    Chick:84
```

【说明】　在方法 1 中,if 语句的执行次数为 21×34×
101,即共执行 72114 次;而方法 2 中 if 语句的执行次数为
714(即 21×34)次。可见,方法 2 程序的执行效率优于方
法 1。

5.5.2　绘制五子棋棋盘

例 5.14　五子棋是全国智力运动会和中国计算机博弈
竞赛项目之一。编写程序,在屏幕上输出 15×15 的"+"点
阵,画一幅五子棋棋盘,程序运行结果如图 5-14 所示。

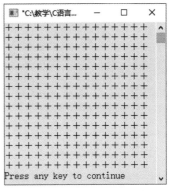

图 5-14　例 5.14 程序运行结果图

```
01  #include<stdio.h>
02  #define N 15                  //宏定义,棋盘大小为 N * N
03  int main(void)
04  {
05      int i,j;
06      for(i=0;i<N;i++)          //控制输出 N 行
07      {
08          for(j=0;j<N;j++)      //控制输出一行"+"
09              printf("+");
10          printf("\n");         //输出一行后换行
11      }
12      return 0;
13  }
```

5.6　控制转移语句

1. break 语句

在第 4 章中已经介绍过用 break 语句可以跳出 switch 结构,继续执行 switch 语句下面
的语句。实际上,break 语句还可以用在循环语句中,用来提前结束循环结构。

break 语句的一般形式如下：

break;

功能：跳出循环体,提前结束循环,继续执行循环语句后面的语句。

例 5.15　构造不同的循环条件,实现例 5.11。

```
01  #include<stdio.h>
02  int main(void)
```

```
03  {
04      int y;
05      char x;
06      while(1)          //永久为真的循环条件
07      {
08          printf("Please enter y and x coordinates: ");
09          scanf("%d%c",&y, &x);
10          if((y>=1 && y<=3) &&(x>='A' && x<='C'))
11          {
12              printf("Right!\n");
13              break;   //执行后跳出循环结构
14          }
15      }
16      return 0;
17  }
```

程序运行结果如下：

```
Please enter y and x coordinates:5c↙
Please enter y and x coordinates: 3b↙
Please enter y and x coordinates: 3A↙
Right!
```

【说明】

（1）上述程序中设定了一个永久为真的循环条件，只能通过 break 语句结束循环。

（2）break 语句适用于 3 种不同的循环语句，但该语句只能跳出一重循环结构，若想提前结束多重循环，需要使用多条 break 语句。

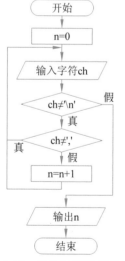

图 5-15 例 5.16 程序流程图

（3）break 语句不能用于循环语句和 switch 语句以外的任何其他语句中。

2. continue 语句

continue 语句的一般形式如下：

continue;

功能：在循环体中使用，执行时跳过本次循环中 continue 语句后面的循环体语句，直接开始下一次循环，即结束本次循环的执行，但并不终止整个循环。

例 5.16 从键盘输入一串字符，以回车符结束，统计字符串中','字符的数量。

【分析】 C 语言中不存在字符串变量，但可以通过循环语句实现单个字符的反复输入，并同时统计某字符的个数。例 5.16 程序流程图如图 5-15 所示。

```
01  #include<stdio.h>
02  int main(void)
03  {
04      int n;
05      char ch;
```

```
06        printf("Please enter a string:");
07        n=0;
08        while((ch=getchar())!='\n')    //以回车符结束输入
09        {
10            if(ch!=',') continue;        //如果不是逗号字符,则结束本次循环
11            n++;
12        }
13        printf("Commas:%d\n",n);
14        return 0;
15    }
```

程序运行结果如下:

```
Please enter a string: such as English,Chinese,math,history↙
Commas:3
```

【说明】 在上述程序中,当 ch 的值不是逗号字符时,执行"continue;"语句,本次循环到此结束,"n++;"语句不被执行,程序直接跳转到 while 语句起始位置,进行下一个字符的输入。

5.7 综合程序举例——五子棋棋盘坐标及落子

例 5.17 继续完善例 5.14,在棋盘左侧和下方标注坐标,并在棋盘指定位置画一个黑(或白)棋子"●"(或"○"),程序运行效果如图 5-16 和图 5-17 所示。

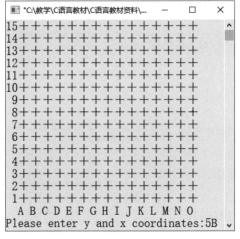

图 5-16 例 5.17 程序运行结果图 1

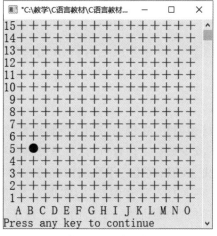

图 5-17 例 5.17 程序运行结果图 2

【分析】

(1) 可以在输出棋盘每一行的过程中,利用外层循环变量的值标注棋盘左侧坐标;棋盘下方的坐标可以在整个棋盘输出结束后,再通过一个循环语句单独进行标注。

(2) 输入落子位置进行落子时,需要重复输出棋盘,并在输出过程中判断落子位置的坐标。如果当前的输出位置与落子位置一致,则将"+"替换成"●"(或"○")输出,实现落子。

```
01  #include<stdio.h>
02  #include<stdlib.h>
03  #define N 15
04  int main(void)
05  {
06      int i,j,y;
07      char x;
08      for(i=N;i>=1;i--)
09      {
10          printf("%2d",i);                    //左边第一列输出纵坐标
11          for(j=1;j<=N;j++)                    //输出棋盘
12              printf("＋");
13          printf("\n");
14      }
15      printf("  ");
16      for(i=0;i<N;i++)                         //最后一行输出横坐标
17          printf("%2c",i+'A');
18      printf("\n");
19      printf("Please enter y and x coordinates: ");
20      scanf("%d%c",&y,&x);                     //输入落子的坐标
21      system("cls");                          //清屏,需加头文件 stdlib.h
22      for(i=N;i>=1;i--)
23      {
24          printf("%2d",i);                    //左边第一列输出纵坐标
25          for(j=1;j<=N;j++)                    //输出棋盘
26              if(j==(x-'A'+1)&&i==y)          //输出棋子
27                  printf("●");
28              else
29                  printf("＋");
30          printf("\n");
31      }
32      printf("  ");
33      for(i=0;i<N;i++)                         //输出横坐标
34          printf("%2c",i+'A');
35      printf("\n");
36      return 0;
37  }
```

【说明】 在例 5.17 中,绘制棋盘的程序段重复出现,为了减少编写工作量,可以将重复的程序段定义为一个函数,由主函数调用。函数的内容将在第 7 章进行介绍。

例 5.18 完善例 5.17,实现人方(黑方)落一子,计算机方(白方)随机落一子。例 5.18 程序运行结果如图 5-18 所示。

【分析】 用随机函数产生计算机落子的坐标,该坐标不能与人落子的坐标重复。

```
01  #include<stdio.h>
02  #include<stdlib.h>
03  #include<time.h>
```

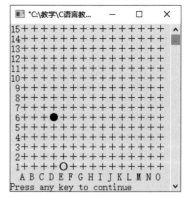

图 5-18 例 5.18 程序运行结果图

```
04  #define N 15
05  int main(void)
06  {
07      int i,j,y,cy;
08      char x,cx;
09      for(i=N;i>=1;i--)                   //输出空棋盘
10      {
11          printf("%2d",i);
12          for(j=1;j<=N;j++)
13              printf("+");
14          printf("\n");
15      }
16      printf("  ");
17      for(i=0;i<N;i++)
18          printf("%2c",i+'A');
19      printf("\n");
20      printf("Please enter y and x coordinates: ");
21      scanf("%d%c",&y,&x);                //输入人落子坐标,如 6D
22      srand((unsigned int)time(NULL));    //初始化随机数发生器
23      do
24      {
25          cx=rand() %N +'A';             //随机产生计算机落子坐标(cx,cy)
26          cy=rand() %N+1;
27      }while(cx==x&&cy==y);              //不能与人方的落子位置相同
28      system("cls");                     //清屏
29      for(i=N;i>=1;i--)
30      {
31          printf("%2d",i);               //左边第一列输出纵坐标
32          for(j=1;j<=N;j++)              //输出棋盘
33          if(j==(x-'A'+1)&&i==y)         //输出人方棋子
34              printf("●");
35          else if(j==(cx-'A'+1)&&i==cy)  //输出计算机方棋子
36              printf("○");
37          else
38              printf("+");
39          printf("\n");
40      }
41      printf("  ");
42      for(i=0;i<N;i++)                   //最后一行输出横坐标
43          printf("%2c",i+'A');
44      printf("\n");
45      return 0;
46  }
```

【说明】 在例 5.18 中,虽然可以简单模拟人机对弈过程,但无法实现棋规的限制和胜负的判断。在实际的机器博弈系统中,由于要对局面进行评估,并对下棋规则进行限制,因此,需要将整个棋局保存下来。保存棋局可以用数组实现,这部分内容将在第 6 章介绍。

5.8　小结

本章主要介绍了以下几部分内容。

1）循环结构

循环结构部分主要介绍了 while 语句、do…while 语句、for 语句、循环嵌套及控制转移语句的用法。

2）综合程序举例

以五子棋为例，按照递进式的方式介绍了棋盘的绘制方法，以及定点落子的实现方法。

5.9　习题

1. 程序完善：下列程序的功能是计算并输出正整数 n 的阶乘（n 大于 0，但不大于 10）。

```c
#include<stdio.h>
int main(void)
{
    int n,i,a;
      (1)  ;
    scanf("%d",&n);
    for(i=1;   (2)  ;i++)
        s=s * i;
    printf( "阶乘为%d",s);
}
```

2. 编程实现：一个小球从 100 米高度自由落下，每次落地后反跳回原高度的一半再落下，求它在第 10 次落地时，总共经过的距离和第 10 次反弹的高度。

3. 编程实现：输入 5 位银行客户的本金和存款年限，分别统计其定期存款本息之和。已知存款年限小于或等于五年时，年利率为 2.75％；存款年限超过五年时，年利率为 3.04％。

4. 编程实现：输入一个正整数，找出各位数字上的偶数并求和。例如，对于正整数 3216，包含 2 和 6 两位偶数，对这两个偶数求和，结果为 8。

【提示】　可以先对 10 求余数分离出个位上的数字，然后再整除 10，将个位数除掉，如此反复，可以得到每一位上的数字。

5. 编程实现：求序列 $\frac{1}{2}$、$\frac{2}{3}$、$\frac{3}{5}$、$\frac{5}{8}$、…的前 20 项之和。提示：从第 2 项开始，每一项的分子等于前一项的分母，每一项的分母等于前一项的分子与分母之和。

6. 编程实现：从键盘输入一个大于或等于 2 的整数，判断该数是否为素数，并输出相应的提示信息。所谓素数，是指只能被 1 和它本身整除的数。

【提示】　判断一个数 n 是否为素数，可以用 $2\sim n-1$（或 $2\sim\sqrt{n}$ ）范围内的数去除该数，如果都不能整除，那么该数为素数，否则该数不是素数。

7. 编程实现：继续完善 4.6 习题中的第 2 题，编写程序，计算用户猜 10 次后的胜率。

8. 编程实现：输出 6000 以内所有的自守数。自守数是指一个数平方的尾数等于该数本身的自然数,例如 $76^2 = 5776$,则 76 为自守数。

【提示】 可以参考本章习题第 4 题中的各位数字分离方法。

9. 编程实现：编写程序,实现 10 秒钟倒计时。时间延迟可采用 Sleep 函数,使用该函数时需要头文件 windows.h。例如,Sleep(500)表示时间延迟 500 毫秒。

【提示】 有些编程环境中,Sleep 函数的首字母需要小写。

10. 编程实现：爱因斯坦的阶梯问题。爱因斯坦曾提出这样一道有趣的数学题：有一个长阶梯,若每步上 2 阶,最后剩 1 阶;若每步上 3 阶,最后剩 2 阶;若每步上 5 阶,最后剩 4 阶;若每步上 6 阶,最后剩 5 阶;只有每步上 7 阶,最后刚好一阶不剩。编写程序,计算满足此条件的最小台阶数。

11. 程序完善：下面程序的功能是打印九九乘法表,运行结果如图 5-19 所示。

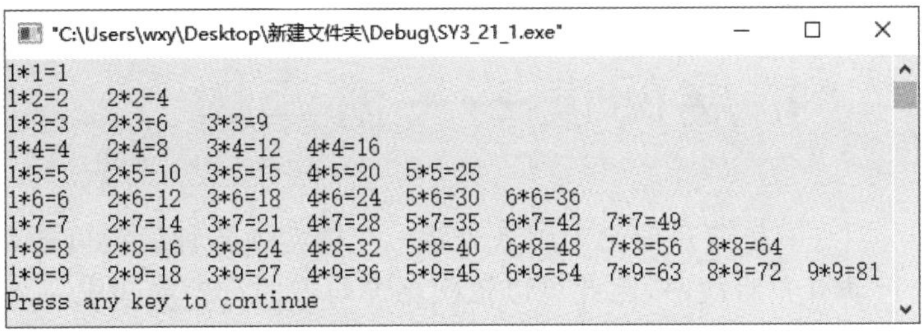

```
"C:\Users\wxy\Desktop\新建文件夹\Debug\SY3_21_1.exe"                    —    □    ×
1*1=1
1*2=2    2*2=4
1*3=3    2*3=6    3*3=9
1*4=4    2*4=8    3*4=12   4*4=16
1*5=5    2*5=10   3*5=15   4*5=20   5*5=25
1*6=6    2*6=12   3*6=18   4*6=24   5*6=30   6*6=36
1*7=7    2*7=14   3*7=21   4*7=28   5*7=35   6*7=42   7*7=49
1*8=8    2*8=16   3*8=24   4*8=32   5*8=40   6*8=48   7*8=56   8*8=64
1*9=9    2*9=18   3*9=27   4*9=36   5*9=45   6*9=54   7*9=63   8*9=72   9*9=81
Press any key to continue
```

图 5-19 习题 11 运行结果

```c
#include<stdio.h>
int main(void)
{
    int i,j;
    for(i=1;i<=9;i++)
    {
        for(j=1;   (1)   ;j++)
            printf("%d * %d=%-4d",j,i,   (2)   );
        printf("\n");
    }
    return 0;
}
```

【思考】 若要打印右上角为直角的三角形样式九九乘法表,应如何修改上述程序?

12. 编程实现：利用 $e = 1 + \dfrac{1}{1!} + \dfrac{1}{2!} + \dfrac{1}{3!} + \cdots + \dfrac{1}{n!}$,编写程序,计算 e 的近似值,直到最后一项的绝对值小于 10^{-6} 时为止,输出 e 的值和累加的项数。

13. 编程实现：输入一个正整数 $n(1 \leqslant n \leqslant 15)$,并打印图形。当 n 值为 4 时,图形如下：

1

2 3

4 5 6

7 8 9 10

14. 编程实现：模拟例 5.13,把 1 张 100 元的人民币兑换成 5 元、2 元和 1 元的纸币(每种都要有)共 50 张,问有哪些兑换方案?

15. 编程实现:36 块砖由 36 人搬,男的一次搬 4 块砖,女的一次搬 3 块砖,小孩 2 人搬 1 块砖,要求一次全部搬完。模拟例 5.13,计算男、女、小孩各多少人。

16. 编程实现:参考例 5.17,编写程序,绘制爱恩斯坦棋棋盘,并摆放对弈双方的棋子,程序运行效果如图 5-20 所示。

图 5-20　习题 16 运行结果

5.10　扩展阅读——博弈树

博弈树(Game Tree)是博弈理论中用来表达一个博弈中各种后续可能性的树。由于动态博弈参与者的行动有先后次序,因此可以依次将参与者的行动展开成一个树状图形。

博弈树是由树枝和节点构成的单向无环图,能给出有限博弈的几乎所有信息,如图 5-21 所示。博弈树的节点代表博弈过程中的某个局面,其分支表示走一步棋,子节点代表该节点博弈局面下一步的各种可能性。根部对应开始位置,博弈树中的叶节点,代表博弈结束时的各种可能情况。生成博弈着法的过程,对应博弈树的搜索与展开。机器博弈的过程是双方轮流给出着法,使棋局向对本方有利的方向发展,直至最后胜利。

图 5-21　博弈树示意图

对于两人博弈,除了可以用博弈树(见图 5-21)表达外,也可以用与或树(And-or Tree)表示。

博弈树的特点如下。

(1)博弈的初始格局是初始节点。

(2)在博弈树中,"或"节点和"与"节点是逐层交替出现的。自己一方扩展的节点之间是"或"关系,对方扩展的节点之间是"与"关系。双方轮流扩展节点。

(3)所有自己一方获胜的终局都是本原问题,相应的节点是可解节点;所有使对方获胜的终局都认为是不可解节点。

对于许多棋种而言,一棵完整博弈树的规模非常庞大,可以达到相当可观的天文数字,

表 5-1 中列出了几种知名棋类项目的复杂度。

表 5-1　几种知名棋类项目的复杂度(以 10 为底数)

棋类项目	状态空间复杂度	博弈树复杂度
国际跳棋(100 格)	30	54
海克斯(11×11)	57	98
国际象棋	46	123
中国象棋	48	150
亚马逊(10×10)	40	212
将棋	71	226
六子棋	172	140
19 路围棋	172	360

搜索博弈树的目的就是在假设双方的走法都是最佳的情况下,找到从根节点到叶子节点的最佳路径,找出当前的最佳着法。显然,把搜索树修整到合理范围内,减少其搜索空间,能够有效地进行展开和遍历搜索。

博弈树中的每个叶子节点,都可以用评估函数对其优劣进行评分,该值对于博弈双方都是最优的。博弈树的子树在搜索完成之后会返回一个博弈值,该值对于该子树是局部最优解,但是对整个博弈树来说并不一定是全局最优解。

机器博弈中,在博弈树中搜索最优解的一种最基本的方法就是 Minimax 算法。对于复杂度较小的博弈程序,可以较快地找到最优解并做出决策,但是对于中国象棋、围棋这类复杂度较高的博弈程序,若想对完整博弈树进行搜索,现有计算机的计算能力难以应对。典型的做法是用剪枝算法删除无效或不佳的着法,对部分博弈树进行搜索,并限制博弈树的层数。近几年,人工神经网络与机器学习技术取得了突破性进展。特别是人工智能程序 AlphaGo 在围棋人-机博弈中,战胜了人类顶级棋手。其采用的相关技术被成功移植到其他领域中,成功解决了许多以往难以解决的实际问题。

第**6**章　　　数　　　组

前面的章节介绍了整型、字符型、浮点型等数据类型,可通过定义变量存储这些类型的数据。但在实际问题中还需要对一组相同类型的数据进行批量处理,例如处理一门课程的学生成绩,管理一个部门职工工资等,对于这类问题,需要用到数组的相关知识。数组是相同类型数据的集合,体现了生活中集体力量源自每个个体,要有团队精神,要有看齐意识。

另外,在机器博弈的各种棋类项目比赛中,五子棋、围棋等的棋盘表示也可以用数组实现的,如 15×15 的五子棋棋盘可定义为:

```
int board_pos[15][15];
```

数组的两个下标用来表示落子点的棋盘坐标,数组元素值用来存储棋子值,如在五子棋棋盘的第 8 行第 D 列落黑子,则有 board_pos[7][3]＝BLACK；　//♯define BLACK 1

6.1　　一维数组

6.1.1　引例

例 **6.1**　计算某班学生成绩的平均分,然后统计低于平均分的人数,假设这个班只有 10 位学生(主要是避免输入数据过多)。

【分析】　计算某班学生成绩的平均值,要将每名学生成绩加起来,再除以这个班学生人数(在这里是除以 10)。根据前面所学知识,用 for 语句实现,其程序代码如下:

```
01  #include<stdio.h>
02  int main(void)
03  {
04      float sum=0,aver;
05      int i,score;
```

```
06      for(i=1;i<=10;i++)
07      {
08          scanf("%d",&score);
09          sum=sum+score;
10      }
11      aver=(float)sum/10;
12      printf("aver=%f\n",aver);
13      return 0;
14  }
```

这个程序第 8 行每次输入的学生成绩都存放到 score 变量中,覆盖了上次输入的数据,也就是说,score 变量中只存放最后一次输入的成绩,而前面输入的成绩都不能再次使用。如果只求学生成绩的平均值,不需要存储每位学生的成绩,是可以的。但是,要统计低于平均分的学生人数,则需要重新输入这些学生的成绩。如果用前面学习的知识解决,只能定义多个变量来存放这些学生的成绩,显然这样操作不方便。这就用到本章讲述的知识,即数组数组(Array)来实现。

数组是在内存中连续存储的,具有相同类型的一组数据的集合,是一种构造数据类型。数组中每个元素都用数组名和不同的下标标识,相当于一个变量。

利用数组解决引例中求某班学生成绩平均分,及低于平均分的学生人数问题,程序代码如下:

```
01  #include<stdio.h>
02  int main(void)
03  {
04      float sum=0,aver;
05      int i, count=0;
06      int score[10];              //定义有 10 个元素的数组 score
07      for(i=0; i<10; i++)         //循环输入学生成绩,并计算总分
08      {
09          scanf("%d",&score[i]);
10          sum=sum+score[i];
11      }
12      aver=sum/10;
13      for(i=0; i<10; i++)         //循环求低于平均分的学生人数
14          if (score[i]<aver)      //score[i]是数组的引用
15              count=count+1;
16      printf("count=%d\n",count);
17      return 0;
18  }
```

在程序的第 6 行定义了 score 数组来存放学生成绩,第 9、10、14 行是引用数组中的各个元素,直到程序运行结束前,学生成绩一直保存在 score 数组中。

6.1.2　一维数组的基本操作

1. 一维数组的定义

一维数组是只有一个下标的数组,其定义方式如下:

类型说明符 数组名 [长度表达式]

例如：

```
int board[9];
```

它表示定义一个名为 board 的一维数组，可表示线性井字棋棋盘，该数组由 9 个元素组成，

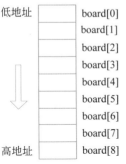

图 6-1　一维数组 board 的内存存储

每个元素都是整型，相当于定义 9 个整型变量，各元素名称分别为 board[0]、board[1]、…、board[8]。

　　一维数组 board 的内存存储如图 6-1 所示。可见，数组中的各元素在内存中占用连续的存储空间，即由低地址到高地址存储，各元素占用相同大小的存储空间，即 int 型的字节数（在 Visual C++系统中，int 型数据在内存中占 4 字节）。

　　【说明】

　　（1）类型说明符：数组元素的类型（如 int、char、float 等）可以是基本数据类型，也可以是构造数据类型，如结构体类型（参见第 10 章）。对于同一个数组，其所有元素的数据类型都是相同的。在数组的定义中体现了物以类聚的道理，因此在交友中要慎重，要选择正能量的朋友交往。

　　（2）数组名：是用户定义的数组标识符，要符合 C 语言的标识符命名规则，即与变量命名规则一致。一个数组被定义后，数组名代表该数组首元素地址（参见第 9 章）。

　　（3）长度表达式：指数组元素的个数，也称为数组的长度。

　　【注意】　数组必须先定义后使用，C89 规定定义数组时数组的长度不能使用变量，只能是常量或常量表达式，数组定义后，数组的长度不能改变。

　　例如：

```
double ar[2+4];　//定义 ar 数组，有 6 个元素
```

C89 不允许对数组的长度做动态定义。例如：

```
int m;
scanf("%d",&m);　//在程序中临时输入数组的大小
int a[m];
```

这样定义数组是非法的。

　　但 C99 以上版本允许像上面这样用变量形式定义数组，在 C99 中新加入了对变长数组（Variable Length Arrays）的支持，变长数组是指用整型变量或表达式定义的数组，但数组的长度不能随时变化，只是在运行时分配数组空间，只能分配一次，不能再次改变，变长数组在其生存期内的长度同样是固定的。实际工程中不推荐使用变长数组，程序中栈的大小是有限的，若需要的数组长度很大，则有造成爆栈的危险。另外，C 程序一般在 C++ 编译环境中运行，如 VS 的编译器只对 C++ 适用，变长数组部分编译器不适用，而 GCC 编译器可支持变长数组。

　　在机器博弈中，数组长度最好用宏定义，以适应未来可能的变化，便于程序的维护。

　　例如：

```
#define N 9　　　//宏定义，用符号 N 代替 9
int board[N];　　//定义 board 数组有 9 个元素，可表示线性井字棋棋盘
```

【注意】 下列数组的定义都是错误的。

(1) float b[0];　　　//数组的大小为 0,没有意义

(2) float c[5.4];　　//错误,数组的长度应该是整型常量,不能是浮点型

(3) int a(5);　　　　//必须使用方括号

2. 一维数组的引用

数组是由数组元素组成的,每个数组元素也像变量一样,可以逐个被引用,其标识方法为数组名加下标形式,下标表示元素在数组中的索引值,因此,数组元素也称为下标变量。在数组的引用中体现了每个个体都是集体中的一员,在集体中做好自己。

数组元素的表示形式如下:

数组名[下标]

其中,下标可为常量、变量或表达式,从 0 开始。

例如:

```
int board[9];
```

board 数组有 9 个元素,各元素分别为 board[0],board[1],…,board[8]。注意,没有 board[9]元素,数组的最后一个元素是 board[8]。

数组元素相当于变量,关于变量的基本操作都适于数组元素。下面数组元素的引用都是合法的。

```
board[1]=1;
board[2*3]=board [1]+1;
board[i++]=2;      // i 是整型,在[0,8]范围内
```

【注意】 数组定义和数组元素的引用形式上有些相似,但两者具有完全不同的含义。数组定义的方括号([])中给出的是某一维数组的长度,即数组元素的个数,一般是常量或常量表达式;而数组元素中[]中的下标是该元素在数组中的位置标识(索引值),可以是常量、变量或表达式。

例如:

```
int score[10];
```

表示定义 score 数组有 10 个元素,而 score[9]表示 score 数组中的第 10 个元素。

在 C 语言中,定义数组后,在使用数组元素之前,要对数组元素赋值,除了用赋值语句像变量赋值一样对数组元素赋值外,还可采用输入函数动态给数组赋值。例如,使用 for 语句逐个输入 score 数组各元素的值。

```
int i;
for(i=0;i<10;i++)
    scanf("%d",&score[i]);
```

同理,输出 score 数组各元素的值通常也使用循环语句逐个输出:

```
for(i=0; i<10; i++)
    printf("%d",score[i]);
```

扫一扫

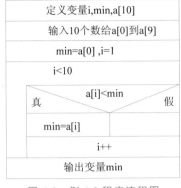

图 6-2　例 6.2 程序流程图

而不能用一条语句整体输入或输出一个数组。

下面的写法都是非法的：

scanf("％d",score);

printf("％d",score);

例 6.2　用数组存放 10 名学生的成绩，并求出最低成绩。

【分析】　在程序执行过程中，通过 for 语句和 scanf 函数对数组元素逐个赋值，用变量 min 存放最低值，这是选择法求学生成绩的最低分，流程图如图 6-2 所示。

程序代码如下：

```
01  #include<stdio.h>
02  int main(void)
03  {
04      int i,min,a[10];
05      printf("input 10 numbers:\n");
06      for(i=0;i<10;i++)
07          scanf("%d",&a[i]);
08      min=a[0];
09      for(i=1;i<10;i++)
10          if(a[i]<min) min=a[i];
11      printf("min=%d\n",min);
12      return 0;
13  }
```

程序运行结果如下：

```
input 10 numbers:
4 1 2 3 0 5 6 7 8 9↙
min=0
```

本例中，第 6 行 for 语句逐个输入 10 个数到数组 a 中，然后把 a[0]赋值给 min 变量。在第 9 行的 for 语句中，从 a[1]到 a[9]逐个与变量 min 进行比较，若比 min 的值小，则把该数组元素赋值给 min，因此 min 中存放的是 a 数组中的最小值，比较结束，输出 min 的值。

【扩展】　用数组存放 10 名学生的成绩，并求出最低成绩，将最低成绩与数组的第一个元素交换。

【分析】　在例 6.2 这个程序中求出了最低分，并将其存放到 min 变量中，但不知道哪个元素值最低，如果找到存放最低分元素的下标，就找到了最低值，并将该元素与数组的第一个元素交换，这是下标法求最小值。程序代码如下：

```
01  #include<stdio.h>
02  int main(void)
03  {
04      int a[10], min, i,j, k, t;
05      for(i=0; i<10; i++)
06          scanf("%d",&a[i]);
07      k=0;                    //k 是最低值的下标，初值为 0
08      for(j=1;j<=9;j++)
```

```
09          if(a[j]<a[k])
10              k=j;
11      t=a[k]; a[k]=a[0]; a[0]=t;          //利用中间变量 t 实现 a[0]和 a[k]互换
12      for(i=0; i<10; i++)
13          printf("%d",a[i]);
14      return 0;
15  }
```

程序运行结果如下：

```
4 1 9 3 0 5 6 7 8 2↙
0 1 9 3 4 5 6 7 8 2
```

在该程序中，第 7 行将 0 赋值给 k，假设 a[0]最小。在第 8 行的 for 语句中，从 a[1]到 a[9] 逐个与 a[k]中的值比较，若比 a[k]的值小，则把该数组元素的下标存入 k 中，因此 k 是已比较过的 a 数组元素中最小值的下标。比较结束，将数组首元素 a[0]与 a[k]交换，并输出 a 数组。

3. 一维数组的初始化

数组元素赋值的方法除了用赋值语句赋值或输入函数循环动态赋值外，还可采用数组初始化赋值方法。

数组的初始化指在定义数组时给数组各元素赋初值，数组初始化是在编译阶段进行的，这样可减少程序的运行时间，提高效率。

数组的初始化赋值形式如下：

类型说明符 数组名[常量表达式]= {值，值，…值}；

其中，在花括号(｛｝)中的各数据值为数组各元素的值，各值之间用逗号间隔。

例如：

```
int board[9]={3,3,3,3,3,3,3,3,3};    //3 表示棋盘空点没有落子
```

相当于 board[0]=3，board[1]=3，……，board[8]=3，一维数组 board 即线性棋盘每个元素初值都是 3。

【说明】

(1) 如果数组定义时未被初始化，则数组元素的初始值是不确定的值，静态变量和全局变量除外(参见第 7 章)。

(2) 可以给部分数组元素初始化赋值，即数组元素"部分初始化"，其他未赋值的元素自动赋值 0。例如：

```
int a[5]={9,8,7};
```

表示只给 a[0]～a[2]3 个元素赋值，而后 2 个元素自动赋 0 值，即 a[3]和 a[4]的值为 0。

(3) 如果数组定义时，没有给数组元素初始化赋值，则只能逐个元素赋值，不能给数组整体赋值。例如，a 数组元素全部赋-1 值，可以写为

```
int a[5]={-1,-1,-1,-1,-1};
```

或

```
int a[5];
a[0]=-1, a[1]=-1, a[2]=-1, a[3]=-1, a[4]=-1;
```

而不能写为：

```
a[5]={-1,-1,-1,-1,-1 };
```

或

```
int a[5]=-1;
```

（4）如果给数组所有元素初始化赋值，则在数组定义中，可以不给出数组的长度。
例如：

```
int a[]={1,2,3,4,5,6};
```

系统会根据初始化值个数自动计算数组长度，数组的长度为 6。

【注意】　数组"未被初始化"和"部分初始化"是不同的。如果"未被初始化"，即只定义 int arr[6]；而不赋值，那么数组各个元素的值不是 0，而是不确定的值。如果写成 int arr[6]={0};，这时是给数组元素"清零"，此时数组中每个元素值都是零，即数组元素"部分初始化"。此外，如果定义的数组的长度比花括号中所提供的初值的个数少，如 int arr[4]={1，2，3，4，5}；也是错误的。

例 6.3　用 Beep 函数实现 7 个音符的低音、中音和高音的播放。

【分析】　7 个音符的低音频率值存入数组 hz 中，Beep 函数是发音函数，在 windows.h 文件中定义，即 Beep(频率/Hz，持续时间/ms)，在程序执行过程中，用 for 循环语句播放出 7 个音符的低音、中音和高音，用耳机或音箱等外放设备可收听。该例题通过音符的播放可予编程更强的趣味性。

程序代码如下：

```
01  #include<windows.h>
02  #include<stdio.h>
03  int main(void)
04  {
05      const unsigned hz[7]={262,294,330,349,392,440,494};  //7个音符的低音频率/Hz
06      int i;
07      for(i=0;i<7;i++)
08          Beep(hz[i],500);          //演奏低音
09      Sleep(1000);                  //暂停 1 秒，以毫秒为单位
10      for(i=0;i<7;i++)
11          Beep(hz[i] * 2,500);      //演奏中音，中音频率是低音频率乘以 2
12      Sleep(1000);
13      for(i=0;i<7;i++)
14          Beep(hz[i] * 4,500);      //演奏高音，高音频率是低音频率乘以 4
15      return 0;
16  }
```

【说明】　在例 6.3 程序中，数组 hz 定义用 const 修饰，则数组 hz 值不能修改，定义时必须初始化。定义中用 const 修饰的变量或数组具有只读属性，不能被更改，还有节约空间的作用，通常编译器并不给 const 变量分配空间，而是将它们保存到符号表中，无须读写内存

操作,程序执行效率也会提高。

例如:

```
const int n=10;                                  //n 的值在程序运行期间不能改变
const int nextpoint[4][2]={1,0,0,1,-1,0,0,-1};   //棋盘落子点周围各点的相对坐标
```

例 6.4　在一条路上有 10 盏熄灭的路灯一字型排列,灯的序号为 1,2,3,…,每盏灯都有一个开关。有 $m(0< m \le 5)$ 个人经过这条路,这 m 个人的编号分别为 1,2,…。当他们经过的路灯的序号数刚好是他们编号的整数倍时,就按下此灯的开关。请问当 m 个人经过这条路后,这 10 盏灯的亮灭情况如何?

【分析】　路灯有亮和熄灭两种状态,可用 1 表示灯亮,用 −1 表示灯熄灭。用一个数组存放路灯的亮灭情况,为了使数组元素下标和灯的序号一致,数组第一个元素不用。数组初值都是 −1,表示灯都是熄灭状态,当有人经过时按下某路灯的开关,可用 −1 和这个数组元素相乘,若结果为 1,则这个路灯亮。当有人再次按下该路灯的开关时,该数组元素又乘以 −1,则路灯熄灭。那么,按下路灯开关就是数组元素和 −1 的多次相乘,最终数组中存储的是路灯的亮或熄灭情况。程序代码如下:

```
01   #include<stdio.h>
02   int main(void)
03   {
04       int lamp[11]={0,-1,-1,-1,-1,-1,-1,-1,-1,-1,-1};   //lamp[0]不用
05       int i,j,m;
06       printf("请输入人数:");
07       scanf("%d",&m);
08       for(i=1; i<=m; i++)      //m个人经过这条路
09           for(j=1;j<=10;j++) //10 盏路灯
10               if(j%i==0)        //灯序号数是人编号的整数倍
11                   lamp[j]=lamp[j] * -1;
12       for(j=1;j<=10;j++)
13           if(lamp[j]==1)
14               printf("亮");
15           else
16               printf("灭");
17       return 0;
18   }
```

程序运行结果如下:

请输入人数:3↙
亮灭灭灭亮亮亮灭灭灭

【说明】　例 6.4 是采用双层循环实现,第 8 行的 for 语句指外循环 m 次,表示有 m 个人经过这条路,第 9～11 行是通过 for 语句实现路上的 10 盏灯是否满足路灯的序号数刚好是这个人编号的整数倍,来判断是否按下灯的开关。

例 6.5　对一维数组中的 10 个数,按由小到大的顺序排序并输出。

方法一:采用选择法,对数组中的 10 个数由小到大排序。

【分析】　参照例 6.2 的扩展程序,求出 a 数组中的最小值元素下标,并与 a[0] 交换;若再求第 2 最小值元素,则与 a[1] 交换:

```
k=1;
for(j=2;j<=9;j++)
    if(a[j]<a[k])
        k=j;
t=a[k]; a[k]=a[1]; a[1]=t;
```

以此类推,对 10 个数排序,只找出 9 个最小数即可,因此,对 n 个数排序,外层循环需进行 n−1 次,这样就可将 a 数组的元素值按由小到大的顺序排序。

选择法排序流程图如图 6-3 所示。程序代码如下:

```
01  #include<stdio.h>
02  int main(void)
03  {
04    int a[10], i, j, k, t;
05    for(i=0; i<=9; i++)
06      scanf("%d",&a[i]);
07    for(j=0;j<=8;j++)
08    { k=j;
09      for(i=j+1; i<=9; i++)
10        if (a[i]<a[k])
11          k=i;
12      t=a[j]; a[j]=a[k]; a[k]=t;
13    }
14    for(i=0; i<10; i++)
15      printf("%d ",a[i]);
16    return 0;
17  }
```

方法二:采用冒泡法,对数组中的 10 个数由小到大排序。

【分析】 冒泡法排序是比较相邻元素的大小,如果前一个元素比后一个元素大,就交换它们的值;从开始第一对到最后一对,每一对相邻元素做同样的操作,则最后的元素应是最大的数。除了已经选出的最大元素外,对所有剩下的元素重复以上步骤,直到排序完成。冒泡法排序流程图如图 6-4 所示。程序代码如下:

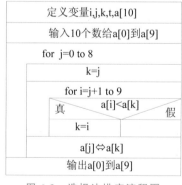

图 6-3 选择法排序流程图

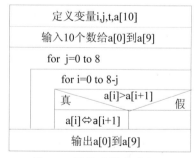

图 6-4 冒泡法排序流程图

```
01  #include<stdio.h>
02  int main(void)
03  {
```

```
04        int a[10],i,j,t;
05        for(i=0;i<=9;i++)
06            scanf("%d",&a[i]);
07        for(j=0;j<=8;j++)
08            for(i=0; i<=8-j; i++)
09                if(a[i]>a[i+1])
10                    {t=a[i]; a[i]=a[i+1]; a[i+1]=t;}
11        for(i=0;i<10;i++)
12            printf("%d ",a[i]);
13        return 0;
14    }
```

以上两个程序运行结果如下：

```
9 8 7 6 5 4 3 2 1 0↙
0 1 2 3 4 5 6 7 8 9
```

选择法和冒泡法排序是两个经典的算法，都有两层循环，外层循环控制比较的轮数，循环次数和数组元素的个数有关。内层循环控制需要参与比较的元素个数，循环次数和外层循环的轮数有关。两种算法比较的次数一样，但选择法排序每扫描一遍数组，只需要一次真正的交换，而冒泡法排序每扫描一遍数组，可能需要很多次交换。可见，若要求提高效率和优化性能，往往会使用选择法排序。

【思考】　如何用选择法或冒泡法对 10 个数由大到小排序？

6.1.3　一维数组实现井字棋棋盘数字化

机器博弈是人工智能的一个分支，编写机器博弈程序可以锻炼编程者的编程实践能力和创新能力，如井字棋、围棋、不围棋等棋类项目的棋盘，可用一维数组设计实现，在例 6.6 中用一维数组实现井字棋棋盘数字化并输出棋盘。

例 6.6　用一维数组存储井字棋棋盘，并输出棋盘。

【分析】　井字棋是 3×3 棋盘，有 9 个落子点，定义含 9 个元素的一维数组表示井字棋，存储各位置棋子信息，并通过循环输出井字棋简易棋盘，如图 6-5 所示。

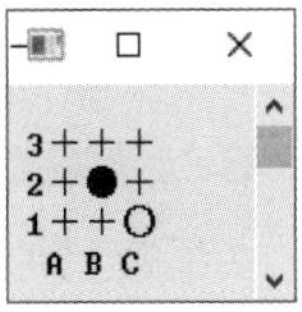

图 6-5　例 6.6 井字棋棋盘

```
01    #include<stdio.h>
02    #include<stdlib.h>
03    #define BLACK 0        //黑子
04    #define WHITE 1        //白子
05    #define EMPTY 3        //空点
06    int main(void)
07    {
08        int board[9];
09        int i,j;
10        for(i=0;i<9;i++)       //棋盘初始化
11            board[i]=EMPTY;
12        board[4]=BLACK;        //设这点落黑子
13        board[8]=WHITE;        //设这点落白子
14        for(i=0;i<9;i++)
15        {
```

```
16              if(i%3==0)                      //每行 3 个
17                  printf("\n%2d",3-i/3);   //左边第一列输出行坐标
18              if(board[i]==BLACK)
19                  printf("●");
20              else if(board[i]==WHITE)
21                  printf("○");
22              else
23                  printf("+");
24          }
25      printf("\n ");
26      for(i=0;i<3;i++)                        //最后一行输出列坐标
27          printf(" %c",i+'A');
28      printf("\n");
29      return 0;
30  }
```

【说明】 程序第 10、11 行初始化棋盘,第 12、13 行选两点落子,第 14～28 行输出棋盘,在第 16 行通过判断循环变量 i 是否被 3 整除来实现每行只输出 3 个落子点。

6.2 二维数组

前面介绍的一维数组是一个线性表示,只有一个下标。在实际应用中有很多数据需要用二维或多维数组表示,例如,表示某班学生几门课的成绩,或存储机器博弈的棋盘等数据,就需要用到二维数组。在 C 语言中允许定义和使用二维数组以及多维数组。

6.2.1 二维数组的基本操作

1. 二维数组的定义

二维数组的定义形式如下:

类型说明符 数组名[长度表达式 1] [长度表达式 2]

其中,长度表达式 1 表示行下标的长度,长度表达式 2 表示列下标的长度。两个表达式代表数组具有的行数和列数,数组元素的行、列下标都是从 0 开始。

例如:

```
int board[3][3];
```

定义了一个二维数组 board,表示井字棋二维棋盘,其中所有元素(棋盘的点)的类型均为整型。board 数组共有 9(3×3)个元素,即

```
board[0][0]  board[0][1]  board[0][2]
board[1][0]  board[1][1]  board[1][2]
board[2][0]  board[2][1]  board[2][2]
```

二维数组的两个下标在两个方向上变化,数组元素在数组中的位置也处于一个平面中,而不像一维数组只是一个方向变化。但是,内存的存储空间却是连续编址的,也就是说,二维数组元素在内存存储是按一维线性排列的,如图 6-6 所示。

在 C 语言中,二维数组是按行存储的,即存储完第 1 行之后,顺次存第 2 行……

例如,board 数组先存放第 1 行,再存放第 2 行和第 3 行,每行中 3 个元素也是依次存放。由于数组 board 声明为 int 类型,若 int 类型占 4 字节的存储空间,则 board 数组在内存中占用 36(9×4)字节的存储空间。

因此,二维数组的定义可以理解为一种特殊的一维数组,它的元素又是一个一维数组。可以把 board 看作一个一维数组,它有 3 个元素,分别是 board[0]、board[1]、board[2],每个元素又是一个包含 3 个元素的一维数组,如图 6-7 所示。

图 6-6　二维数组 board 在内存中按行存储　　　　图 6-7　二维数组 board 的一维表示

【注意】

下面的定义是合法的:

(1) int a[3][4];

(2) ♯define EDGE 9
　　　int board[EDGE][EDGE];　　//board 表示不围棋棋盘

(3) float num[2+1][4];　　　　　//num 数组有 3×4 个元素

下面的定义是不合法的:

(1) int b(3)(4);　　　　　　　　//数组行标和列标要用方括号

(2) float num[3,4];　　　　　　 //数组行标和列标不能放在一个方括号里

2. 二维数组的引用

与一维数组的引用类似,二维数组元素也是通过下标来引用,其表示的形式如下:

数组名[下标 1][下标 2]

其中,下标 1 和下标 2 可以是常量、变量或表达式。

例如,board[0][1] 和 board[1][1+1] 都表示 board 数组的元素。

例 6.7　求矩阵 $\begin{bmatrix} -1 & 2 & 1 \\ 7 & -2 & 3 \end{bmatrix}$ 的所有元素之和。

【分析】　定义二维数组 b 存储矩阵,通过双层循环,将 b 数组的所有元素累加到变量 sum 中,程序代码如下:

```
01  #include<stdio.h>
02  int main(void)
03  {
04      int i,j;
05      float b[2][3]={-1,2,1,7,-2,3},sum=0;
06      for(i=0;i<2;i++)
07          for(j=0;j<3;j++)
08              sum=sum+b[i][j];
09      printf("sum=%f",sum);
10      return 0;
11  }
```

程序中的第 5 行,定义二维数组 b,它有 6 个元素,每个元素都相当于一个整型变量;6 个元素分别是 b[0][0]、b[0][1]、b[0][2]、b[1][0]、b[1][1]、b[1][2],并对数组元素进行初始化赋值,它们的值在内存中是连续存储的,如图 6-8 所示。

图 6-8　二维数组 b

由图 6-8 可见,二维数组 b 由两个一维数组构成,分别是 b[0] 和 b[1],其中,b[0] 由 b[0][0]、b[0][1]、b[0][2] 构成,b[1] 由 b[1][0]、b[1][1]、b[1][2] 构成。

3. 二维数组的初始化

二维数组的初始化是在二维数组定义时对其元素赋初值。

二维数组初始化的几种形式如下。

(1) 分行给二维数组所有元素赋初值。

例如:

```
int board[3][3]={{1,1,1}, {2,2,2}, {3,3,3}};
```

其中,{1,1,1}分别是 board 数组第一行的 3 个元素,即 board[0][0]值为 1,board[0][1]值为 1,board[0][2]值为 1,{2,2,2}分别是 board 数组第二行的 3 个元素,{3,3,3}分别是 board 数组第三行的 3 个元素。

(2) 不分行给二维数组所有元素赋初值。

例如:

```
int a[3][4]={1,2,3,4,5,6,7,8,9,10,11,12};
```

C 语言规定,用这种方法给二维数组赋初值时,是按先行后列的顺序进行,等价于:

```
int a[3][4]={{1,2,3,4}, {5,6,7,8}, {9,10,11,12}};
```

(3) 对数组的部分元素初始化时,没赋值的元素值为 0。

例如:

```
int a[3][3]={{1,2},{3},{4}};
```

赋值后各元素的值为

```
1 2 0
3 0 0
4 0 0
```

但是,和下面的赋值是不同的,

```
int a[3][3]={1,2,3,4};
```

赋值后的各元素值为

```
1 2 3
4 0 0
0 0 0
```

（4）对数组元素初始化时可以省略一维的长度。

例如：

```
int a[3][4]={1,2,3,4,5,6,7,8,9,10,11,12};
```

也可写成：

```
int a[ ][4]={1,2,3,4,5,6,7,8,9,10,11,12};    //a 数组的一维长度是 3
int a[3][3]={{1,2},{3},{4}};
```

也可写成：

```
int a[][3]={{1,2},{3},{4}};
int a[][4]={1,2,3,4,5,6,7,8,9};     /* 表示 a 数组一维的长度是 3,即将这些数存放到数组中
                                       的最小数组长度。*/
```

【注意】 下面的数组定义是不合法的：

（1）int a[2][ ]={1,2,3,4,5,6};   //二维数组的列下标长度不可以省略
（2）float num[][4];   //没有初始化数组,行下标长度不能省略

例 6.8　在矩阵中,一个数在所在行中是最大值,在所在列中是最小值,则该数被称为鞍点。矩阵中可能没有鞍点,但最多只有一个鞍点。求任意一个 4×4 矩阵的鞍点,矩阵元素从键盘输入(只考虑整型和每行、每列中没有并列最大或最小的情况)。

【分析】 用 map 数组存放矩阵,用 mark 数组标记鞍点,先对 map 数组以行为外层循环遍历找出每行中的最大值,再对 map 数组以列为外层循环遍历找出每列中的最小值,分别在 mark 数组中做标记,则在 mark 数组中值为 2 的元素的下标就是鞍点,程序代码如下：

```
01   #include<stdio.h>
02   int main(void)
03   {
04       int x, y,flag=0;                //x、y 鞍点的坐标,flag 是标志变量
05       int map[4][4], mark[4][4];
06       int x1, y1, min, max;
07       for (x1 =0; x1 <4; x1++)        //输入矩阵,并将所有标记都置为 0
08       {
09           for(y1 =0; y1 <4; y1++)
10           {
11               scanf("%d", &map[x1][y1]);
12               mark[x1][y1]=0;
13           }
14       }
15       for(x1 =0; x1<4; x1++)          //这个是遍历行中的最大值
16       {
17           max=0;
18           for(y1 =0; y1<4; y1++)      //内层循环时,x1 坐标不变,y1 坐标变/
19               if(map[x1][y1] >map[x1][max])
20                   max=y1;
21           mark[x1][max]++;            //一次标记
22       }
23       for(y1 =0; y1<4; y1++)          //这个是遍历列中的最小值
24       {
25           min=0;
26           for(x1=0; x1<4; x1++)       //内层循环时,y1 坐标不变,x1 坐标变
```

```
27              if(map[x1][y1] <map[min][y1])
28                  min =x1;
29          mark[min][y1]++;             //一次标记
30      }
31      for(x1 =0; x1 < 4; x1++)           //这个循环是记录鞍点的位置
32      {
33          for(y1 =0; y1 < 4; y1++)
34              if(mark[x1][y1]==2)
35              {
36                  y=y1;
37                  x=x1;
38                  flag=1;              //找到鞍点
39                  break;              //退出内层循环
40              }
41          if(flag==1)
42              break;                  //退出外层循环
43      }
44      if(flag!=0)
45          printf("\nSaddle point is: juZhen[%d][%d]=%d.\n", x, y, map[x][y]);
46      else    //如果 flag=0,说明标记数组里没有值为 2 的元素,所以没有鞍点
47          printf("\n No Saddle point.\n");
48      return 0;
49  }
```

输入矩阵:

```
1   2   3   4
5   6   7   8
9   10  11  12
13  14  15  16
```

程序输出:

```
Saddle point is:juZhen[0][3]=4.
```

【注意】 通过该例题可知,对二维数组的输入/输出及访问要通过双层循环实现(字符数组除外),flag 变量在这里灵活运用,标记是否找到鞍点。程序的第 39 行和第 42 行各有一个 break,分别用于结束内、外层循环。

6.2.2 二维数组实现井字棋人人对弈

例 6.9　井字棋人人对弈程序。

【分析】 例 6.6 用一维数组存储井字棋棋盘,但棋盘是二维的,用二维数组表示井字棋棋盘更为常见。用二维数组 board 存储棋盘信息,输入落子点坐标并判断是否正确,棋盘落子并输出棋盘,进行输赢判断,如果出现输赢情况,则结束程序运行,并输出输赢结果,程序代码如下:

```
01  #include<stdio.h>
02  #include<stdlib.h>
03  #define N 3        //棋盘大小 N* N
04  #define BLACK 0    //黑子
05  #define WHITE 1    //白子
```

```
06  #define EMPTY 3    //空点
07  int main(void)
08  {
09      int board[N][N];                        //记录棋盘每个交点的状态
10      int i,j,stone=0;
11      int x1;char y1;                         // x1 和 y1 表示玩家输入的横、纵坐标
12      int x,y,numx,numy,flag_dj,player;       //x 和 y 表示换算后的落子坐标
13      for(i=0;i<N;i++)                        //初始化棋盘
14          for(j=0;j<N;j++)
15              board[i][j]=EMPTY;
16      printf("输入棋子的格式:XY (输入 N 结束游戏)\n");
17      printf("X 为 1~3 的整数;Y 为 A~C 的大写字母。");
18      printf("输入举例:3A。\n");
19      //黑白方循环落子
20      while(1)
21      {
22          player=stone%2;                     //若棋盘有偶数个棋子,则下一步落黑子
23          player==BLACK? printf("请黑方落子\n"):printf("请白方落子\n");
24          fflush(stdin);                      //清空输入流缓存区
25          scanf("%d%c",&x1,&y1);              //输入落子点坐标
26          while(x1<1 || x1>3 || y1<'A'|| y1>'C'||board[N-x1][y1-'A']!=EMPTY)
                                                //输入判断
27          {
28              printf("输入坐标错误或该点已落子\n");
29              printf("请重新输入落子坐标:\n ");
30              fflush(stdin);
31              scanf("%d%c",&x1,&y1);
32          }
33          x=N-x1;                             //坐标转换
34          y=y1-'A';
35          board[x][y]=player;
36          stone++;
37          //输出走棋后的棋盘
38          for(i=0;i<N;i++)
39          {
40              printf("%2d",N-i);              //左边第一列输出行坐标
41              for(j=0;j<N;j++)
42                  if(board[i][j]==BLACK)
43                      printf("● ");
44                  else if(board[i][j]==WHITE)
45                      printf("○ ");
46                  else
47                      printf("+ ");
48              printf("\n");
49          }
50          printf("  ");
51          for(i=0;i<N;i++)                    //最后一行输出列坐标
52              printf(" %c",i+'A');
53          printf("\n");
54          //输赢平局判断
55          numx=numy=0,flag_dj=0;
56          for(i=0;i<3;i++)                    //判断落子点两条线棋子
57          {
```

```
58              if(board[x][i]==player)numx++;
59              if(board[i][y]==player)numy++;
60          }
61          if(x==y && board[0][0]==board[1][1]&&board[1][1]==board[2][2])
62              flag_dj=1;        //判断主对角线棋子
63          else if(x+y==N-1 && board[0][2]==board[1][1]&&board[1][1]==board[2][0])
64              flag_dj=1;        //判断反对角线棋子
65          if(numx==3||numy==3||flag_dj)
66          {   player==BLACK ? printf("黑方赢!\n"):printf("白方赢!\n");
67              break;
68          }
69          if(stone==9)          //棋盘无空点
70          {
71              printf("平局!\n");
72              break;
73          }
74      }
75      return 0;
76  }
```

【说明】 程序的第25~36行输入落子点坐标并判断是否正确,棋盘落子;第38~53行输出落子后的棋盘;第55~74行进行输赢判断,并给出输赢判断结果,程序运行结果如图6-9所示。

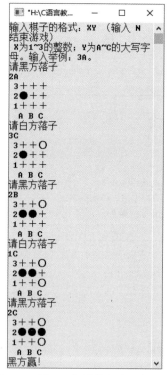

图6-9 例6.9井子棋程序运行结果

100

6.3 字符数组

在机器博弈程序中,经常有一些信息需要处理,这些信息往往以字符形式表示,在上面内容中,利用数组可以处理整型棋盘等数值数据,博弈中的信息可以字符型数组存储和处理。

由字符、文字等组成的词汇或句子,在 C 语言中被称作**字符串**(字符串常量是双引号括起的任意字符序列),C 语言中字符串只有常量形式,没有字符串变量,因此通常用字符数组存储和处理字符串。

每个字符串后都有一个字符串结束符,即'\0','\0'的 ASCII 值是 0,不进行任何操作。字符串常量可以为空,如""就是一个空的字符串常量,但是即使为空,还是存在一个字符串结束符。

【注意】 字符串的长度是字符串中有效字符的个数,不包括'\0'。字符串中可以包含转义字符,例如 "Hello\"UPC\n"。

这个字符串中包含'\"'和'\n'两个转义字符,该字符串长度为 10。

6.3.1 字符数组的定义和引用

用于存放字符的数组称为字符数组。在 C 语言中,字符串通常都存储于字符数组或动态分配的内存中。

1. 字符数组的定义

定义字符数组和前面介绍的定义数值数组是一样的,其形式如下:

char 数组名[常量表达式], …

例如:

```
char ch[6];
```

定义了一个 ch 字符数组,有 6 个元素,没有赋初值,每个元素存放的都是不确定的字符。字符数组也可以是二维或多维数组。

例如:

```
char str[3][10];
```

二维字符数组 str,有 3 行,可以存放 3 个字符串,每个字符串不能超过 9 个字符,因为字符串后有字符串结束符。

2. 字符数组的引用

字符数组的引用和数值数组的引用一样,其表示形式如下:

数组名[下标], …

下标是整数,保证不越界。

例如,ch 数组的第一个元素是 ch[0]。

3. 字符数组的初始化

字符数组也允许在定义时对数组元素初始化赋值。

（1）用字符常量对字符数组各元素逐个赋初值。

例如：

```
char ch[6]={ 'C', 'h', 'i', 'n', 'a'};
```

赋值后各元素的值为：ch[0]的值为'C',ch[1]的值为'h',ch[2]的值为'i',ch[3]的值为'n',ch[4]的值为'a',其中,ch[5]未赋值,系统自动赋予 0 值,即字符'\0'。

（2）用字符串常量初始化字符数组。

例如：

```
char ch[6]={"HELLO"};
```

C 语言提供了一种更简洁的方法对字符数组进行初始化,如:

```
char ch[6]="HELLO";
```

二者是等价的,当把字符串赋值给数组时,系统会自动在字符串末尾加'\0',并以此作为该字符串的结束标志。如图 6-10 所示,英文字符在内存中存储字符的 ASCII 码。因为字符串存储在字符数组中,都有字符串结束标志'\0',因此对字符数组操作时用这个字符串结束标志判断结束,而不必再用字符数组的长度判断。

字符表示：	H	E	L	L	O	\0
字符 ASCII 十进制表示	72	69	76	76	79	0
字符 ASCII 二进制表示	01001000	01000101	01001100	01001100	01001111	00000000
	ch[0]	ch[1]	ch[2]	ch[3]	ch[4]	ch[5]

图 6-10　字符数组 ch 在内存中的存储

字符数组也可以写成：

```
char ch[]="HELLO";
```

这样定义并初始化字符数组 ch,可以省略数组的长度。此时这个数组的长度为 6,而不是 5,因为系统会自动添加一个字符'\0',要多占一个字节的内存空间。

但是,如果用字符形式对数组初始化赋值,写成：

```
char ch1[]={'H', 'E', 'L', 'L', 'O'};
```

则数组 ch1 的长度为 5,而不是 6,系统不会自动添加字符'\0',数组 ch1 里存放的也不是字符串。

（3）二维字符数组的初始化。

二维字符数组通常存储多个字符串。例如：

```
char str[3][6]={"Go","NoGo","Chess"};
```

二维字符数组 str 可以看成 3 个一维数组 str[0]、str[1]、str[2],str[0]存放"Go",

str[1]存放"NoGo",str[2]存放"Chess",如图 6-11 所示。

str[0]	G	o	\0	\0	\0	\0
str[1]	N	o	G	o	\0	\0
str[2]	C	h	e	s	s	\0

图 6-11 str 数组的存储

6.3.2 字符数组的输入/输出

字符数组的输入/输出可以逐个字符,也可以字符串形式整体操作。

1. %c 格式逐个字符输入/输出

采用%c 格式对字符数组中的字符逐个输出。

例 6.10 字符串输出。

```
1  #include<stdio.h>
2  int main(void)
3  {
4      char ch[20]={'C', 'h', 'i', 'n', 'a', '\0'};
5      int i;
6      for(i=0;ch[i]!='\0';i++)
7          printf("%c", ch[i]);
8      return 0;
9  }
```

程序运行结果如下:

```
China
```

【注意】 在对字符数组每个元素进行遍历操作时,循环条件是判断字符是否为'\0',而不是数组的长度。

2. %s 格式字符串的输入/输出

字符串的输入/输出格式为%s。

例 6.11 字符串输入/输出。

```
1  #include<stdio.h>
2  int main(void)
3  {
4      char str[20];
5      int i;
6      scanf("%s",str);   //数组名 str 是数组首元素地址,不用加 &
7      printf("%s",str);
8      return 0;
9  }
```

程序运行结果如下:

```
Computer↙
Computer
```

【说明】

（1）在例 6.11 程序的第 7 行 printf 函数中,使用的格式符是 s,表示输出的是一个字符串,而在输出表列中给出数组名,不能写为

```
printf("%s",str[]);
```

（2）在例 6.11 程序的第 6 行 scanf 函数中使用的格式符是 s,表示输入的是一个字符串,而在输入表列中给出数组名,前面不用加取地址运算符(&)。C 语言中规定,数组名记录了数组首元素地址。整个数组是以首元素地址开头的一块连续的存储空间;在 VS 高版本的系统中使用 scanf 函数会报错,可在文件开头加一个宏定义:
♯define _CRT_SECURE_NO_WARNINGS   //忽略安全检测(具体内容见第 8.1.1 节)。

（3）如果输入的字符串长度超过字符数组所能容纳的字符个数,系统会报错,本例中由于定义数组长度 20,因此输入的字符串长度必须小于 20,以留出一个字节存放字符串结束符。

（4）scanf 函数输入的字符串中不能含有空格字符,因为遇见空格字符 scanf 函数的输入就结束了,系统会自动在输入字符串后加字符'\0'。

例如,在例 6.11 程序运行时,输入的字符串中含有空格字符时,运行情况为

How are you? ↙

输出为:

How

从输出结果可知空格字符后的字符都未能输入,为了避免这种情况,可用一个二维字符数组分别存放含空格的字符串。

例 6.12   字符串操作。

```
01  #include<stdio.h>
02  int main(void)
03  {
04      char str[3][6];
05      int i;
06      for(i=0;i<3;i++)
07          scanf("%s",str[i]);
08      for(i=0;i<3;i++)
09          printf("%s ",str[i]);
10      return 0;
11  }
```

程序运行结果如下:

How are you? ↙
How are you?

【注意】   本程序定义了二维数组 str,二维数组的一维代表地址,因此在第 7 行 scanf 函数语句的输入列表中不用加取地址运算符 &。

3. 字符串输入函数 gets

gets (字符数组)

gets 函数从键盘上输入字符串,可以包含空格字符,而只以回车作为输入结束,系统自动将'\n'转换成'\0'置于字符串尾。

【注意】 因为 gets 函数不安全,所以从 VS 2015 后的高版本就没有 gets 函数了。此函数可能会造成缓冲区溢出,甚至程序崩溃,故不推荐使用,建议用 gets_s 函数代替。

例如:

```
char str[20];
gets_s(str);      //简写
gets_s(str,19);   //其中第二参数就是允许的输入长度,是 20-1=19 的长度才正好
```

也可以从标准输入流(stdin)中读取 20 字节(包括'\0')到字符数组 str 中,若超出,就自动截断,不会出错,例如:

```
char str[20];
fgets(str,20, stdin);
```

4. 字符串输出函数 puts

puts (字符数组/字符串常量)

puts 函数将一个字符串常量或字符数组中的字符串输出,输出时将字符串结束标志'\0'转换成'\n'。

例 6.13 输入一个字符串存入字符数组中,并输出。

```
1  #include<stdio.h>
2  int main(void)
3  {
4      char str[20];
5      gets(str);
6      puts(str);
7      return 0;
8  }
```

程序运行结果如下:

```
computer game↙
computer game
```

6.3.3 常用字符串处理函数

C 语言提供了很多字符串处理函数,使用这些函数可以为处理字符串提供方便。前面讲到的 gets 函数和 puts 函数包含在头文件"stdio.h"中,而接下来介绍的字符串处理函数则包含在头文件"string.h"中。下面介绍几个最常用的字符串处理函数。

1. 测字符串长度函数 strlen

strlen(字符数组/字符串常量)

功能:求字符串的长度(在'\0'之前的字符个数,不含'\0')并将其作为函数返回值。

【注意】 字符串的长度和字符数组的长度是不同的。例如:

```
char str[6]={'c ', 'a ', ' t ', '\0', 'L'};
```

则字符串的长度用 strlen(str) 函数返回的值是 3,字符数组的长度是 6,用 sizeof(str) 测试字符数组占 6 字节的存储空间。

例 6.14 strlen 函数的使用举例。

```
01  #include<stdio.h>
02  #include<string.h>
03  int main(void)
04  {
05      int n1,n2;
06      char str[]="computer game";
07      n1=strlen(str);
08      n2=strlen("123456");
09      printf("n1=%d, n2=%d\n",n1,n2);
10      return 0;
11  }
```

程序运行结果如下:

```
n1=13, n2=6
```

例 6.15 编程实现求字符串的长度。

```
01  #include<stdio.h>
02  int main(void)
03  {
04      char str[20];
05      int len=0,i;
06      gets(str);
07      for(i=0; str[i]!='\0';i++)    //循环条件不是数组的长度
08          len++;
09      printf ("%d\n",len);
10      return 0;
11  }
```

程序运行结果如下:

```
I am a student↙
14
```

由该程序可知,程序运行结束后,变量 i 和 len 的值是一样的,因此这个程序第 7~9 行也可以改写成:

```
for(i=0; str[i]!='\0';i++);//循环体是空语句
printf ("%d\n ",i);
```

【思考】 如何实现求一个字符串中小写字母的个数?

2. 字符串复制函数 strcpy

strcpy (字符数组 1,字符数组 2/字符串常量)

功能:把字符数组 2 中的字符串(或字符串常量)复制到字符数组 1 中,字符串结束标志' \0'也一同复制。

例 6.16 strcpy 函数的使用举例。

```
01   #include<stdio.h>
02   #include<string.h>
03   int main(void)
04   {
05       char s1[20],s2[]="Copy a string",s3[20];
06       strcpy(s1,s2);
07       strcpy(s3, "Computer Game");
08       puts(s1);
09       puts(s3);
10       return 0;
11   }
```

程序运行结果如下：

```
Copy a string
Computer Game
```

【注意】　要求字符数组1应有足够的长度，来存放字符串。另外，把字符串直接赋值给字符数组是错误的，例如：

```
char str[20];
str="computer game";        //错误，必须用 strcpy 函数
```

例 6.17　编程实现将字符串复制到字符数组中。

扫一扫

```
01   #include <stdio.h>
02   int main(void)
03   {
04       char s1[20],s2[]="Computer Game";
05       int i;
06       for(i=0;s2[i]!='\0'; i++)     //将 s2 中的字符逐个复制到 s1 中，没复制'\0'
07           s1[i]=s2[i];
08       s1[i]='\0';                   //给 s1 中加上字符'\0'
09       printf("Output string1: %s\n", s1);
10       return 0;
11   }
```

程序运行结果如下：

```
Output string1:Computer Game
```

3. 字符串连接函数 strcat

strcat (字符数组 1，字符数组 2/字符串常量)

功能：把字符数组 2 中的字符串或字符串常量连接到字符数组 1 中字符串的后面，并删去字符数组 1 中的字符'\0'，只在新串最后保留一个'\0'，返回值是字符数组 1 的首地址。

例 6.18　strcat 函数的使用举例。

```
1   #include<stdio.h>
2   #include<string.h>
3   int main(void)
4   {
```

```
5        char s1[20]="Computer ",s2[]="Game";
6        strcat(s1,s2);
7        puts(s1);
8        return 0;
9    }
```

程序运行结果如下:

Computer Game

【注意】　字符数组1应定义足够的长度,否则不能全部存放连接后的字符串。

例6.19　编程实现将两个字符串连接。

```
01   #include<stdio.h>
02   int main(void)
03   {
04        char s1[20]="Computer ",s2[]="Game";
05        int i,j;
06        for(i=0;s1[i]!='\0'; i++);//求s1中字符串的长度
07        for(j=0;s2[j]!='\0'; j++)  //将s2中的字符逐个存放到s1字符串后,没复制'\0'
08            s1[i++]=s2[j];
09        s1[i]='\0';
10        puts(s1);
11        return 0;
12   }
```

程序运行结果如下:

Computer Game

【注意】　字符串连接程序其实是求字符串长度和复制字符串的复合操作。

4. 字符串比较函数 strcmp

strcmp(字符数组1/字符串常量1,字符数组2/字符串常量2)

功能:从左至右逐个字符比较两字符串中字符的 ASCII 码值,直到出现不同的字符或遇到'\0'为止,结果以第一个不相同字符的 ASCII 码值相比较为准。

字符串1 = 字符串2,返回0值;

字符串1>字符串2,返回正值;

字符串1<字符串2,返回负值。

例6.20　strcmp 函数的使用举例。

```
01   #include<stdio.h>
02   #include<string.h>
03   int main(void)
04   {
05        int k;
06        char s1[20],s2[]="Chinese";
07        gets(s1);
08        k=strcmp(s1,s2);
09        if(k==0)    printf("s1=s2\n");
10        else if(k>0)printf("s1>s2\n");
```

```
11        else          printf("s1<s2\n");
12        return 0;
13    }
```

程序运行结果如下：

```
China↙
s1<s2
```

例 6.21　编程实现比较两个字符串的大小。

```
01   #include <stdio.h>
02   int main(void)
03   {
04       char s1[20], s2[20];
05       int i,k;
06       gets(s1);
07       gets(s2);
08       for(i=0;s1[i]==s2[i]&&s1[i]!='\0'&&s2[i]!='\0';i++);   //循环体是空语句
09       k=s1[i]-s2[i];
10       if(k==0)           printf("s1=s2\n");
11       else if(k>0)       printf("s1>s2\n");
12       else               printf("s1<s2\n");
13       return 0;
14   }
```

程序运行结果如下：

```
China↙
Chinese↙
s1<s2
```

本程序把输入到两个字符数组 s1 和 s2 中的字符串进行比较,比较结果返回到 k 中,根据 k 值再输出两个字符串的大小。"China"和"Chinese"中第一对不相同的字母是 a 和 e,字母 e 的 ASCII 码值大于字母 a 的 ASCII 码值,因此"China"小于"Chinese"。

【思考】　判断两个字符串相同如何实现?

```
if(s1==s2)              //错误
if(strcmp(s1,s2)==0)  //正确
```

5.字符串大写转小写函数 strlwr

strlwr(字符数组/字符串常量)

功能:将字符串中的大写字母转换成小写字母。

6.字符串小写转大写函数 strupr

strupr(字符数组/字符串常量)

功能:将字符串中的小写字母转换成大写字母。

以上介绍了常用字符串处理函数,请注意不同的编译系统提供的函数名和函数功能可能不相同,使用时要小心,必要时查一下函数库手册。

6.4 综合程序举例——五子棋人人对弈程序

图 6-12 例 6.22 程序流程图

例 6.22 在例 5.9 猜数游戏基础上,用数组实现随机产生 3 个 1~50 的整数,每个数最多允许用户猜 5 次,猜中了可提前结束,用户每猜一次都要给出猜大、猜小或猜中的信息。程序分别输出这 3 个随机数、每个随机数猜测次数以及是否猜中,猜中用 1 表示,没猜中用 0 表示。

【分析】 用 rand 函数随机产生 3 个随机数存入 magic 数组中,counter 数组中存放每个随机数猜测的次数,correct 数组中存放对应这 3 个随机数是否猜中信息,猜中用 1 表示,猜错用 0 表示,流程图如图 6-12 所示。

程序代码如下:

```
01   #include<stdio.h>
02   #include<stdlib.h>
03   #include<time.h>
04   #define N  3
05   int main(void)
06   {
07       int i,guess;
08       int magic[N];                  //计算机产生的数
09       int counter[N]={0};            //猜数次数
10       int correct[N]={0};            //猜数是否正确,正确用1表示,错误用0表示
11       srand((unsigned int)time(NULL)); //初始化随机数发生器
12       for(i=0;i<N;i++)
13       {
14           magic[i]=rand()%50+1;      //随机产生1~50的数
15           printf("请猜第%d个数\n",i+1);
16           while(counter[i]<5)
17           {
18               printf("please guess a magic number:");
19               scanf("%d",&guess);
20               counter[i]++;
21               if(guess>magic[i])
22                   printf("Wrong!Too big!\n");
23               else if(guess<magic[i])
24                   printf("Wrong!Too small!\n");
25               else
26               {
27                   printf("Right!\n");
28                   correct[i]=1;       //猜中,用1表示
```

```
29              break;
30          }
31        }
32        printf("End\n");
33    }
34    for(i=0;i<N;i++)                   //输出结果列表
35        printf("magic=%2d,counter=%d,correct=%d\n",magic[i],counter[i],
                 correct[i]);
36    return 0;
37  }
```

程序的运行结果如图 6-13 所示,分别输入每次猜测的数,最后计算机输出这 3 个随机数及猜测结果。

图 6-13 例 6.22 猜数游戏结果

例 6.23 给出一个少于 200 个小写字母的字符串。找到出现次数最多的字母,将该字母从字符串中都删除,如果出现次数最多的字母不止一个,就删除在字母表中靠前的一个(ASCII 码值最小的字母),即序号小的字母,已知 a 的序号为 97,b 的序号为 98,c 的序号为 99,以此类推。然后输出这个字符串。重复上面的操作,直到字符串中没有字符。

【分析】 用 str 数组存放字符串,c_num 数组中存放 26 个小写字母出现的次数,通过循环用比较法找出数量最多的字母的索引值(index)。index+'a'就是出现最多的字母,将该字母从字符串中删除,重复操作,直到字符串为空。该例题巧妙使用了字母的索引值和字母之间的转换。程序代码如下:

```
01  #include<stdio.h>
02  #include<string.h>
```

```
03    int main(void)
04    {
05        char str[200],s1[200];
06        int i,j,k,index;
07        int c_num[26];
08        printf("Please input a lowercase string:\n");
09        scanf("%s",str);
10        for(j=0;strlen(str)>0;j++)
11        {    for(i=0;i<26;i++)
12                c_num[i]=0;
13            for(i=0; str[i]!='\0'; i++)      //计算每个字母的数量
14            {
15                index=str[i]-'a';            //字符转换成索引值
16                c_num[index]++;
17            }
18            index=0;
19            for(i=1; i<26; i++)              //用比较法找出数量最多的字母
20                if(c_num[i]>c_num[index])
21                    index=i;
22            k=0;
23            for(i=0; str[i]!='\0'; i++)      //删除数量最多的字母
24            {
25                if(str[i]!=index+'a')        //索引值转换成字符
26                {
27                    s1[k]=str[i];
28                    k++;
29                }
30                s1[k]='\0';
31            }
32            strcpy(str,s1);
33            puts(str);
34        }
35        return 0;
36    }
```

程序的运行结果如图 6-14 所示。

图 6-14　例 6.23 程序运行结果

例 **6.24**　在例 5.14 五子棋游戏基础上继续完善,用数组实现人人对弈五子棋程序。用数组表示五子棋棋盘并存储棋子信息,输入落子点坐标并判断是否正确,棋盘落子并输出棋

盘,增加落子后是否结束程序判断,最后显示棋盘上各棋子及空点值,程序代码如下:

```
01  #include<stdio.h>
02  #include<stdlib.h>
03  #define N 15                      //棋盘大小 N* N
04  #define EMPTY 0                    //未落子,无子
05  #define BLACK 1                    //黑子
06  #define WHITE 2                    //白子
07  int main(void)
08  {
09      int board_pos[N][N];          //记录棋盘每个交点的棋子状态为无子、黑子、白子
10      int x,y;                      //代表 board_pos 数组元素下标,为 x 行、y 列
11      int player=BLACK;             //默认先执黑;后手是执白
12      int ston_num=0;               //代表棋盘落子数,0 表示没有落子
13      int i,j,x1;
14      char y1;                      //x1 和 y1 代表棋盘上的棋子位置
15      for(i=0;i<N;i++)              //初始化棋盘
16          for(j=0;j<N;j++)
17              board_pos[i][j]=EMPTY;
18      while(1)                       //开始循环落子,输入 N 结束
19      {
20          if(ston_num%2==0)         //棋盘有偶数个棋子,则下一步落黑子,否则落白子
21          {
22              player=BLACK;
23              printf("请黑方落子\n");
24          }
25          else
26          {
27              player=WHITE;
28              printf("请白方落子\n");
29          }
30          printf("请输入落子坐标,格式:XY\n ");
31          printf("X 为 1~15 整数;Y 为 A~O 字母,如:10D\n");
32          fflush(stdin);             //对输入流进行清空缓存区
33          scanf("%d%c",&x1,&y1);
34          while(1>x1||x1>15||'A'>y1||y1>'O'|| board_pos[N-x1][y1-'A'] )  //输入判断
35          {
36              printf("输入坐标错误或该点已落子\n");
37              printf("请重新输入落子点坐标\n ");
38              fflush(stdin);
39              scanf("%d%c",&x1,&y1);
40          }
41          x=N-x1;                    //坐标转换
42          y=y1-'A';
43          board_pos[x][y]=player;    //棋子值存到对应数组元素中
44          ston_num++;                //棋盘落子数量自增
45          for(i=0;i<N;i++)          //输出棋盘
46          {
47              printf("%2d",N-i);     //左边第一列输出行坐标
48              for(j=0;j<N;j++)
49              {
50                  if(board_pos[i][j]==EMPTY)
51                      printf("+");
```

```
52              else if(board_pos[i][j]==BLACK)
53                  printf("●");
54              else if(board_pos[i][j]==WHITE)
55                  printf("○");
56          }
57          printf("\n");
58      }
59      printf("  ");
60      for(i=0;i<N;i++)          //最后一行输出列坐标
61          printf("%2c",i+'A');
62      printf("\n");
63      fflush(stdin);           //对输入流进行清空缓存区
64      printf("请输入一个字符,N 表示结束下棋\n");
65      if(getchar()=='N')       //判断游戏是否结束,输入 N 结束
66          break;
67      }
68      /* 以下用于检验数组中的坐标位置值 */
69      printf("显示数组中存储的棋子信息:\n");
70      for(i=0;i<N;i++)
71      {
72          printf("%2d",N-i);
73          for(j=0;j<N;j++)
74              printf("%2d",board_pos[i][j]);
75          printf("\n");
76      }
77      printf("  ");
78      for(i=0;i<N;i++)
79          printf(" %c",i+'A');
80      printf("\n");
81      return 0;
82  }
```

【说明】 程序共分成 6 部分,第一,第 9~17 行,定义数组 board_pos 及变量并通过双层循环实现棋盘初始化;第二,第 20~29 行,根据棋盘上的棋子数量判断下一步是哪方落子;第三,第 30~40 行,输入落子点坐标并判断输入是否正确;第四,第 41~62 行,坐标变换、在棋盘落子并输出棋盘;第五,第 63~67 行,判断是否退出程序;第六,第 68~82 行,显示数组 board_pos 中存储的棋子信息。

例 6.24 程序运行后,黑白双方进行若干落子后,棋盘显示如图 6-15(a)所示,当输入"N"结束游戏后,显示棋盘上各棋子及空点值,如图 6-15(b)所示。

【思考】

(1) 五子棋的棋盘是否可以用一维数组表示,如果用一维数组表示棋盘,则例 6.24 如何实现?

(2) 将五子棋程序改写成人机交替落子,人方先手执黑,计算机随机落子执白,现修改例 6.24 程序,与例 6.24 程序相同部分省略,程序代码如下:

```
...                         //例 6.24 第 1~6 行,文件包含和宏定义
#include<time.h>
int main(void)
{
```

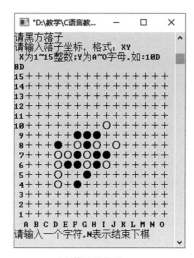 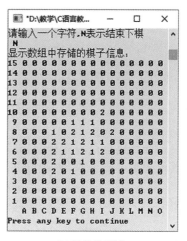

(a) 落子及棋盘　　　　　　　　　　　(b) 棋盘棋子值

图 6-15　例 6.24 五子棋程序运行结果

```
...                              //例 6.24 第 9~17 行,变量定义和初始化
srand((unsigned int)time(NULL)); //初始化随机数发生器
printf("人方先手执黑输入:\n");
while(1)
{
    if(ston_num%2==0)            // 棋盘有偶数个棋子,则下一步落黑子,否则落白子
    {
        player=BLACK;
        printf("请输入落子坐标,格式:XY\n ");
        printf("X 为 1~15 的整数;Y 为 A~O 的字母,如:5H,10D. \n");
        fflush(stdin);           //对输入流进行清空缓存区
        scanf("%d%c",&x1,&y1);
        while(1>x1 || x1>15 || 'A'>y1 || y1>'O'||board_pos[N-x1][y1-'A'] )
        {
            printf("输入坐标错误或该点已落子\n");
            printf("请重新输入落子坐标\n ");
            fflush(stdin);
            scanf("%d%c",&x1,&y1);
        }
        x=N-x1;                  //坐标转换
        y=y1-'A';
    }
    else
    {
        player=WHITE;
        printf("请白方计算机落子\n");
        while(1)
        {
            x =rand() %N+1;      //随机产生两数并将其作为计算机落子坐标
            y =rand() %N+1;
            if(board_pos[x][y]==EMPTY )//未落子
                break;
        }
    }
```

```
            x1=N-x;
            y1=y+'A';
         }
         board_pos[x][y]=player;/* 棋子值存到对应数组元素中* /
         ston_num++;                    //棋盘落子数量自增
         printf("落子坐标为:%d,%c\n",x1,y1);
         ...                            //例 6.24 第 45~75 行,输出棋盘
      return 0;
   }
```

该程序只是计算机执白方的程序,计算机落子采用 rand 函数产生两个 1~15 随机数并将其作为计算机落子点的坐标,当然也可以将程序改成计算机执黑方的程序。

6.5　小结

本章主要介绍了如下内容:

(1) 数组是程序设计中最常用的数据结构。数组可分为数值数组、字符数组等。数组可以是一维的、二维的或多维的。

(2) 数组的定义由类型说明符、数组名、数组长度(数组元素个数)3 部分组成。数组元素又称为下标变量,数组的类型是指数组元素的类型。

(3) 对数组赋值,可以用数组初始化赋值,也可以通过输入函数动态赋值,还可以用赋值语句赋值。

(4) 用字符数组存放和处理字符串,字符串都有字符串结束符('\0'),因此,字符数组或字符串可通过字符串处理函数进行整体操作。

6.6　习题

1. 编程实现:从键盘输入任意 16 个整数存储到二维数组中,然后输出该数组元素的平均值。

2. 编程实现:通过 gets 函数从键盘输入一行字符串到数组 a 中(长度小于 50),求其中小写字母的个数,并将其存入变量 count 中,输出 count。例如,若输入"It Is A Joke.",则输出 5。

3. 编程实现:已知 10 名学生的成绩已存入数组 a 中,计算前 n 位同学的平均成绩,并将其存入变量 aver 中,输出 aver。n 的值通过调用 scanf 函数实现输入。

4. 编程实现:随机产生 1000 个 1~10000 的随机数,分别用选择法和冒泡法对其进行由小到大排序,计算出两种排序方法的运行时间,并输出排序结果和排序所用时间,比较一下两种排序方法,哪种方法更有效?

【提示】　计算时间用 clock 函数,该函数的计算结果为毫秒,参考教材程序例 6.5。

5. 编程实现:将某一维数组中的各元素值依次从左向右移动一个位置,最后一个元素值移到第一个元素中。例如,数组元素值为 1 2 3 4 5,移动后为 5 1 2 3 4。

6. 编程实现：将 4×3 的矩阵存入二维数组 a 中,选出各行最大的元素存入一维数组 b 中,并输出 b 数组。

【提示】 参考教材程序例 6.7。

7. 实现红包发放程序：有 100 元钱,计划为 10 个人发随机金额的红包,每个红包的金额至少大于 1 元,并输出每个红包的金额。

【提示】 参考教材例 3.4 中 rand 函数的用法,前 9 个红包的金额由 rand 函数产生,另外,为了保证每次发完一个红包后剩余的钱够发余下的红包,每次发放的红包要小于剩余钱的一个比例。

8. 编程实现：中国公民的身份证号由 18 个字符构成,从第 7 个字符开始是出生日期,请输入某人的身份证号到字符数组中,并输出他的生日和年龄。

【提示】 为了简化程序,现年份直接使用,例如 int year=2021；身份证号中的数字字符要转换成数值,需要对应字符减去字符'0'或 48('0'的 ASCII 码值是 48)。

9. 编程实现：从键盘输入一行字符串到字符数组 a 中(长度小于 50),将其大写字母复制到另一字符数组中,并输出。例如,若输入字符串"ComPuter GaMe",则输出 CPGM。

10. 编程实现：从键盘输入一行字符串到字符数组 a 中(长度小于 50),求 ASCII 码值最大的字符及其位置。例如,若输入字符串"Computer Game!",则输出 u:5。

11. 编程实现：从键盘输入一行字符串到字符数组 source 中(长度小于 50),统计某字符出现的次数,并输出。例如,输入字符串"ComputerGame",若统计字符'm'出现的次数,则输出 2。

12. 不围棋是全国智力运动会竞技项目之一,是两人对弈的纯策略型棋类游戏。黑白双方在 9×9 空棋盘开局。黑方先手,黑白双方交替落子,每次只能落一子。棋子落在棋盘空点上后棋子不得从棋盘上拿掉或移动。棋盘上四个方向相邻的同色棋子为一个棋串,棋串周围空点个数为该棋串的气,如果一方落子后使某棋串的气为零,则落子一方判负,对弈结果只有胜负,没有和棋。

编程实现：用 9×9 的二维数组表示不围棋棋盘,如 int Board[N][N]。每个数组元素表示棋盘上的落子点,元素的下标表示棋盘点的坐标,数组元素值表示该点的落子状态,例如黑子数组元素值为 0,白子数组元素值为 1,未落子数组元素值为 2。请参照综合实例 6.24,完成不围棋人人对弈程序。

6.7 扩展阅读——机器博弈中的蒙特卡洛方法

1. 蒙特卡洛方法

蒙特卡洛方法(Monte Carlo method,MC)也称统计模拟方法。名字源于摩纳哥的蒙特卡洛赌场,由冯·诺依曼和乌拉姆等在 20 世纪 40 年代发明。该方法并不特指某种方法,而是基于概率,使用随机数(或伪随机数)解决计算问题的一类方法的统称。其工作原理就是不断抽样、逐渐逼近。

通常,蒙特卡洛方法可以粗略地分成两类：①所求解的问题本身具有内在的随机性,借助计算机的运算能力可以直接模拟这种随机的过程;②所求解问题可以转换为某种随机分布的特征数,比如随机事件出现的概率,或者随机变量的期望值。通过随机抽样的方法,以随机事件出现的频率估计其概率,或者以抽样的数字特征估算随机变量的数字特征,并将其作为问题的解。

机器博弈中,每步着法的运算时间、堆栈空间都是有限的,且仅要求局部优解,适合采用蒙特卡洛算法。由于非完备信息博弈也具有不确定性博弈的一些特征,所以蒙特卡洛算法也适用于非完备信息博弈。

具体地,蒙特卡洛方法主要理论基础是依据大数定理,在随机取样的情况下,可以获得有误差的评估值,取样的数量越多,误差将越小,评估值将越准确。

蒙特卡洛方法通常不能保证找到最优解,只能说是尽量找。采样越多,越近似最优解。

2. 蒙特卡洛方法在机器博弈中的应用

应用蒙特卡洛方法求解问题,首先将问题转换为概率问题,然后借助统计方法将其解估计出来。例如,计算一个不规则图形的面积,只需在该不规则图形外画一个面积可求的矩形(或圆形)。随机掷出若干个点,假设落入矩形(或圆形)的点数为 Y,落在不规则图形内的点数为 X,则落入不规则图形的概率为 X/Y。当掷出的点数趋于无穷,可以认为:不规则图形面积 = 矩形(或圆形)面积 $\times X/Y$。

将蒙特卡洛方法应用于博弈棋类,其核心思想是:通过统计许多模拟棋局的结果,进行局面的优劣判断,即将蒙特卡洛方法作为局面评估函数,以决定着法的好坏。例如,将蒙特卡洛方法应用于不围棋,具体来说,所谓的模拟棋局,指的是对当前盘面状态下所有空点都进行若干次模拟(例如 500 次),选出获胜次数多的空点(着法)作为最好着法。

例如,4×4 的不围棋棋局如图 6-16 所示,下一步要落黑子,有 6 个空点(B1、C2、D2、A3、D3、C4)可落子,对每个空点落子后,再进行 500 次 MC 模拟。假设选定 C2 空点落子后,再进行 500 次 MC 模拟,每次模拟都从当前棋局(见图 6-16)C2 空点落子后开始随机落子,直到终盘可以判定胜负为止,记录下获胜次数,假设 C2 胜 300 次,则记作 300/500。恢复图 6-16 所示棋局(即 C2 点执空),再选择其他空点,进行 MC 模拟。所有空点都模拟完,结果如图 6-17 所示,由图 6-17 所示的模拟结果可知,D2 点赢的次数最多,那么最优着法为 D2。

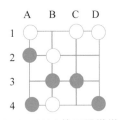

空点	胜次数/MC 模拟次数
B1	0/500
C2	300/500
D2	400/500
A3	260/500
D3	200/500
C4	0/500

图 6-16 4×4 的不围棋棋局   图 6-17 棋局 MC 模拟结果

在当前棋局下,所有着法分别进行一定次数的蒙特卡洛模拟,根据模拟棋局的结果决定着法优劣,获胜次数多的着法为最优着法。

MC 方法只对当前棋局进行模拟,而 UCT 算法是对当前棋局下若干层进行模拟(深度模拟)。

第 7 章　函　数

7.1　概述

当处理一个较大或者较复杂的问题时,往往会采用"模块化"的方法分而治之地解决该问题。

例如,对于住宅装修,房主会采用模块化的方法分解整个装修工作:聘请电工布置动力和照明线路,聘请水暖工铺设供水和供暖线路,聘请木工铺设地板,等等。在房主看来,整个装修工作应该是分模块地、有顺序地进行,并且各个模块之间具有一定的逻辑关系。这种宏观上的工作安排就是房主的"顶层设计",而各项工种的具体实施属于"模块设计"。

编写程序解决实际问题时,往往采用模块化的思想和方法,这样会极大地提高程序的设计、实现,以及后期维护的工作效率。

7.1.1　基本概念与引例

在 C 程序中,所谓的模块,指的是函数,所以一般的 C 程序中会有多个函数的定义和调用。

在 C 语言中,"模块化程序设计""结构化程序设计"以及"面向过程的程序设计"都是相近的概念,都突出以"函数"为中心的程序设计思想和方法。与此形成鲜明对照的另一个概念是"面向对象的程序设计",这种思想和方法突出以"对象"为中心的程序设计,关于对象的概念,请参阅第 12 章。

先看一个引例,初步体会一下函数的意义。

引例　已知组合公式 $C_n^m = \dfrac{n!}{m!\,(n-m)!}$,求 C_7^4。

【分析】　根据公式以及具体要求可知,需要求解 3 个数的阶乘,即 7!、4! 以及 3!。第一种方案是,设计函数 fact,其功能是求解给定正整数的阶乘,在 main 函数中 3 次调用 fact

函数,分别求得7!、4!以及3!;第二种方案是,不设计求解阶乘的函数,直接在main函数中设计3个循环结构,分别求得7!、4!以及3!。第二种方案虽然是可行的,但并不是最佳方案,因为在main函数中写出3个循环结构,降低了main函数的可读性,代码重复明显,不符合模块化程序设计思想。

因此,采用第一种方案,实现的源码如下:

```
01    #include<stdio.h>
02    int fact(int x)
03    {
04        int res=1;int f;
05        for(f=1;f<=x;f++)
06            res=res* f;
07        return res;
08    }
09    int main(void)
10    {
11        int k1,k2,k3,s;
12        int n=7,m=4;
13        k1=fact(n);
14        k2=fact(m);
15        k3=fact(n-m);
16        s=k1/k2/k3;
17        printf("组合数为%d",s);
18        return 0;
19    }
```

运行结果如下:

组合数为 35

图 7-1　C 程序的基本结构

引例中使用了 3 个函数,分别是 main、fact 和 printf。

函数是能够完成特定功能的、相对独立的程序模块。

函数是 C 程序的基本单位,即 C 程序主要由若干个函数构成,执行 C 程序的过程可以看作按照顺序执行相关函数的过程。

图 7-1 展示了 C 程序的基本结构。C 程序一般有 4 个组成成分:预处理命令、全局变量的定义、函数原型的声明、函数的定义。由于引例比较简单,因此没有使用全局变量,也没有声明函数原型。

对于简单的程序,定义的函数较少,将所有源码写到一个源文件里就可以了;但如果程序较大,就应该把源码分解到多个源文件中,然后用＃include 命令将多个源文件组织到一起。

C 程序执行时,总是从 main 函数开始;当 main

函数的所有语句执行完毕后,整个程序就执行完毕,程序的生命周期结束,操作系统将回收程序运行时所占用的内存。因此,C 程序的执行过程,也可以看作执行 main 函数的过程。

在引例中,共有 2 处是"定义函数",共有 4 处是"调用函数":第 9~19 行是定义 main 函数,第 2~8 行是定义 fact 函数;第 13、14 和 15 行,是调用 fact 函数,第 17 行是调用 printf 函数。

只有调用函数,函数中的语句才会得到执行,函数的功能才能实现。只定义,不调用,函数是不会执行的,也不能发挥函数的作用。

在引例中,虽然没有显式定义 printf 函数,但由于此函数属于系统函数(也称为标准函数、库函数),在头文件 stdio.h 中是有声明的,通过第 1 行的 #include 命令,能够把 stdio.h 的内容包含到本程序中,所以相当于定义了 printf 函数。

调用其他函数的函数称为"主调函数"(thecaller),简称主调;被其他函数调用的函数称为"被调函数"(thecalled),简称被调。就像打电话一样,分为主叫方和被叫方。

例如,引例的第 13 行代码表达了 main 函数对 fact 函数的调用,称 main 为主调函数,fact 为被调函数。同理,第 14、15、17 行代码都表达 main 是主调,而被调函数分别为 fact、fact 和 printf。

在引例中,只有 main 是主调函数,scanf、fact 和 printf 都是被调函数。不过,任何函数都可以根据自身的需要调用其他函数,从而成为主调函数。

main 函数由于其特殊性,一般只能作为主调函数,不可以作为被调函数。唯一能够调用 main 函数的主调者只有操作系统,这时,main 函数往往被指定了参数,相关的编程方法参阅 9.7.3 节。

根据函数的定义者,函数可以划分为"系统函数"和"自定义函数"两大类。系统函数是编译系统固有的,使用时包含相应的头文件即可;自定义函数是指学习者或程序员自己开发的函数。

本章的主要内容,就是介绍如何编写自定义函数。

函数还可以从其他角度进行分类,例如从参数的角度,可分为有参和无参两大类;从返回值的角度,可分为有返回值和无返回值两大类。

函数具有如下意义。

(1) 使得主调函数的结构简洁。不仅极大提高了主调函数的可读性,也为主调函数的调试和维护提供了便利。

(2) 实现了代码重用,即一次定义,多次使用,省去了重复性的编码工作,体现了劳动成果的积累。

(3) 团队采用分工合作的方式,能更有效地开发规模较大的程序。将整体任务分解后,每个队员(或小组)仅负责一部分函数的开发工作。

(4) 函数实现了对功能的封装,使得用户(程序员)能更方便地使用它们,而不必关心其内部实现的具体细节。

需要注意的是,我们可以说函数提高了程序的开发效率,但不可以说函数提高了程序的执行效率(即执行速度),这是因为函数只是一种对语句的分组手段,并不是缩减了语句的数量。如果不使用函数,当然也可以把所有的等价语句都写到 main 函数中,但显然这不是一种好方法。这就像一个国家一样,无论是否设置省(或州),其土地面积是不会变的,只是设置之后对内部的管理,以及对外部的访问都提供了极大的便利。

函数不是 C 语言的特色,几乎所有的计算机高级语言都支持类似的语法单位,例如 JavaScript 语言中的 function、Visual Basic 语言中的 sub 等。

7.1.2　井字棋博弈程序的函数

本章引例中的 main 函数和 fact 函数都较简单,而对于解决实际问题的程序来说,实现的函数往往比较复杂,这种复杂性主要体现在函数的数量、函数之间的调用关系,以及单个函数的功能等多个方面。

例如,井字棋人机对弈博弈程序就相对复杂一些,这是因为博弈程序除了需要实现输入/输出等基本功能外,还要实现人机对弈的功能,使得博弈程序具有一定的智能水平。

关于井字棋人机对弈博弈程序完整源码,读者可以从电子资源中下载。源码共有 3 个版本,分别命名为 ver1、ver2 和 ver3。

本节讨论的是 ver1 版。

ver2 版在 ver1 版的基础之上增加了设置机方和反方先后手的功能;ver3 版在 ver2 版的基础之上增加了优化执行效率的功能。

ver1 版的运行界面如图 7-2 所示(为叙述简明,在本章后续内容中,将该程序简称为“井字棋博弈程序”,必要时标注版本)。

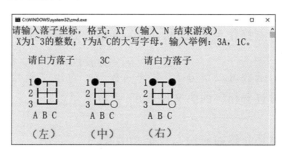

图 7-2　井字棋博弈程序的运行界面

在图 7-2 中,左图表示机方(计算机一方)执黑先行,将第一子落在 1A 点,并提示反方(白方)输入落子坐标;中图表示反方看到提示后,输入坐标 3C 并按回车键;右图表示,计算机针对新的局面采用搜索算法,确定 1C 为最佳着法,并在 1C 位置落下黑子,然后仍然提示反方继续下棋。

从图 7-2 可见,机方走出 1C 后,已经必胜,表明这个井字棋博弈程序具有较高的智力水平。

该程序共有 11 个函数,各个函数的原型和功能参见表 7-1,其中主要函数之间的调用关系如图 7-3 所示。

表 7-1　井字棋博弈程序的函数

函数原型	函数功能
int main(void);	顶层设计,实现游戏双方落子
int rightxy(int x,char y);	确保用户输入坐标的合理性

续表

函数原型	函数功能
void outputboard();	将盘面输出到用户界面
void note(void);	将提示信息输出到用户界面
int computer(int color);	机方思考并落子
int person(int color);	反方落子
int minsearch(int color);	选取对反方最有利的走法
int maxsearch(int color);	选取对机方最有利的走法
int gamestate();	对盘面进行评估
int full();	判断棋盘是否已经落满了棋子
int goon();	判断游戏是否有必要继续

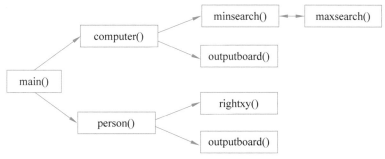

图 7-3 井字棋博弈程序中主要函数之间的调用关系

该程序的源码约有 290 行,如果不是以函数为单位分解程序,而是把所有语句都写到 main 函数中,则整个程序的开发工作会变得非常复杂。

7.2 函数的定义

与变量的使用方法类似,函数必须有定义,才可以调用它。调用没有定义的函数,会引发编译错误。

函数具有名称、参数、函数体、返回值等基本属性,所以定义函数的实质就是确定函数的这些基本属性。

函数名称是表达函数自身的标识符,函数名称的命名规则与变量的命名规则相同;参数是由主调传递给被调的数据,表达了被调函数开展工作的初始条件;返回值是被调返回给主调的工作成果,由于这种成果只能用数据表示,所以返回值是有数据类型的,比如整型、实型、指针型等;函数体是函数的主体,由一对花括号以及其中的若干语句构成。

打个比方,如果把一台咖啡机看作一个函数,那么咖啡机是名称,水和咖啡豆是参数,咖啡是返回值,咖啡机这个物理设备就是函数体。

7.2.1　函数定义的基本格式

函数的基本格式以及示例如图7-4。

```
1   返回值类型 函数名称（形式参数）
2   {
3       语句 1
4       ⋮
5       语句 n
6   }
```

图 7-4　函数的基本格式以及示例

函数头部的定义，就是要完成对"返回值类型""函数名称"和"形式参数"3方面的定义（图7-4的第1行）。这3方面的定义是不可以省略的。

函数体的定义，就是在头部下面写一对花括号，并在花括号中写出若干语句，以实现函数的功能（图7-4的第2行至第6行）。

对于函数体，花括号必须写出，不可省略。

返回值类型指的是数据类型，即被调向主调返回的数据的类型。返回值类型可以是任意的数据类型。例如，在引例的第2行中，fact函数的返回值类型是int，表示fact函数返回给main函数的数据的类型是int型。

被调向主调返回数据，是通过return语句实现的。关于return语句的作用和使用方法，参见7.2.3节。

另外，如果返回值类型是void，则表示被调不向主调返回数据。

函数名称的命名规则与变量的命名规则相同。习惯上，函数名称应该反映出函数的主要功能。

形式参数，表示了函数工作的初始条件。不管有参数还是没有参数，小括弧都必须写出；参数的数量和类型没有限制，当有多个参数时，参数之间用逗号分隔开，且每个参数要指定名称和类型。如果没有参数，习惯上在小括弧中写void，而不是保留空白，例如"float fun(void)"这样的函数头部定义是合法的。

关于参数的详细内容，参见7.2.2节。

7.2.2　函数的参数

主调函数和被调函数之间可以进行数据通信。当主调向被调传递数据时，通过参数实现；当被调向主调传递数据时，通过return语句实现。

主调和被调之间的另外一种数据通信方式，利用全局变量、数组等共享数据区进行。关于全局变量，请参阅7.5节。

主调调用被调时所设置的参数称为**实际参数**，简称实参；定义函数时，函数头部中设置的参数称为**形式参数**，简称形参。

例如，在引例源码的第13行中，n是实参；在引例源码的第2行中，x是形参。

函数在执行时，形参复制与之相对应的实参的值，使得形参拥有与实参相同的值。

因此，实参和形参具有如下严格的匹配关系。

（1）实参的数量和形参的数量必须相等。实参有几个，形参就有几个，反之亦然。

（2）实参的类型和形参的类型必须对应相同。例如，假设第1个实参是int型，则第1个形参也必须是int型；第2个实参是float型数组名，则2个形参也必须是float型数组名。在少数情况下，可以将实参进行强制类型转换，以达到与形参类型匹配的目的。

有了这样的对应关系，在调用函数时，数据就能正确地从实参复制至形参，从而完成数据传递。

另外,实参和形参的名称是不必相同的。例如,引例源码第 2 行中的 x,可以改写为其他的标识符。

【说明】　为叙述方便,本章约定,"参数"或者"函数的参数",同时包括实参和形参两种参数。

尽管函数参数的数量没有明确限制,但在设计函数时,应遵循"参数尽可能少"的原则,使得参数具有充分必要性。

另外,本章所介绍的参数类型主要包括基本型和数组名两大类型;至于指针型和结构体型与函数的关系,可参阅第 9 章和第 10 章。

所谓基本型,通常指编译系统所固有的基本数据类型,包括 char、short、int 和 long 这些整数类型,还包括 float 和 double 两种实数类型。

所谓数组名,可以是任何类型、任何维数的数组名(数组名作为函数的参数,是指针作为函数的参数的特例,详细内容可参阅第 9 章)。

由于数组名表达的是数组占用连续内存空间的地址,所以数组名作为函数的参数时,被调函数能够访问主调函数所定义的数组,这种现象被称为"主调和被调共享数组"。如果需要用函数对数组中的批量数据进行统计分析,就可以设计以数组名作为参数的函数。

在下面例题中所定义的函数,依据参数中是否含有数组名,可以划分为两大类:第一类函数,参数全部是基本数据类型(例 7.1),这种函数适合处理少量数据;第二类函数,参数含有数组名(例 7.2~例 7.4),这种函数适合处理批量数据。

例 7.1　定义 prime 函数,其功能是判断一个不小于 2 的正整数是否为素数(质数);定义 main 函数,用于调用 prime 函数。

源程序如下:

```
01   #include<stdio.h>
02   int prime(int x)
03   {
04       int r=1,i;
05       for(i=2;i<x;i++)
06           if(x%i==0)
07           {
08               r=0; break;
09           }
10       return r;
11   }
12   int main(void)
13   {
14       int m;
15       scanf("%d",&m);
16       if(prime(m)==0)
17           printf("\n%d不是素数",m);
18       else
19           printf("\n%d是素数",m);
20       return 0;
21   }
```

运行结果如下:

5↙
5是素数

【说明】　例 7.1 中定义的 prime 函数有 1 个形参,其名称为 x,其数据类型为 int,属于基本型。

这里的 prime 函数的算法是:对于给定的不小于 2 的正整数 x,扫描 2～x−1 范围内的整数,测试当前整数能否整除 x,如果能,则将变量 r 赋值为 0,并终止扫描;最后向主调函数返回 r 的值,当返回 0 时,表示否定(不是素数),当返回 1 时,表示肯定(是素数)。

【思考】　prime 函数还有哪些实现方法?

例 7.2　定义 aver 函数,其功能是:计算一维整型数组中前 n 个元素的平均值;定义 main 函数,用于调用 aver 函数。

源程序如下:

```
01    #include<stdio.h>
02    float aver(int x[ ],int n)
03    {
04        float y=0;int i;
05        for(i=0;i<n;i++)
06            y=y+x[i];
07        return y/n;
08    }
09    int main(void)
10    {
11        int a[5]={90,61,92,79,80};
12        printf("前%d个元素的平均值为%0.2f",3,aver(a,3));
13        return 0;
14    }
```

运行结果如下:

前 3 个元素的平均值为 81.00

【说明】　例 7.2 中的 aver 函数的形参共有 2 个。第 1 个形参 x 的类型为数组名(一维整型);第 2 个形参 n 为 int 型,属于基本型。两个形参共同描述了 aver 函数的统计对象。

当 main 函数调用 aver 函数时,形参 x 复制了 a 数组的首地址,使得 x 和 a 都表达了同一个地址;此时,对于相同的下标 i,aver 中的 x[i] 和 main 中的 a[i] 表达的必然是同一个元素,这就是共享数组。

如果在 aver 的函数体中添加赋值语句"x[0]=100;",则 main 函数中的 a[0] 的值会变为 100,因为当 x 和 a 表达了相同的地址时,x[0] 和 a[0] 必然是同一个数组元素。

【注意】　当数组名作形参时,数组第一维的长度是不需要指定的,因为编译系统会忽略第一维的长度。所以,作为形参时,一维数组的长度通常省略不写,二维数组中第一维的长度也省略不写。例 7.2 中 aver 函数的形参 x[ ] 的写法,就是基于这个原因。

【思考】　如果将例 7.2 源码第 12 行中的 aver(a,3) 改为 aver(a+1,3),运行结果将会是什么?

例 7.3　定义 exch 函数,其功能是:对于具有 n 个元素的一维整型数组,交换第一个元

素和最后一个元素的值;定义 main 函数,用于调用 exch 函数。

源程序如下:

```
01   #include<stdio.h>
02   void exch(int x[ ],int n)
03   {
04       int t;
05       t=x[0],x[0]=x[n-1],x[n-1]=t;
06   }
07   int main(void)
08   {
09       int a[5]={90,61,92,79,80},i;
10       exch(a,5);
11       for(i=0;i<5;i++)
12           printf("%3d",a[i]);
13       return 0;
14   }
```

运行结果如下:

80 61 92 79 90

【说明】　例 7.3 中的 exch 函数的第 1 个形参的类型为数组名,main 函数调用 exch 函数后,两者共享数组 a。当 n 的值为 5 时,exch 函数所交换的是 x[0] 和 x[n−1],就是交换了 main 函数中的 a[0] 和 a[4]。

【思考】　如果修改题意:用 exch 函数交换数组第 1 个元素和最小值的元素,那么 exch 的函数又该如何定义呢?

例 7.4　定义 count 函数,其功能是:统计字符串中大写英文字母的数量;定义 main 函数,用于调用 count 函数。

源程序如下:

```
01   #include<stdio.h>
02   int count(char x[ ])
03   {
04       int y=0,i;
05       for(i=0;x[i]!='\0';i++)
06           if(x[i]>='A'&&x[i]<='Z')
07               y++;
08       return y;
09   }
10   int main(void)
11   {
12       char a[20]="Tom and Jerry";
13       printf("有%d个大写字母",count(a));
14       return 0;
15   }
```

运行结果如下:

有 2 个大写字母

【说明】　count 函数的形参 x 为一维字符型数组名,因此以 a 为实参调用 count 函数以后,count 函数与 main 函数共享 a 数组;对于相同的下标 i,count 函数中所表达的 x[i]就是 main 函数中的 a[i]。

【思考】 在例 7.4 源码的第 2 行,count 函数的形参是否有必要添加"int n"?

7.2.3 return 语句

return 语句的作用是:结束所在函数的执行,同时将执行权交还所在函数的主调函数;如果 return 后面有表达式,则同时向主调函数返回表达式的值。

现将 return 语句的用法分述如下。

1. return 语句最多向主调函数返回 1 个值

执行 return 语句后,所在函数的执行就结束了,所在函数不可能再执行其他语句了,所以,函数最多只能执行一次 return 语句。

能否利用 return 语句返回多个值? 不能。因为 return 之后最多只允许书写 1 个表达式。1 个表达式的值只有 1 个,不会有多个值,即使写成"return a,b,c;"的形式,return 之后仍然是 1 个表达式(是逗号表达式)。

```
int prime(int x)
{
    int i;
    for(i=2;i<x;i++)
        if(x%i==0)
            return 0;
    return 1;
}
```

图 7-5 例 7.1 中的 prime 函数的另外一种写法

如果希望被调函数向主调函数提供多项数据,可以综合应用参数、返回值、全局变量等方法达到目的,仅依靠 return 语句是无法返回多项数据的。

例如,例 7.1 中的 prime 函数,还可以定义为图 7-5 所示的形式。

图 7-5 定义的 prime 与例 7.1 定义的 prime 在功能上是相同的,只是两者的代码有差别:前者只写有 1 条 return 语句,而后者写有 2 条 return 语句;后者虽然写有 2 条 return 语句,但只有 1 次执行 return 语句的机会。一旦执行了"return 0;"语句,或者一旦执行了"return 1;"语句,prime 函数都将无条件地结束自身的执行,返回到主调函数,不可能再执行 prime 中的其他语句了。

2. return 语句与返回值类型 void 之间的关系

如果函数的返回值类型为 void,则函数体中一般不写 return 语句;如果写 return 语句,则 return 和分号之间不允许写任何表达式。

例如,在图 7-6 中,当 fun 函数的返回值类型被定义为 void 时,图 7-6(a)程序中对 fun 函数的定义是合法的,因为在 fun 的函数体中没写 return 语句;图 7-6(b)程序中的 fun 函数的定义也是合法的,因为虽然写了 return 语句,但 return 和分号之间并没写表达式;图 7-6 (c)程序中的 fun 函数的定义却是非法的,原因是 return 和分号之间存在表达式 5。

如果函数的返回值类型不是 void,而是其他类型符号,则不但要在函数体中写出 return 语句,而且在 return 和分号之间还必须写出表达式;该表达式的数据类型原则上要与函数的返回值类型相一致,否则可能损失数据的精度,甚至引发编译错误。

例如,图 7-7(a)所示程序是正确的,因为 fun 函数的返回值类型是 float,return 语句中的表达式的数据类型为实型,两者的数据类型相一致,程序的输出为 3.14;图 7-7(b)程序的输出为 3.00,而不是 3.14,原因是,图 7-7(b)程序中的 fun 函数的定义虽然合法,但返回值类

```
#include<stdio.h>          #include<stdio.h>          #include<stdio.h>
void fun(void)             void fun(void)             void fun(void)
{                         {                         {
    int a=3;                  int a=3;                  int a=3;
}                             return;                   return 5;
int main(void)            }                         }
{                         int main(void)            int main(void)
    fun();                {                         {
    return 0;                 fun();                    fun();
}                             return 0;                 return 0;
                          }                         }
```

(a) 函数体中不写 return 语句   (b) return 后面不写表达式   (c) return 后面写了表达式

图 7-6　返回值类型是 void 时 return 语句的使用举例

型与 return 语句中的表达式的数据类型并不一致,前者是 int,属于整型,而后者的数据类型属于实型,所以会出现损失数据精度的现象。 系统规定,当函数的返回值类型与 return 语句中表达式的数据类型不同时,该函数向主调返回的数据的类型是"返回值类型",而不是"return 语句中的表达式的数据类型",所以图 7-7(b)程序中的 fun 函数向主调返回的数据为 int 型,而不是实型;图 7-7(c)程序无法运行,原因是,fun 函数的返回值类型是 float,而fun 的函数体中不存在 return 语句,所以会引发编译错误。

```
#include<stdio.h>          #include<stdio.h>          #include<stdio.h>
float fun(void)           int fun(void)             int fun(void)
{                         {                         {
    return 3.14;              return 3.14;          }
}                         }                         int main(void)
int main(void)            int main(void)            {
{                         {                             float x;
    float x;                  float x;                  x=fun();
    x=fun();                  x=fun();                  printf("%0.2f",x);
    printf("%0.2f",x);        printf("%0.2f",x);        return 0;
    return 0;                 return 0;             }
}                         }
```

(a) return 语句与返回类型一致   (b) return 语句与返回类型不一致   (c) 缺失了 return 语句

图 7-7　返回值类型不是 void 时 return 语句的使用举例

7.2.4　函数原型的声明

如果在程序源文件中定义了多个函数,并且这些函数之间存在调用关系,那么这些函数在源文件中定义的顺序会影响程序的编译结果。

编译系统默认的顺序是,被调函数要定义在主调函数的前面。 如果不按照这样的顺序定义,就会引发编译错误。

例如,将图 7-7(a)所示程序改写为图 7-8 的形式(颠倒 fun 和 main 的顺序),就会引发编译错误,因为在图 7-8 中,主调函数(main)的位置先于被调函数(fun)的位置,不符合默认的书写顺序。

要使编译系统忽略这样的位置关系,最好的方法就是书写"函数原型(function prototype)"。函数原型,也简称为"函数的声明"。

例如,图7-9的程序和图7-8的程序相比,仅在第2行添加了"float fun(void);"语句,程序就能够正常运行了,原因是,图7-9程序的第2行是fun函数的"函数原型"。

```
#include<stdio.h>
int main(void)
{
        float x;
        x=fun();
        printf("%0.2f",x);
        return 0;
}
float fun(void)
{
        return 3.14;
}
```

```
#include<stdio.h>
float fun(void);
int main(void)
{
        float x;
        x=fun();
        printf("%0.2f",x);
        return 0;
}
float fun(void)
{
        return 3.14;
}
```

图7-8　主调的位置非法居于被调位置之前　　图7-9　函数原型声明的作用

函数原型的写法,是先完整写出函数的头部信息,之后添加分号即可。

一般地,在一个源文件中,在预处理命令之下的位置,可将所有自定义函数的原型声明都集中写出来,以避免关于函数位置的编译错误。

【思考】 "函数的定义""函数的调用"和"函数的声明"这几个概念有什么区别?

7.2.5　实现博弈程序的一般过程和方法

扫一扫

软件开发过程一般包括需求分析、设计、实现、测试、交付,以及后期维护几个阶段,前几个阶段更显重要,博弈程序的开发过程也是如此。

由于常见的博弈程序一般是关于某种棋牌游戏的AI程序,如果知道了游戏规则,就相当于完成了需求分析,所以设计环节和实现环节就成为工作重点。

在设计阶段,应该坚持"自顶向下、逐步求精"的工作方法(也被称为"分治"方法)。这种方法的中心思想是:从宏观的角度,把解决问题的步骤分解为若干大的模块,完成顶层设计;在此基础上,可以把较大的,或者较复杂的模块继续分解,形成更多小的模块,这样就容易分别实现。

这种指导思想,与我们日常提倡的"心怀格局""实事求是"和"脚踏实地"等工作作风是异曲同工的。

在设计阶段,着重点是定义各个模块的功能以及调用关系,而暂时淡化各个模块的具体实现方法。例如,在井字棋博弈程序中,computer函数的功能是在所有的坐标点中选取估值最高的点作为当前着法,minsearch函数的功能是对给定的坐标点进行评价;至于minsearch函数的具体实现,在设计阶段应该淡化。

设计阶段的工作成果是各个模块的功能以及逻辑关系。例如,图7-3就是开发井字棋博弈程序在设计阶段的成果。

在实现阶段,着重点是给出各个函数的具体定义,使得程序能够运行和测试。

实现时也应该遵循"自顶向下"的原则,即先实现主调函数,后实现被调函数。被调函数是向主调函数提供服务的,只有先实现主调函数,才会知道主调函数需要什么服务,才能进一步确定被调函数的具体服务方式。

实现阶段的工作成果是源程序文件,可以是 ＊.c 文件,也可以是 ＊.cpp 文件。

例如,对于井字棋博弈程序中的 computer 函数和 minsearch 函数,由于 computer 是主调函数,所以应该首先实现;这样,根据在 computer 中调用 minsearch 的语句,就能确定 minsearch 函数的头部定义,进而完成 minsearch 函数体的定义。

在前面几个例题中(例 7.1～例 7.4),为了简明地展示定义函数的基本格式,以及函数参数的常见类型,直接给出了源码,以便于读者快速阅读。实际上,这些例题的源码是遵循"自顶向下"的思想进行编程的结果。

下面通过一个例子展示分治的方法在定义函数中的应用。

例 7.5　编写程序,其功能是:程序运行时,能够判断用户输入的正整数是否为"水仙花数"。要求,定义函数 flower,其功能是判断给定的正整数是否为水仙花数。

【分析】　main 函数的工作流程包括输入数据、分析数据和输出结论 3 个环节,其中分析数据的任务由 flower 函数完成。共需要定义 2 个函数,其中,main 是主调函数,flower 是被调函数。

按照结构化程序设计中"自顶向下"的工作原则,把实现工作划分为 2 个阶段:第 1 阶段定义主调函数 main;第 2 阶段定义被调函数 flower。

例 7.5 程序 main 函数的 N-S 流程图如图 7-10 所示。

由于 flower 函数实现的是对数据性质的判断,一般的约定是,用 0 表示对性质的否定,用 1 表示对性质的肯定,所以 flower 函数的返回值是逻辑值,属于整数类型。main 函数根据 flower 函数的返回值,用选择结构输出结论。

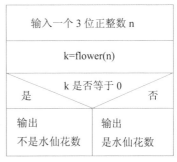

图 7-10　例 7.5 程序 main 函数的 N-S 流程图

第 1 阶段所完成的 main 函数的源码,参见如下的"例 7.5 源码 1"。

```
//例 7.5源码 1
01 #include<stdio.h>
02
03 int main(void)
04 {
05     int m,k;
06     scanf("%d",&m);
07     k=flower(m);
08     if(k==0)
09         printf("%d不是水仙花数",m);
10     else
11         printf("%d是水仙花数",m);
12     return 0;
13 }
14
```

```
//例 7.5源码 2
#include<stdio.h>
int flower(int x)
{
    int a,b,c;
    if(x<100||x>999) return 0;
    a=x/100;      //获取百位数码
    b=x/10%10;    //获取十位数码
    c=x%10;       //获取个位数码
    return x==a*a*a+b*b*b+c*c*c;
}
int main(void)
{
    int m;
    scanf("%d",&m);
```

```
15                                          k=flower(m);
16                                          if(k==0)
17                                              printf("%d不是水仙花数",m);
18                                          else
19                                              printf("%d是水仙花数",m);
20                                          return 0;
21                                      }
```

"例7.5源码1"编译无法通过,因为缺失 flower 函数的定义。

第2阶段的工作是定义 flower 函数,工作重点是:依据源码1确定 flower 函数的头部定义,即确定返回值类型、名称和形参列表。

分析例7.5源码1的第7~11行可知,flower 函数的返回值是逻辑值,因此返回值类型应该是整数类型,采用 int 即可;函数名称为 flower,是题目的要求,无须分析;实参只有1个,实参名称为 m,类型为 int 型。实参的数量和类型决定了形参的数量和类型,所以形参同样只有1个,类型和 m 一致,也是 int 型,将形参命名为任意合法的标识符即可(例如 x)。

至此,函数头部信息确定为"int flower(int x)"。

函数体的内容主要是关于 x 各位数码的提取问题。结合函数头部定义,以及适当的 return 语句,就可以定义出函数体,从而完成全部的编码工作。

第2阶段工作结束后,形成了可以运行的源码,参见例7.5源码2。

例7.5源码2的运行结果:

153↙
153是水仙花数

7.3 函数的调用

7.3.1 函数调用的形式

函数调用的形式共有两种:一种是"表达式调用";另一种是"语句调用"。采用哪种调用方式,取决于主调函数的需要。当主调函数需要被调函数的返回值时,就采用表达式调用的方式;当主调函数不需要被调函数的返回值时,就采用语句调用的方式。好比企业总经理要求销售经理完成一项工作,销售经理把工作做好之后,如果必须向总经理汇报工作成果,就相当于表达式调用,如果不需要向总经理汇报成果,就相当于语句调用。

在"例7.5源码2"中,第15行对 flower 函数的调用形式,属于表达式调用,这是因为主调函数 main 获取了 flower 函数的返回值,并将该值赋给 k。这里可以把 flower(m)看作表达式,只不过这个表达式的值需要执行 flower 函数才会得到解;第14行对 scanf 函数的调用形式,属于语句调用,因为在这里 main 函数没有使用 scanf 函数的返回值。

需要注意的是,如果函数的返回值类型为 void,表示不向主调函数返回任何类型的数据,主调函数只能以语句的形式调用它,如果主调函数以表达式方式调用它,就会引发编译错误;另一方面,如果函数的返回值类型不是 void,主调函数用语句方式调用或者用表达式方式调用都是可以的。

7.3.2 函数调用的过程

每个函数在执行时要占用一定规模的内存,函数执行完毕后,其占用的内存被系统收回。C 程序的执行过程,可以看作 main 函数有序地调用多个函数的过程,由于每个函数在执行时都有内存的分配和回收的过程,所以 C 程序的执行过程是一个不断地有内存分配和回收的动态过程。

图 7-11 表示了引例程序的执行过程。

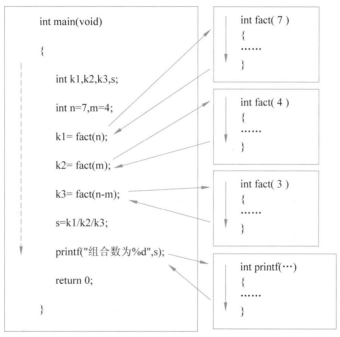

图 7-11 引例程序的执行过程

结合图 7-11,对引例程序的执行过程可解释为如下几个阶段。

(1)程序开始运行时,系统首先为 main 函数分配内存,以满足变量 k1、k2、k3、s、n 和 m 等的内存需要;

(2)main 函数执行"k1= fact(n);"时,以 7 为实参调用 fact 函数。此时,系统为 fact 函数分配内存,以满足变量 x、res 和 f 等的内存需要;形参 x 从实参 n 中复制 7,使得 x 与 n 具有相同的值,从而完成参数传递;同时,系统暂停 main 函数的执行,把执行权交给 fact 函数,并把 main 函数的内存环境保护起来,以便于 fact 函数执行完毕后交还执行权,然后 main 函数继续执行;

(3)fact 函数按照次序执行函数体中的语句。当执行到 return 语句,或者执行到右侧花括号时,fact 函数执行完毕,系统回收分配给 fact 函数的内存,撤销 x、res 和 f 变量;同时,系统将 fact 函数的返回值表达到赋值运算符的右侧,把程序执行权交还给 main 函数,然后执行赋值语句;

(4)main 函数执行到"k2= fact(m);"时,以 4 为实参调用 fact 函数。这个过程与步骤

（2）和步骤（3）类似；

（5）main 函数执行到"k3＝ fact(n－m);"时,以 3 为实参调用 fact 函数。这个过程与上述的步骤（2）和步骤（3）类似；

（6）main 函数调用 printf 函数时,同样有内存的分配和回收、返回 main 函数的步骤；

（7）main 函数执行到 return 0;语句时,其占用的内存被系统收回,其中定义的变量被撤销,main 函数执行完毕,程序的执行结束,并把执行权交还系统。

7.4 递归函数的设计与调用

7.4.1 简单递归函数的设计与调用

如果函数 A 调用函数 B,则我们称 A 为主调函数,B 为被调函数。这里的 A 函数和 B 函数构成了 2 层的调用关系,可以用图 7-12(a)表示。

实际上,函数往往存在多层的调用关系。例如 A 调用 B,B 调用 C,C 调用 D,构成了 4 层的调用关系,可以用图 7-12(b)表示。这种 3 层以及 3 层以上的调用关系,称为嵌套调用。在嵌套调用的关系链条上,每个节点代表的函数是不相同的。

另一方面,在嵌套调用的关系链条上,如果节点代表的函数是同一个函数,也是一种合法的多层调用,称为递归调用,如图 7-12(c)所示。

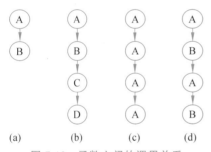

图 7-12 函数之间的调用关系

两个函数的互相调用也可以形成递归调用。图 7-12(d)所示就是一种双函数的递归调用,可用于双方博弈系统的 AI 智能软件中。

递归调用是嵌套调用的一种特殊形式,"递"是传递、延伸的意思,"归"是回归、返回的意思。

递归是一种重要的函数调用形式,对于一些特殊的实际问题,只能用递归方法解决,其他方法无法解决。递归函数较为典型的应用,包括汉诺塔问题求解、文件夹的访问、博弈树的搜索,等等。

定义递归函数的关键有两点：其一要表达"递",即通过调用自己或者其他函数,来伸展调用关系链条；其二要表达"归",即设计返回上层函数的语句,因为不允许调用关系链条的无限延伸。这样,递归函数在执行时,关系链条会经过有限层数的延伸之后开始收缩,直到递归函数返回其主调函数。

例 7.6 定义递归函数 fa,计算给定正整数的阶乘；定义 main 函数,用于调用 fa 函数。

【分析】 fa 的参数和返回值类型均为整型；在函数体中,用 x ＊ fa(x－1)表达 fa(x),实现"递"；将"1 的阶乘为 1"看作已知条件,实现"归"。当形参为正整数 x 时,调用关系最深延伸到第 x＋1 层。第 x＋1 层执行的是实参为 1 的 fa 函数,即 fa(1)；由于 fa(1)不再调用 fa 函数,所以从 fa(1)函数开始逐层返回,直至返回到 main 函数。

源程序如下：

```
01   #include<stdio.h>
02   int fa(int x)
03   {
04       if(x==1)
05           return 1;
06       else
07           return x * fa(x-1);
08   }
09   int main(void)
10   {
11       int n,k;
12       scanf("%d",&n);
13       k=fa(n);
14       printf("%d的阶乘是%d",n,k);
15       return 0;
16   }
```

运行结果如下：

3↙
3的阶乘是 6

图 7-13 表示了本例 fa 函数求解 3 的阶乘时的递归调用（嵌套调用）过程。在图 7-13 中，有向线段指示了程序的运行轨迹。图中的有向线段共有 3 种类型：第 1 种类型是起点为圆形的线段，表示了 fa 函数逐层调用、逐层获取内存的"递"的过程；第 2 种类型是起点为菱形的线段，表示了 fa 函数逐层返回、内存被逐层回收的"归"的过程；第 3 种类型是起点为普通型的线段，表示了 main 函数在执行过程中，中途调用了 fa 函数的过程。把这些线段连接起来，就表达了整个程序的执行过程。

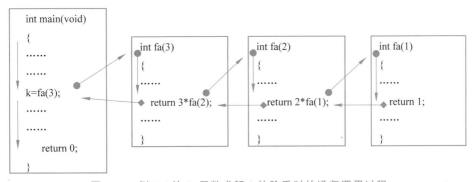

图 7-13　例 7.6 的 fa 函数求解 3 的阶乘时的递归调用过程

例 7.7　已知 main 函数的定义已经给出（参见例 7.7 源码的第 14～23 行），程序运行后会降序输出数组 s 中的 5 个整数值。要求设计递归函数 mysort，其功能是：实现对具有 n 个元素的一维整型数组元素降序排列。

【分析】　如果 n 为 1，表明给定的数组有效元素只有 1 个，这种情况属于特殊情况，不需要排序操作，对应"归"；如果 n 大于 1，属于一般情况，需要排序操作，对应"递"。具体的算法是：首先在 n 个元素范围内确定最大值的下标 k，然后令 a[k] 和 a[0] 相交换，最后，调用 mysort(a+1,n−1)，对剩余的 n−1 个有效元素进行降序操作。注意，剩余的 n−1 个有效元素的首地址是 a+1,而不是 a。

实现的 mysort 函数,参见如下源码的第 2～13 行。

```
01    #include<stdio.h>
02    void mysort(int a[],int n)
03    {
04        int i,t,k;
05        if(n==1)
06            return;
07        k=0;
08        for(i=1;i<n;i++)
09            if(a[i]>a[k])
10                k=i;
11        t=a[k],a[k]=a[0],a[0]=t;
12        mysort(a+1,n-1);
13    }
14    int main(void)
15    {
16        int s[5]={90,61,95,79,80};
17        int i;
18        mysort(s,5);
19        printf("降序排列:");
20        for(i=0;i<5;i++)
21            printf("%3d",s[i]);
22        return 0;
23    }
```

运行结果如下:

降序排列: 95 90 80 79 61

扫一扫

7.4.2　井字棋博弈程序中的递归函数

博弈程序会经常使用递归函数,这是因为递归函数可用于模拟游戏玩家的思考过程,并最终确定着法;递归函数调用的层数越多,表示思考越深入,对局势的计算和评估越精确,在博弈中就容易形成自身优势;相反,如果思考肤浅,在博弈中就会处于被动地位。

博弈程序中的递归函数一般被设计成双函数的形式(参见图 7-12(d)),或者多函数的形式;对于双方游戏的博弈程序,则设计双函数的递归形式,使得一个函数对应一个玩家;对于多方游戏的博弈程序,则设计多函数的递归形式。

在博弈程序中,递归函数的调用过程,就是博弈树的构造过程;博弈树的一个节点,代表对一个递归函数的一次调用。

井字棋博弈程序采用了"极大极小值"的搜索算法,maxsearch 和 minsearch 两个递归函数是这种搜索算法的核心。其中,maxsearch 函数表示了机方的计算和思考过程,minsearch 函数表示了反方的计算和思考过程(注意,不是表示黑方或白方,因为机方和反方都可能是黑方和白方)。

在图 7-3 中,maxsearch 和 minsearch 之间的调用关系是用"↔"符号表示的,就是表达了一种双函数的递归调用形式。

如果当前盘面用图 7-14(a)表示,那么,maxsearch 和 minsearch 的互相调用就会形成

图 7-14（b）所示的博弈树。

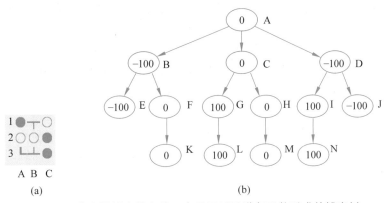

图 7-14　井字棋博弈程序的一个局面以及递归函数形成的博弈树

如果是机方执黑，那么图 7-14（a）就是轮到机方走棋的局面。机方可选的落子点共有 3 处：1B、3A 和 3B。

在井字棋博弈程序中，computer 函数会在 3 个落子点中选取评价值最高的点。对落子点的评价是由 minsearch 函数实现的，每次调用 minsearch 函数就会完成对一个落子点的评价，所以 computer 函数需要调用 minsearch 函数 3 次；computer 每次调用 minsearch 时，会形成博弈树的一个分支，所以，从图 7-14（b）的博弈树中可以看到有 3 个分支从根节点 A 延伸出来。

博弈树与当前盘面的落子点有对应关系。在图 7-14 中，图 7-14（a）的 1B 点对应图 7-14（b）的左分支，图 7-14（a）的 3A 点对应图 7-14（b）的中分支，图 7-14（a）的 3B 点对应图 7-14（b）的右分支。

当然，这种对应关系取决于程序中对棋盘的扫描顺序。如果将扫描棋盘的顺序由"先水平后垂直"改变为"先垂直后水平"，那么这种对应关系会颠倒过来。

在图 7-14 中，对于图 7-14（a）的局面，机方最终会选择在 3A 落子，这是因为 3A 的评价值是最高的（0 分），而 1B 和 3B 的评价值较低（均为 -100 分）。

总之，这里的井字棋博弈程序以双递归函数的形式实现了极大极小值的搜索算法。

由于 minsearch 函数和 maxsearch 函数类似，所以在有些资料中将这两个函数合并为一个函数。合并为一个函数的优点是，减少了源码的一些冗余，使得递归函数的设计显得更加简洁。

不过，合并之后的主要缺点是大大降低了递归模块的可读性，提高了递归模块功能的扩展和维护的复杂度。由于合并之后并不能提升搜索算法的执行效率，所以这种合并不具有必要性，不是教材所推荐的。

7.5　变量的作用域和生存期

变量的作用域，就是变量起作用的范围，或者能够被访问的范围。这种范围是指以"语句块"为单位的代码范围。所谓的语句块，就是用一对花括号界定的代码范围。例如，函数体属于语句块,因为函数体是用花括号框定的;复合语句也属于语句块,因为复合语句也是用花括号框定的。语句块和语句块之间可以是并列的(顺序的),也可以是嵌套的(即大块包含若干小块)。

变量的生存期,也称为变量的生命周期,是变量占用内存的时间长度。这种长度一般不用时分秒等时间单位度量,而是以相对的视角,比较变量、语句块以及函数之间谁更早地占用内存,或者谁更晚地释放内存。通过这样的比较,使得程序员能够对源码分析得更完整,为程序质量提供一定的保障。

为什么在本章再次讨论变量呢?这是因为函数涉及 C 程序的结构问题。函数之间,或者模块之间的数据传递,是依靠变量实现的,所以在谈及 C 程序的结构问题时,就不能回避对变量的探讨。

从以前的章节得知变量有 3 种属性:名称、值、首地址。要更完整地掌握 C 程序的结构,还需要掌握变量的另外两种属性:作用域和生存期。

7.5.1 变量的作用域

依据变量的作用域,可以把变量划分为局部变量和全局变量两大类。

局部变量的特点是,其定义语句一般处于语句块的范围内。例如,在函数体中定义的变量是局部变量,因为定义语句处于函数体大括号所框定的范围内;函数的形参也属于局部变量,虽然形参是由小括号框定的,但形参属于函数的头部,与函数体不可分割,所以形参的作用域局限于函数体;类似地,在 for 语句的第 1 个表达式中定义的变量也属于局部变量(参见例 7.8 源码的第 6 行),因为 for 语句小括号中的第 1 个、第 2 个和第 3 个表达式,与循环体也是不可分割的。

局部变量的默认初值为不确定的值。

局部变量的作用范围只局限于定义语句所在的语句块,即作用范围开始于变量定义的位置,结束于语句块的末尾位置。

全局变量,就是在函数体之外定义的变量,即全局变量的定义语句不属于任何函数体。

全局变量的作用范围,是从定义的位置开始一直到所在源文件的最后一行源码。

全局变量的默认初值为 0。

例 7.8 阅读如下源码,判断程序的输出是什么。

```
01  #include<stdio.h>
02  int m=3;
03  int fact(int n)
04  {
05      int r=1;
06      for(int i=1;i<=n;i++)
07          r=r*i;
08      return r;
09  }
10  int n=4;
11  int main(void)
12  {
13      int m=2;
```

```
14      printf("%d 的阶乘为%d。",m,fact(m));
15      printf("\n%d 的阶乘为%d。",n,fact(n));
16      return 0;
17  }
```

运行结果如下：

```
2 的阶乘为 2。
4 的阶乘为 24。
```

【分析】

（1）第 2 行定义的变量 m 为全局变量，其作用范围是第 2～17 行；第 10 行定义的 n 为全局变量，其作用范围是第 10～17 行；其余变量均为局部变量。

（2）fact 函数的功能是计算给定整数的阶乘。

（3）第 14 行所表达的 m，是局部变量 m，而不是全局变量 m，这遵循"局部屏蔽全局"的原则，即当有嵌套关系的语句块中出现同名变量时，较小语句块中的变量屏蔽较大语句块中的变量。这里，若把整个源程序看作大块，把 main 的函数体看作小块，则第 14 行访问的是第 13 行的 m，而不是第 2 行的 m。假设把第 13 行注释掉，那么第 14 行表达的只能是第 2 行的全局变量 m。

（4）第 6 行定义的变量 i，其作用域仅局限于所在 for 循环语句，即这个变量 i 的作用范围是第 6 行和第 7 行。

（5）第 15 行所表达的 n，是全局变量 n，因为 main 的函数体并没有定义 n。

7.5.2　变量的生存期

一般地，变量的生存期与变量的作用域具有匹配关系。既然变量的作用域可分为"局部"和"全局"两种，那么，变量的生存期就相应地分为"块生存期"和"程序生存期"两种。

局部变量由于是在语句块内定义的，所以局部变量的生存期与该语句块的生存期等长，即当程序执行到语句块的右大括号时，语句块的执行全部结束，语句块占用的内存被回收，其中定义的变量所占用的内存也被同步回收，这就是局部变量生存期的结束。

全局变量的生存期与整个程序的生存期是等长的，即当程序执行到 main 函数体的右大括号时，整个程序的执行全部结束，程序占用的所有内存均被回收，其中包括全局变量所占用的内存，这就是全局变量生存期的结束。

用 static 定义的变量叫作静态变量，其生存期和程序生存期等长，默认值为 0；不用 static 定义的变量一般都是局部变量，其生存期为块生存期，初值为不确定的值；但有一种例外，即对于全局变量，无论是否使用 static 定义，全局变量一定是静态变量，这是因为新的 C 语言规范中规定，定义全局变量时是可以省略 static 的。例如，在例 7.8 中，第 2 行的"int m=3;"与"static int m=3;"是等价语句。

如果在函数体内用 static 定义变量，这样的变量叫作"局部静态变量"，这是因为这样的变量同时具有局部和静态两种属性，即虽然其作用域局限于所在的块，但其生存期和全局变量是等长的。

在程序设计中，静态变量的使用频率较低。例如，虽然全局变量可以方便地为多个函数提供数据共享，但并不鼓励较多地使用全局变量，因为这样会降低函数的封装性，与模块化程序设计的思想相悖;再如,局部静态变量一般只用于统计函数的执行次数,其他应用很少见。

既然存在静态变量,那么是否存在动态变量呢? C语言中并没有动态变量的说法,但有自动变量的说法,即用 auto 定义的变量叫作自动变量。由于 auto 是可以省略的,所以在定义变量时一般不使用 auto,而是直接写出类型符号和变量名称来定义变量。在 C语言的新规范中,auto 的作用被淡化,所以在此就不进一步讨论了。

例 7.9   阅读例 7.9 源码,判断程序的输出,并分析哪些是全局变量,哪些是局部变量,哪些是静态变量,哪些是自动变量。

```
01   #include<stdio.h>
02   int d;
03   void myfun(int b)
04   {
05       static int c=3;
06       c++;     b++;     d++;
07       printf("\n%d  %d  %d",b,c,d);
08   }
09   int main(void)
10   {
11       int a=6,i;
12       for(i=1;i<=3;i++)
13           myfun(a);
14       return 0;
15   }
```

运行结果如下:

```
7   4   1
7   5   2
7   6   3
```

【分析】   全局变量,d;局部变量,myfun 中的 b,c,main 中的 a,i;静态变量,d,myfun 中的 c;自动变量,myfun 中的 b,main 中的 a,i。

7.5.3   井字棋博弈程序中的全局变量

井字棋博弈程序共定义了 5 个全局变量(包括数组),这些定义语句都集中在源文件的前端位置。为便于叙述,现将这些语句归纳到表 7-2 中。

表 7-2   井字棋博弈程序中定义的全局变量和数组

语 句	解 释
int board[N][N];	定义用于计算的棋盘
char * a[N][N];	定义用于输出的棋盘
int computercolor = BLACK;	规定机方执黑先行
int k = 8;	井字棋棋盘上共有 8 条线可能形成连三
int lines[8][3] ={0,1,2,3,4,5,6,7,8,0,3,6,1,4,7,2,5,8,0,4,8,2,4,6};	把 board 看作一维数组,8 条线中的各个落子点在该一维数组中的下标(每条线有 3 个落子点)

定义全局变量(或者数组)的目的是,在多个函数之间共享这些变量(或者数组)。例如,outputboard 函数、computer 函数,以及 person 函数等都需要当前盘面的信息,因此定义了全局二维数组 board,使得这几个函数能够共享 board 数组中的数据。

当然,如果将全局变量和数组都定义在 main 函数中(成为局部变量),然后通过参数传递给各个相关的函数,这种方案固然是可行的,不过这样会使得相关函数的参数太多,更重要参数的地位以及函数的特色功能不够突出,所以会降低程序的可读性。

下面对表 7-2 中的语句按照顺序进行解释。

语句:

```c
int board[N][N];
```

定义了用于计算的棋盘,这里的计算主要指极大极小值搜索算法。board 数组记录着游戏双方的落子情况。虽然 board 数组的值并不直接输出到用户界面,但输出到界面的棋盘符号,与 board 元素有一一对应的关系。例如,如果 board[0][0] 的值为 1,表示在棋盘的左上角落有黑子,则绘制到界面的棋盘左上角就会是一颗黑子。

语句:

```c
char * a[N][N];
```

定义了用于输出的棋盘,即用户界面显示的棋盘和棋子就是依据 a 数组打印的。a 数组采用指针方法管理了各种输出棋盘和棋子所需的字符串。关于指针以及多字符串的管理方法,将在第 9 章介绍,这里了解一下即可。

语句:

```c
int computercolor =BLACK;
```

规定了计算机执黑先行。目前版本的井字棋博弈程序不支持设置游戏双方的先后手,目的是突出程序体现的模块化设计思想,以及如何用递归函数实现极大极小值搜索算法,而淡化了与用户的交互功能。在 9.8 节,将会介绍一种设置先后手的方法。

语句:

```c
int k =8;
```

规定了扫描棋盘中线段的数量。在评价局面时,需要扫描棋盘以获取连三和连二的情况。对于 3×3 的棋盘,连三和连二只可能出现在 8 条线段中,每个线段中有 3 个落子点。

语句:

```c
int lines[8][3] ={0, 1, 2, 3, 4, 5, 6, 7, 8, 0, 3, 6, 1, 4, 7, 2, 5, 8, 0, 4, 8, 2, 4, 6};
```

是对上述 8 条线段的具体描述。

一般情况下,描述一个落子点需要使用类似于 (x,y) 的坐标对,8 条线共有 24 个坐标对、48 个坐标值。但 lines 数组仅存储了 24 项数据,并不是存储坐标对。

这里,lines 数组存储的是一维数组元素的下标,即利用二维数组在内存中仍然线性占用空间的特点,将 board[N][N] 的元素与一维数组的元素相对应,所以用一维数组元素的下标同样可以表示落子点。

在图 7-15 中,对于棋盘的主对角线,在一维数组中是用 0、4 和 8 这 3 个下标表示的。

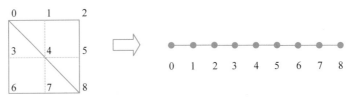

图 7-15 棋盘线段在二维数组和一维数组中的表示方法

另外,这个一维数组在程序中并没有定义。程序采用指针的方法直接将二维数组 board[N][N]按照一维数组访问,这个原理可参见第 6 章和第 9 章的有关小节。

7.6 综合程序举例

例 7.10 设计自定义函数,重新实现例 6.22 的猜数游戏(游戏规则参见例 6.22 中的说明)。

【分析】 共设计 4 个自定义函数,名称和功能简述如下。

generate 函数的功能是产生 N 个随机数,并存储到数组中。

play 函数是游戏的主体模块,其功能是完成与玩家的交互,对玩家的猜测进行判定,并进行记录。

output 函数的功能是输出游戏的结果,即输出谜底、玩家猜测的具体情况。

上述 3 个函数均由 main 函数调用,且为顺序调用(由于 main 函数结构简单,所以本例程序流程图省略)。

实现的源码如下:

```
01   #include<stdio.h>
02   #include<stdlib.h>
03   #include<time.h>
04   #define N  3
05   void generate(int mag[ ]);
06   void play(int mag[ ],int coun[ ],int corr[ ],int chance);
07   void output(int mag[ ],int coun[ ],int corr[ ]);
08   void generate(int mag[ ])                //mag,计算机产生的数
09   {
10       int i;
11       srand((unsigned int)time(NULL));     //初始化随机数发生器
12       for(i=0;i<N;i++)
13           mag[i]=rand()%50+1;              //随机产生 1~50 的数
14   }
15   void play(int mag[ ],int coun[ ],int corr[ ],int chance)
16   {//mag,计算机产生的数;coun,猜测次数;corr,猜测是否正确;chance,最多
17   可以猜几次
18       int i,guess;
19       for(i=0;i<N;i++)
20       {
21           printf("请猜第%d个数\n",i+1);
```

```
22          while(coun[i]<chance)
23          {
24              printf("please guess a magic number:");
25              scanf("%d",&guess);
26              coun[i]++;
27              if(guess>mag[i])
28                  printf("Wrong!Too big!\n");
29              else if (guess<mag[i])
30                  printf("Wrong!Too small!\n");
31              else
32              {
33                  printf("Right!\n");
34                  corr[i]=1;    //猜中,用 1 表示
35                  break;
36              }
37          }
38          printf("End\n");
39      }
40  }
41  void output(int mag[ ],int coun[ ],int corr[ ])
42  {//mag,计算机产生的数;coun,猜测次数;corr,猜测是否正确
43      for(int i=0;i<N;i++)
44          printf("magic=%2d,counter=%d,correct=%d\n",mag[i],coun[i],corr[i]);
45  }
46  int main(void)
47  {
48      int magic[N];            //计算机产生的数
49      int counter[N]={0};      //猜测次数
50      int correct[N]={0};      //猜测是否正确,正确用 1 表示,错误用 0 表示
51      generate(magic);
52      play(magic,counter,correct,5);
53      output(magic,counter,correct);
54      return 0;
55  }
```

【思考】 如果猜 n 个 1~50 的数,每个数猜 m 次,该如何实现?

例 7.11 用结构化程序设计方法,重新实现例 6.24 的五子棋游戏(游戏规则和运行界面与例 6.24 一致,在此不赘述)。

【分析】 共设计 4 个自定义函数,名称和功能简述如下。

inputxy 函数是程序的核心,其功能是处理玩家的输入;其返回值为 0 时,表示结束游戏,其返回值为 1 时,表示继续游戏。

rightxy 函数的功能是判断玩家输入棋子坐标的合法性;如果输入的横坐标或者纵坐标超出棋盘范围,或者坐标点上已经存在棋子,则为非法输入,其返回值为 0;当输入合法时,其返回值为 1。

outputboard 函数的功能是输出棋盘。

note 函数的功能是输出提示信息。

例 7.11 的 N-S 流程图如图 7-16 所示。

图 7-16 例 7.11 的 N-S 流程图

实现的源码如下：

```
01   #include<stdio.h>
02   #include<stdlib.h>
03   #define N 15                        //棋盘大小 N*N
04   #define EMPTY 0                      //未落子,无子
05   #define BLACK 1                      //黑子
06   #define WHITE 2                      //白子
07   int rightxy(int x,char y,int board[ ][N]);
08   int inputxy(int player,int board[ ][N]);
09   void outputboard(int board[ ][N]);
10   void note(void);
11   void note(void)
12   {
13       printf("请输入落子坐标,格式:XY（输入 N 结束游戏)\n ");
14       printf("X 为 1~15 的整数;Y 为 A~O 的字母,必须大写。");
15       printf("输入举例:5H,10D。\n");
16   }
17   int rightxy(int x,char y,int board[ ][N])
18   {//x,输入的横坐标;y,输入的纵坐标;board,棋盘
19       if(x<1||x>15)                   //如果 x 超出棋盘范围
20           return 0;
21       if(!(y>='A'&&y<='O'))           //如果 y 超出棋盘范围
22           return 0;
23       if(board[N-x][y-'A']!=0)        //如果 xy 位置已经有棋子
24           return 0;
25       return 1;
26   }
27   int inputxy(int player,int board[ ][N])
28   {//player,白方或黑方;board,棋盘
29       int x1;char y1;                 //x1、y1 代表玩家输入的横、纵坐标
30       int x,y;                        //代表 board 数组元素的下标,为 x 行、y 列
31       char c;
32       player==BLACK? printf("请黑方落子\n"):printf("请白方落子\n");
33       fflush(stdin);                  //清空输入流缓存区
34       scanf("%d%c",&x1,&y1);          //输入落子点坐标
35       while(!rightxy(x1,y1,board))
36       {
37           c=getchar();
38           if(c=='N') return 0;        //如果玩家输入 N,则返回 0
39           printf("输入坐标错误或该点已落子\n");
40           printf("请重新输入落子坐标:\n ");
41           fflush(stdin);
42           scanf("%d%c",&x1,&y1);
43       }
44       x=N-x1;                         //坐标转换
45       y=y1-'A';
46       board[x][y]=player;             //存储落子
47       outputboard(board);
48       return 1;
49   }
50   void outputboard(int board[ ][N])
51   {//board,棋盘
```

```
52        for(int i=0;i<N;i++)          //输出棋盘
53        {
54            printf("%2d",N-i);        //左边第一列输出行坐标
55            for(int j=0;j<N;j++)
56            {
57                if(board[i][j]==EMPTY)
58                    printf("+");
59                else if(board[i][j]==BLACK)
60                    printf("●");
61                else
62                    printf("○");
63            }
64            printf("\n");
65        }
66        printf("  ");
67        for(int i=0;i<N;i++)          //最后一行输出列坐标
68            printf(" %c",i+'A');
69        printf("\n");
70    }
71    int main(void)
72    {
73        int board[N][N]={EMPTY};      //记录棋盘每个交点的状态
74        int player=BLACK;             //默认先执黑
75        int stone=0;                  //棋盘落子数
76        int gameover=0;
77        outputboard(board);
78        note();
79        while(1)
80        {
81            player=stone%2+1;
82            if(inputxy(player,board)==gameover)
83                break;
84            stone++;
85        }
86        return 0;
87    }
```

例 7.12　设计一个发放红包的程序,要求如下:

(1) 红包个数固定为 5 个。

(2) 各个红包金额不允许全部相同,即不允许均分;允许部分红包金额相同。

(3) 红包的总额、单个红包金额上限和单个红包金额下限,单位是人民币"元",由用户输入。例如,用户可以输入 100、50.68 和 5.08,分别作为总额、上限和下限。

【分析】　共设计 3 个自定义函数,名称和功能简述如下。

create 函数的功能是产生红包,是程序的核心;该函数的算法是:用随机方法产生前 $N-1$ 个红包的金额;依据总金额和前 $N-1$ 个红包金额的总和,计算第 N 个红包金额;当第 N 个红包金额超出上限时,则令第 N 个红包金额为上限值,将剩余金额分配给任意一个其他红包,直到所有剩余金额全部分配出去;当第 N 个红包的金额小于下限时,令第 N 个红包的金额为下限值,将差额从任意一个其他红包中扣除,直到所有扣除的金额总和等于差额为止。

另外,为了更好地控制数据精度,create 函数并没有直接对用户输入的金额进行处理,而是将金额由实数转换为整数后再进行处理。

input 函数的功能是实现数据的输入。

checkdata 函数的功能是检测用户输入数据的合法性。

例 7.12 中 create 函数的 N-S 流程图如图 7-17 所示(程序总体流程图省略)。

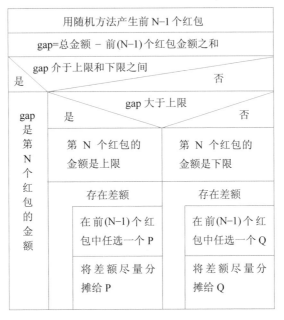

图 7-17　例 7.12 中 create 函数的 N-S 流程图

实现的源码如下:

```
001  #include<stdio.h>
002  #include<stdlib.h>
003  #include<time.h>
004  #include<math.h>
005  #define N 5                    //红包的个数
006  float fsum, fmin, fmax;        //红包总金额,单个红包金额的上限和下限
007  void input(void);
008  int checkdata(void);
009  void create(int packets[]);
010  void create(int packets[])
011  {//packets,各个红包金额
012      //将"元"换算为"分"
013      int isum=ceil(fsum * 100),imin=ceil(fmin * 100),imax=ceil(fmax * 100);
014      int diffValue=imax-imin;
015      int s=0,temp;
016      srand((unsigned int)time(NULL));
017      //随机生成前 N-1 个红包
018      for (int i=0; i<N-1; i++)
019      {
020          temp = rand()%(diffValue+1)+imin;
021          s=s+temp;
```

```
022             packets[i]=temp;
023         }
024         //为了保证总额为指定值,需要对所有红包的金额进行调整
025         int gap=isum-s;
026         if (gap>=imin && gap<=imax)
027         {
028             packets[N-1]=gap;
029             return;
030         }
031         else if(gap >imax)                //剩余值大于 max
032         {
033             packets[N-1]=imax;
034             gap=gap -imax;
035             int index;
036             int value;
037             while(gap >0)
038             {
039                 index=rand()%(N-1);       //生成 0~N-2 的随机整数
040                 value=packets[index];
041                 float margin=imax -value;
042                 if(margin>0)
043                 {
044                     if(gap >=margin)
045                     {
046                         packets[index]=imax;
047                         gap=gap -margin;
048                     }
049                     else
050                     {
051                         packets[index]=packets[index] +gap;
052                         return;
053                     }
054                 }
055             }
056         }
057         else                              //剩余值小于 min
058         {
059             packets[N-1]=imin;
060             int need=imin-gap;
061             int index;
062             int value;
063             int buffer;
064             while (need >0)
065             {
066                 index=rand()%(N-1);
067                 value=packets[index];
068                 buffer=value-imin;
069                 if(buffer>=need)
070                 {
071                     packets[index]=packets[index]-need;
072                     return;
073                 }
074                 else
075                 {
076                     packets[index]=imin;
```

```
077                    need=need-buffer;
078                }
079            }
080        }
081  }
082  int checkdata(void)
083  {
084      if(fmin >fmax)
085          return 0;        //不允许最小金额太大
086      if(fmax * N <fsum)
087          return 0;        //不允许最大金额太小
088      if(fmin * N >fsum)
089          return 0;        //不允许最小金额太大
090      if(fmin * N ==fsum)
091          return 0;        //不允许金额相同
092      if(fmax * N ==fsum)
093          return 0;        //不允许金额相同
094      return 1;
095  }
096  void input(void)
097  {
098      int rightinput=0;
099      while(!rightinput)
100      {
101          printf("输入总金额:");
102          scanf("%f",&fsum);
103          printf("输入单个红包金额上限:");
104          scanf("%f",&fmax);
105          printf("输入单个红包金额下限:");
106          scanf("%f",&fmin);
107          rightinput=checkdata();
108          if(!rightinput)
109              printf("输入的数据不合理,需要重新输入!\n");
110      }
111  }
112  int main(void)
113  {
114      int packets[N]={0}; //各个红包的金额
115      input();             //输入红包的总额、上限、下限
116      create(packets);     //产生红包
117      printf("各红包金额如下:\n");
118      for(int i=0;i<N;i++)
119          printf("%7.2f",packets[i]/100.0);
120      return 0;
121  }
```

例 7.12 的运行结果如图 7-18 所示。

```
选定 C:\WINDOWS\system32\cmd.exe
输入总金额: 100
输入单个红包金额上限: 50.68
输入单个红包金额下限: 5.08
各红包金额如下:
   6.19    8.12   19.99   36.72   28.98
```

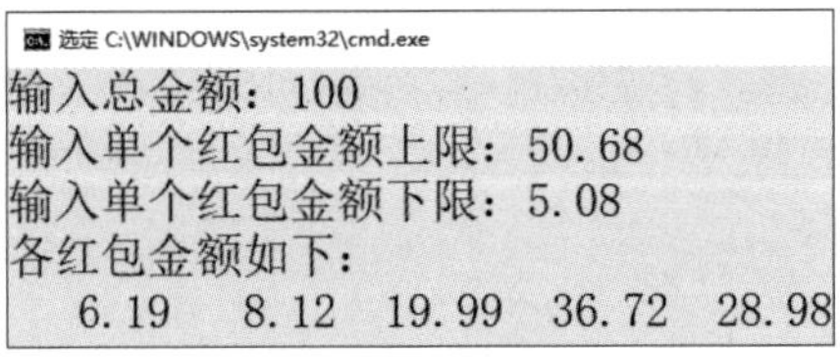

图 7-18 例 7.12 的运行结果

7.7 小结

（1）函数是对功能的封装，是 C 程序的基本单位，是实现模块化程序设计的具体形式；

（2）函数具有多种类型：系统函数与自定义函数，有参函数与无参函数，有返回值函数与无返回值函数，等等；

（3）函数的参数和返回值没有类型的限制，即可以是任意类型；当需要函数处理较少的数据时，函数的形参定义为基本类型，当需要函数处理数组中的批量数据时，函数的形参定义为数组名；

（4）函数和变量都具有一定的生命周期。函数被调用时，被分配了内存，是函数生命周期的开始，当函数体执行完毕后，内存被操作系统回收，其生命周期结束。静态变量的生命周期与程序的生命周期等长，自动变量的生命周期与所在函数基本保持一致，即当所在函数体执行完毕，自动变量与函数同时结束生命周期。

7.8 习题

1. 阅读程序：下面程序的功能是求 x 的 y 次幂，其中 x 为实型，y 为整型。阅读程序并回答以下问题：

（1）main 函数和 mypow 函数之间，谁是主调函数，谁是被调函数？

（2）对 mypow 函数的调用，是"表达式调用"方式，还是"语句调用"方式？

（3）关于 mypow 函数的参数，哪些是实参，哪些是形参？实参和形参有什么关系？

```c
#include<stdio.h>
float mypow(float a, int b)
{
    int i;
    float sum=1;
    for(i=1;i<=b;i++)
        sum=sum * a;
    return sum;
}

int main(void)
{
    float x,result; int y;
    printf("\nplease enter x and y: ");
    scanf("%f,%d",&x,&y);
    result=mypow(x,y);
    printf("\nx 的 y 次幂是: %f",result);
    return 0;
}
```

2. 程序完善：参考例 6.3，编写 song 函数的函数体，使得程序运行后，和例 6.3 具有同样的效果，都能够按照顺序播放 7 个音符的低音、中音和高音。

```c
#include<windows.h>
#include<stdio.h>
void song(unsigned hz[ ],int n,int k)
{//hz,存放频率的数组;n,hz 数组的元素数量;k,频率的倍数

}
int main(void)
{
```

```
unsigned hz[7]={262,294,330,349,392,440,494}; //7个音符的低音频率/Hz
song(hz,7,1); //演奏低音
song(hz,7,2); //演奏中音,中音频率是低音频率乘以 2
song(hz,7,4); //演奏高音,高音频率是低音频率乘以 4
return 0;
}
```

3. 程序完善:如下程序的功能是,判断用户输入的一个正整数是否为完数;如果是,则输出"是完数",否则,输出"不是完数"。请完成 perfect 函数的定义。

所谓的完数,是具有如此特征的自然数:它所有的真因子(即除了自身以外的因子)之和,恰好等于该数本身。例如,6 就是一个完数,因为 6 的真因子有 1,2 以及 3,它们的和是 6。

```
#include<stdio.h>
int perfect(int x)
{

}
int main(void)
{
    int m;
    scanf("%d",&m);
    if(perfect(m))
        printf("是完数");
    else
        printf("不是完数");
    return 0;
}
```

4. 程序完善:如下程序的功能是,确定用户输入的 2 个正整数的最大公约数。请完成 gcd 函数的定义。

```
#include<stdio.h>
int gcd(int x,int y)
{

}
int main(void)
{
    int m,n;
    scanf("%d%d",&m,&n);
    printf("最大公约数为%d",gcd(m,n));
    return 0;
}
```

7.9 扩展阅读——Minimax 算法原理及其实现

Minimax 算法,亦称极小化极大算法,是一个零总和博弈算法,常用于棋类双方博弈的游戏和程序。在双方对弈过程中,它在有限的搜索深度范围内进行求解,考虑从可能着法中

选择较优着法。

Minimax 算法的实质是一个树形结构的递归算法,每个节点的孩子和父节点都是对方玩家,所有节点被分为极大值(MAX－我方)节点和极小值(MIN－对方)节点。其基本思想是:①MAX 方产生着法时,在可选项中选择将其优势最大化的选项;②MIN 方则选择令对手优势最小化的方法。①和②相应于两位棋手的对抗策略,博弈双方交替使用。很多棋类游戏可以采取此算法,例如井字棋、五子棋、中国象棋等。在实际应用中,通常结合 α－β 剪枝算法进行优化。

下面以五子棋为例,介绍在博弈程序中如何通过递归函数确定最佳着法(最好的走法)。

假设读者和五子棋 AI 程序下棋,程序执黑,读者执白;再设 A 是黑方走棋时要执行的函数,B 是白方走棋时要执行的函数,那么程序确定最佳着法的过程,就是交替地执行 A 函数和 B 函数的过程。程序思考了几步,就是交替执行了几层的 A 函数和 B 函数,比如,如果执行的函数次序是 A→B→A,就相当于思考了 3 步,如果执行的函数次序是 A→B→A→B,就相当于思考了 4 步。

实现交替执行 A 和 B 的方法就是将 A 和 B 定义为特殊的函数,即在 A 的定义中要有调用 B 的语句,在 B 的定义中要有调用 A 的语句,这样就形成了双函数的递归框架(参见图 7-12(d)。为了简明起见,图 7-19 以伪代码的形式给出一段用于五子棋的递归函数(完整的博弈程序源码可以到网站下载)。

```
01  int A()                          int B()
02  {                                {
03    将 value 初始化为极小值;           将 value 初始化为极大值;
04    获取当前盘面的状态;                获取当前盘面的状态;
05    if(盘面出现胜负) 返回;            if(盘面出现胜负) 返回;
06    if(递归的深度超限) 返回;          if(递归的深度超限) 返回;
07    扫描整个棋盘                      扫描整个棋盘
08      if(当前位置可以落黑子)            if(当前位置可以落白子)
09        value= B();                    value= A();
10        if(value 更大) 刷新 value;       if(value 更小) 刷新 value;
11  }                                }
```

图 7-19 五子棋递归函数伪代码

第8章 预处理与位运算

8.1 预处理命令

在前面的章节中,已使用过以"#"号开头的命令,如#include<stdio.h>、#define N 15 等,所有以"#"开头的命令均为预处理命令。在程序中这些命令通常放在函数之外,而且一般放在文件的前半部分。

在机器博弈程序中经常使用预处理命令,如棋盘的大小、棋子的值等通常采用宏定义形式,在文件包含中判断文件是否重复常用到条件编译命令。

C 语言的预处理又称为预编译,是指在对源程序编译之前所做的工作,预处理的功能是由预处理程序完成的。当对一个源程序进行编译时,系统会使用预处理程序对源程序中的预处理命令进行处理,之后再对源程序进行编译。C 语言提供了宏定义、文件包含、条件编译等多种预处理命令,预处理有利于程序的维护和阅读。

8.1.1 机器博弈中常量值的处理

机器博弈中有很多常量值,如棋盘的大小、棋子的值等,在博弈程序中这些值一般不会改变。前面章节中介绍用 const 定义常变量,本节中定义一个标识符代表一个字符串,该定义称为"宏"定义。被定义为"宏"的标识符称为"宏名"。在预编译时,对程序中所有的"宏名",都用宏定义中的字符串替换,这个过程称为"宏替换"或"宏展开"。如图 8-1(a)所示,file1.c 文件中的#define PI 3.1415926 预处理命令,经过宏替换后如图 8-1(b)所示,程序中的宏名 PI 都被 3.1415926 替换。file1.c 文件在编译时,程序里已经没有 PI。

在机器博弈程序中,一些常量或常量表达式可定义为"宏",便于程序的维护。

宏定义是由#define 命令实现的,而宏替换是由预处理程序完成的。C 语言中,"宏"分为无参数和有参数两种。

```
#define PI  3.1415926
int main(void)
{
   float r,l,s;
   scanf("%f",&r);
   l=2*PI*r;
   s=PI*r*r;
   printf("\nl=%f,s=%f",l,s);
   return 0;
}
```

(a)

预处理 ⇨

```
int main(void)
{
   float r,l,s;
   scanf("%f",&r);
   l=2*3.1415926*r;
   s=3.1415926*r*r;
   printf("\nl=%f,s=%f",l,s);
   return 0;
}
```

(b)

图 8-1　file1.c 文件的预处理

1. 无参数的宏定义

其定义的形式如下：

```
#define 标识符 字符串
```

其中的“#define”为宏定义命令，“标识符”为定义的宏名，“字符串”可以是常数、表达式等。另外，通常对程序中反复使用的表达式进行宏定义，如例 8.1。

例 8.1　无参数的宏定义实例。

```
01  #include<stdio.h>
02  #define H (x*x+2*x)
03  int main(void)
04  {
05      int s,x;
06      printf("input a number:  ");
07      scanf("%d",&x);
08      s=3*H+4/H;
09      printf("s=%d\n",s);
10      return 0;
11  }
```

程序运行结果如下：

```
3↙
s=45
```

在例 8.1 程序中第 2 行进行宏定义，用 H 代替字符串(x * x+2 * x)。对源程序作编译前，先由预处理程序进行宏替换，用(x * x+2 * x)替换所有的宏名 H，然后再进行编译。在程序的第 8 行“s=3 * H+4/H;”中进行了宏调用。预编译时将宏替换后该语句为

```
s=3*(x*x+2*x)+4/(x*x+2*x);
```

在宏定义中字符串(x * x+2 * x)两边的括号不能少，如改成以下定义后：

```
#define H x*x+2*x
```

在宏展开时将得到下述语句：

```
s=3*x*x+2*x+4/x*x+2*x;
```

与原题意要求不符，计算结果是错误的。因此，在宏定义时应保证在宏替换之后不发生

错误。

例 8.2　无参数的宏嵌套应用实例。

```
1  #include<stdio.h>
2  #define  R  3.0
3  #define  PI  3.1415926
4  #define  S  PI*R*R
5  int main (void)
6  {
7      printf("S=%.2f\n", S);     //引号中的 S 不代换
8      return 0;
9  }
```

第 7 行宏代换后变为：printf("S=%.2f\n",3.1415926 * 3.0 * 3.0);

例 8.2 程序的运行结果如下：

```
S=28.27
```

在不围棋的机器博弈程序中,棋盘大小为 9×9,则在定义棋盘时可采用宏,如：

```
#define EDGE 9
int Board[EDGE][EDGE];
```

【说明】

(1) 宏定义是用宏名表示一个字符串,在宏替换时用该字符串替换宏名,字符串可以是常数或表达式,预处理程序对其不作正确性检查。如果有错误,会在宏替换后的源程序编译时发现。

(2) 为了与变量区别,习惯上宏名用大写字母表示,也允许用小写字母表示。

(3) 宏定义不是 C 语句,在行末不加分号,如果加上分号,则连分号一起被替换。

(4) 宏定义命令要写在函数之外,其作用范围为宏定义命令起一直到源程序结束,如要终止某个宏,可使用 #undef 命令。

例如：

```
#include<stdio.h>
#define  EDGE  9
int main(void)
{
    ...
}
#undef  EDGE
void fun()
{
...
}
```

表示 EDGE 只在 main 函数中有效,在 fun 函数中无效。

(5) 如果在源程序中有引号把宏名括起来,则对其不作宏替换。如例 8.2 的第 7 行中引号中的 S 不被替换。

(6) 宏定义是允许嵌套的,即在宏定义的字符串中可使用已经定义的宏名。在宏替换时由预处理程序层层替换,如例 8.2 中的第 2～4 行的宏 R、PI、S。

2. 带参数的宏定义

C 语言允许定义带参数的宏,在宏定义中的参数被称为形式参数,在宏调用中的参数被称为实际参数。调用带参数的宏时,宏替换要用实参代换形参。

带参数的宏定义形式如下:

#define　**宏名(形参表)**　**字符串**

带参数的宏调用形式如下:

宏名(实参表);

例 8.3　带参数的宏定义实例。

扫一扫

```
1  #include<stdio.h>
2  #define  MAX(x,y)  (x>y)? x:y   //宏定义
3  int main(void)
4  {
5      int max;
6      max=MAX(3,4);               //宏调用
7      printf("max=%d\n",max);
8      return 0;
9  }
```

例 8.3 程序的第 2 行是带参数的宏定义,用 MAX 表示字符串(x>y)? x:y;在第 6 行中,形参 x、y 分别用实参 3、4 替换。宏替换后该语句为 max=(3>4)? 3:4。

【说明】

(1) 带参数的宏定义中,宏名和形参的括号之间不能有空格。

例如:

```
#define MAX(x,y) (x>y)? x:y
```

写成:

```
#define MAX (x,y) (x>y)? x:y
```

将被认为是无参数宏定义,宏名 MAX 代表字符串(x,y)(x>y)? x:y。宏展开后将变为

```
max=(x,y)(x>y)? x:y(3,4);
```

这样程序显然是错误的。

(2) 在带参数的宏定义中,形式参数不分配内存单元,也不做类型判断。

在宏调用中用实参代换形参,如果实参是表达式,也不求表达式的值,只是简单的字符串替换。这与函数调用是不同的。在函数调用中,形参和实参是两个不同的量,各有自己的作用域和数据类型。函数调用时,把实参值传给形参,进行"值传递",如果实参是表达式,需先求表达式的值,再进行参数传递。

例 8.4　带参数的宏应用实例。

```
1  #include<stdio.h>
2  #define  QP(x) x*x
3  int main(void)
```

```
4  {
5      int a,k=2,m=1;
6      a=QP(k+m);
7      printf("%d\n",a);
8      return 0;
9  }
```

例 8.4 的第 2 行中,宏定义的形参为 x,在第 6 行中,宏展开时用实参 k+m 代换 x,得到:

a=k+m * k+m;

宏展开中对实参不作计算,直接按原样替换,程序执行时 a＝2＋1 * 2＋1,a 值为 5。

(3) 在宏定义中,字符串内的形参通常要用括号括起来以避免出错。

例 8.4 中的宏定义语句改为

#define QP(x) (x) * (x);

形参 x 用括号括起来,代换后的语句为

a= (k+ m) * (k+ m);

程序执行时 a＝(2＋1) * (2＋1),a 值为 9,宏的含义完全不同了,这在编程中一定要注意。

【注意】 在高版本 VS 系统中默认不允许使用 scanf、fopen 等函数,通常认为这些函数不安全,如果想在文件中使用此类函数,可以在文件开头添加如下宏,让其忽略安全检测。

#define _CRT_SECURE_NO_WARNINGS //添加到#include<stdio.h>等预编译命令前

(4) 机器博弈中的常量值用宏定义举例:

```
/* 与搜索有关的常量定义 */
#define  WINLOSE    10000                      //胜负基数
#define  INFINITY    (WINLOSE +1000)           //极大值
#define  WINLOSEMIN    (WINLOSE -1000)         //胜负下限
#define  ADVANCED_VALUE    (-20)               //先行方负值
```

8.1.2　文件包含——机器博弈中多文件操作

机器博弈程序往往需要编写多个文件,如何将多个文件协调执行,实现机器博弈,需要用到文件包含。文件包含是指将一个程序文件的全部内容包含到另外一个程序文件中,成为该文件的一部分。文件包含命令行的形式为

#include<文件名> 或 **#include "文件名"**

前面已多次用此命令包含库函数的头文件。例如:

#include<stdio.h>

在图 8-2(a)所示的 File_1.c 文件中有一个♯include"File_2.c"文件包含命令,它的其他内容为"内容 1";图 8-2(b)为 File_2.c 文件,它的内容为"内容 2"。在预编译时,要对♯include" File_2.c"文件包含命令进行处理,将 File_2.c 文件的全部内容复制并插入

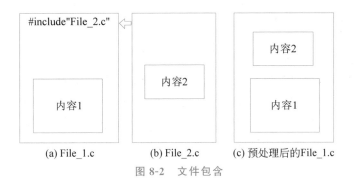

(a) File_1.c   (b) File_2.c   (c) 预处理后的 File_1.c

图 8-2　文件包含

♯include"File_2.c"命令处,得到图 8-2(c)所示的预处理后的 File_1.c 文件。在 File_1.c 文件正式编译时,将对图 8-2(c)所示的 File_1.c 源文件进行编译。

在程序设计中,文件包含是很有用的。一个复杂的程序可以分为多个模块,可由多个程序员分别编程实现。有些公用的符号常量或宏定义等可单独组成一个文件,这样的文件通常被保存成头文件,即以".h"为后缀的文件,在其他文件的开头用文件包含命令包含该文件即可使用。这样,可避免在每个文件开头都书写那些公用量,从而节省了时间,并可减少程序错误。

例如:将例 6.24 五子棋程序中的预编译命令写到 Data_Define.h 头文件中,将它包含到 Five_Chess.c 文件中。

(1) Data_Define.h 文件内容:

```
#include<stdio.h>
#include<stdlib.h>
#define N 15
#define EMPTY 0
#define BLACK 1
#define WHITE 2
```

(2) 包含主函数的 Five_Chess.c 文件:

```
#include "Data_Define.h"    //将 Data_Define.h 文件包含
int main(void)
{
    ...
}
```

注意:Data_Define.h 文件和 Five_Chess.c 文件必须存放到同一个文件夹中,否则会出现找不到 Data_Define.h 文件的错误。

例如:在机器博弈的 EngineDM.cpp 文件中有如下的文件包含命令:

```
#include "SunSau.h"
#include "EngineDM.h"
#include<math.h>
```

【说明】

(1) 文件包含命令中的文件名可以用尖括号括起来,也可以用双引号括起来。例如,以下写法都是允许的:

```
#include<stdio.h>
#include"stdio.h"
```

但这两种形式是有区别的：

使用尖括号时，系统到存放 C 库函数头文件的标准目录中寻找被包含的文件，该目录可由用户在设置环境时设置，而不在源文件目录查找，这称为标准方式。

使用双引号时，系统先在用户当前源文件目录中查找被包含的文件，若未找到，才到设置环境目录中查找（即再按尖括号的方式查找）。用户编程时可根据自己文件所在的目录选择哪种命令形式。

（2）用双引号括起来的文件包含命令还可以给出文件路径，如果被包含的文件指出了路径，编译时系统将只在所指定的文件夹中查找被包含的文件。

例如：

```
#include"d:\lib\max.c"
```

系统只在 d 盘的 lib 文件夹中查找 max.c 文件。

（3）一个 include 命令只能指定一个被包含文件，若有多个文件要包含，则需用多个 include 命令，如 Data_Define.h 文件中有两个文件包含命令。

（4）文件包含可以嵌套，即在被包含的文件中又可以包含其他文件。在图 8-2（b）中，File_2.c 文件也可以有文件包含命令。但要注意，在 File_2.c 中包含的文件，也同时被包含到 File_1.c 文件中。

例 8.5　应用海伦公式，通过输入三角形的三条边长，求三角形的面积。

（1）将预处理命令写到 yucl.h 文件，内容如下：

```
1  #include<stdio.h>
2  #include<math.h>
3  #define s(a,b,c) (((a)+(b)+(c)) * (0.5))
4  #define area(s,a,b,c) sqrt((s) * ((s)-(a)) * ((s)-(b)) * ((s)-(c)))
```

（2）将 yucl.h 包含到 LT8_5.cpp 文件中，内容如下：

```
01  #include"yucl.h"
02  int main(void)
03  {
04      double a,b,c,s1,area1;
05      printf("请输入三角形的三条边长:");
06      scanf("%f, %f, %f",&a, &b, &c);
07      if(a+b>c &&a+c>b &&b+c>a)
08      {
09          s1=s(a,b,c);
10          area1=area(s1,a,b,c);
11          printf("三角形的面积为%f\n",area1);
12      }
13      else
14          printf("不能构成三角形!\n");
15      return 0;
16  }
```

程序运行结果如下：

```
3,4,5↙
三角形的面积为 6.000000
```

通常将预处理命令写到一个头文件中,如例 8.5 中的 yucl.h 文件,然后在源文件中包含该头文件,如例 8.5 的 LT8_5.cpp 文件中第 1 行将 yucl.h 文件包含。在编写机器博弈程序中通常也这样,将程序中的宏定义、全局变量定义和函数声明等都存放到头文件中。

8.1.3 条件编译——防止机器博弈中重复包含

机器博弈程序的多个程序文件包含中,往往出现重复包含问题,解决方法是用条件编译命令。条件编译是指预处理器根据条件编译指令,有条件地选择源程序代码中的一部分代码作为输出,送给编译器进行编译,主要是为了选择性地执行相应操作,在机器博弈中有效防止宏被重复定义或文件被重复包含。在生活中也会遇到很多选择,要注意集体利益服从国家利益,个人利益服从集体利益,要大局为重。

条件编译中使用的预编译命令,如表 8-1 所示。

表 8-1 条件编译中使用的预编译命令

命 令	说 明
#if	编译预处理中的条件命令,相当于 C 语法中的 if 语句
#ifdef	判断某个宏是否被定义,若已定义,则执行随后的语句
#ifndef	与 #ifdef 相反,判断某个宏是否未被定义
#elif	若 #if, #ifdef, #ifndef 或前面的 #elif 条件不满足,则执行 #elif 之后的语句,相当于 C 语法中的 else-if
#else	与 #if, #ifdef, #ifndef 对应,若这些条件不满足,则执行 #else 之后的语句,相当于 C 语法中的 else
#endif	#if, #ifdef, #ifndef 这些条件命令的结束标志
#undef	取消已定义过的宏
defined	与 #if, #elif 配合使用,判断某个宏是否被定义

下面介绍条件编译命令最常见的 3 种形式。

1. #ifdef-#else-#endif

```
#ifdef 标识符
    程序段 1
#else
    程序段 2
#endif
```

它的功能是如果标识符已被宏定义过,则对程序段 1 进行编译,否则对程序段 2 进行编译,如果没有程序段 2,则 #else 可以没有,即

```
#ifdef 标识符
    程序段
#endif
```

例如：

```
#ifdef WINDOWS
     #define MYTYPE long
#else
     #define MYTYPE float
#endif
```

如果在 Windows 上编译程序,则可以在程序的开始加上 ♯define WINDOWS ,这样则编译下面的命令行:

```
#define MYTYPE long
```

2. ♯ ifndef-♯ else-♯ endif

```
#ifndef 标识符
     程序段 1
#else
     程序段 2
#endif
```

这与第一种形式的区别是将"ifdef"改为"ifndef"。功能刚好相反,如果标识符未被宏定义过,则对程序段 1 进行编译,否则对程序段 2 进行编译。

3. ♯ if-♯ else-♯ endif

```
#if   条件表达式
     程序段 1
#else
     程序段 2
#endif
```

它的功能是如条件表达式的值为真,则对程序段 1 进行编译,否则对程序段 2 进行编译,因此可以使程序在不同条件下完成不同的功能。

例 8.6 条件编译应用实例。

```
01  #include<stdio.h>
02  #define RESULT 1
03  int main(void)
04  {
05      #if RESULT
06          printf("It's True!\n");
07      #else
08          printf("It's False!\n");
09      #endif
10      return 0;
11  }
```

上述程序中第 2 行定义 RESULT 为 1,在 main 函数中使用 ♯if-♯else-♯endif 条件判断语句,如果 RESULT 为非 0 值,则输出 It's True!,否则输出 It's False!。本例的输出为 It's True!。

以上介绍的条件编译命令可用 if-else 语句实现。但是,用 if-else 语句将会对整个源程序进行编译,生成的目标代码程序较长,若采用条件编译的方式,则根据条件只编译其中的

某段程序,生成的目标代码较短。

【说明】

条件编译在编程中经常使用:

(1) 条件编译用来标识不同编译器的预置宏定义,来区分不同的编译环境,例如:

```
#if (_GNUC_)            //Dev(GNU GCC)
    gets();
#elif (_MSC_VER_)    //Microsoft Visual C/C++
    gets_s();
#endif
```

(2) 条件编译在机器博弈程序中经常用到,例如在不围棋程序中有如下代码:

```
#ifndef _TEST_SUN_SAU_
    #define _TEST_SUN_SAU_
#endif
#ifndef _DATA_DEFINE_H_
    #define _DATA_DEFINE_H_
…
#ifdef _TEST_SUN_SAU_
    const static char cscVersionMsg[] ="不围棋比赛程序";
#else
    const static char cscVersionMsg[] =" 2.4.3 版";
#endif
…
```

8.2 位运算

前面介绍的各种运算都是以字节作为基本单位进行的,但程序中的数据在计算机内存中都是以二进制的形式存储的。位运算就是直接对整数在内存中的二进制位进行操作。在系统软件和机器博弈中,常常需要处理二进制位数据的问题。

C 语言提供了 6 种位运算符,分别是按位与(&)、按位或(|)、按位异或(^)、按位取反(~)、左移(<<)、右移(>>),这些运算符只能用于整型运算数,参与运算数以补码形式表示。

1. 按位与运算符(&)

& 是双目运算符,运算规则是参与运算的两数各对应的二进位均为 1 时,结果位才为 1,否则为 0。

例 8.7 按位与运算符程序举例。

```
1   #include<stdio.h>
2   int main(void)
3   {
4       int a=3, b =5;
5       printf("%d\n",a&b);
6       return 0;
7   }
```

3&5 写成算式如下：

```
    00000011
 &  00000101
 ——————————
    00000001
```

可见，3&5 为 1。

按位与运算通常用来对某些位清零或保留某些位。例如，假设整型变量 a 占 2 字节存储空间，若使 a 的高 8 位清零，保留低 8 位，可作 a&255 运算(255 的二进制数为 0000000011111111)。

【说明】 & 和 && 的区别：

(1) 运算符性质不同，& 是一个位运算符，&& 是一个逻辑运算符。

(2) 作用不同，& 是将两个二进制的数逐位相与，结果是相与之后的值，&& 是判断两个表达式的真假性，只有两个表达式同时为真结果才为真，若有一个为假，则结果为假，具有短路性质。

(3) 用途限制，& 除是一个位运算符外，也是取地址符，&& 就是一个单纯的逻辑运算符，没有任何其他含义。

2. 按位或运算符 (|)

| 是双目运算符，运算规则是参与运算的两数各对应的二进位有一个为 1 时，结果就为 1。

例 8.8　按位或运算符程序举例。

```
1   #include<stdio.h>
2   int main(void)
3   {
4       int a=3, b =5;
5       printf("%d\n",a|b);
6        return 0;
7   }
```

3|5 写成算式如下：

```
    00000011
 |  00000101
 ——————————
    00000111
```

可见，3|5 为 7。

按位或运算通常用来对某些位定值为 1。例如，假设整型变量 a 占 2 字节存储空间，若使 a 的高 8 位不变，将低 8 位都设成 1，可作 a|255 运算。

3. 按位异或运算符 (^)

^ 是双目运算符，运算规则是参与运算的两数各对应的二进位值相同则结果为 0，相异则为 1。

例 8.9　按位异或运算符程序举例。

```
1   #include<stdio.h>
2   int main(void)
3   {
4       int a=3, b =5;
```

```
5       printf("%d\n",a^b);
6       return 0;
7   }
```

3^5 写成算式如下：

```
    00000011
  ^ 00000101
 ──────────────
    00000110
```

可见,3^5 为 6。

按位异或运算的主要应用是：若想使特定位翻转,就使二进制位与 1 进行异或运算;若想保留原值,就使二进制位与 0 进行异或运算。例如,假设整型变量 a 占 2 字节的存储空间,若使 a 的高 8 位不变,将低 8 位翻转,则可作 a^255 运算。

4. 按位取反运算符（~）

~为单目运算符,具有右结合性,运算规则是将参与运算的数的各二进位上的 1 变为 0,0 变为 1。

例如,3 的按位取反运算为

~00000011 的结果为 11111100

5. 左移运算符（<<）

<<是双目运算符,运算规则是把左移运算符左边的数的各二进位全部左移若干位,由左移运算符右边的数指定移动的位数,高位丢弃,低位补 0,左移一位相当于乘以 2。

例如：

```
int a=3;
a<<4;
```

把 a 的各二进位向左移动 4 位。如 a 的二进制数为 00000011（十进制数为 3）,左移 4 位后为 00110000（十进制数为 48）,相当于乘以 2^4。

6. 右移运算符（>>）

>>是双目运算符,运算规则是把右移运算符左边的运算数的各二进位全部右移若干位,右移运算符右边的数指定移动的位数,低位丢弃,右移一位相当于除以 2。

例如：

```
设 int  a=15;
    a>>2;
```

把 a 的各二进位向右移动 2 位。如 a 的二进制数为 00001111,右移后为 00000011（十进制数为 3）。

应该说明的是,对于有符号数,右移时,符号位将随同移动。当为正数时,最高位补 0;为负数时,符号位为 1,最高位是补 0 还是补 1 取决于编译系统的规定。

例 8.10　将一个整数 a 循环右移 m 位。

【分析】　先将整数 a 的低 m 位放到变量 b 中保存起来,然后再与移动后的 a 进行按位或运算。

扫一扫

```
01   #include<stdio.h>
02   int main(void)
03   {
04       unsigned int a,b,c;
05       int m;
06       scanf("%u%d",&a,&m);
07       b=a<<(sizeof(a) * 8-m);
08       c=a>>m;
09       a=b|c;
10       printf("a=%x",a);
11       return 0;
12   }
```

程序运行结果如下：

```
15 10↙
a=3c00000
```

7. 位运算复合赋值运算符

位运算符与赋值运算符可以组成复合赋值运算符，如 & =、| =、^=、>>=、<<=。
例如：

```
a & =b 相当于 a = a & b
a <<=2 相当于 a = a <<2
```

8. 位运算的基本应用

例 8.11　判断整型变量是奇数还是偶数。

【分析】　判断一个整数是奇数还是偶数，就是判断这个数二进制的最后一位是 1 还是 0，若二进制数的最后一位是 0，就是偶数；若二进制数的最后一位是 1，就是奇数。

```
01   #include<stdio.h>
02   int main(void)
03   {
04       int a,b;
05       scanf("%d",&a);
06       b=a&1;
07       if(b==0)   //判断 a 二进制位的最低位是 1 还是 0,0 为偶数,1 为奇数
08           printf("a 是偶数!\n");
09       else
10           printf("a 是奇数!\n");
11       return 0;
12   }
```

程序运行结果如下：

```
5↙
a 是奇数!
```

例 8.11 程序的第 6 行，用 a 和 1 的按位与运算来判断奇偶性，也可用这个数和 2 相除的余数来判断，此时第 6 行可改为 b=a%2;。

例 8.12　一个整数与另一个整数按位异或两次，则这个数值不变。

```
1    #include<stdio.h>
2    int main(void)
3    {
4        int a=3,b=5;
5        a=a^b;
6        a=a^b;
7        printf("a=%d ",a);
8        return 0;
9    }
```

程序的输出结果为：a＝3，a 的值不变。例 8.12 按位异或运算在机器博弈中经常用到，如例 8.13 和例 8.16。

例 8.13　一个整数与另一整数异或三次，则这两个数交换。

```
01    #include<stdio.h>
02    int main(void)
03    {
04        int a=3,b=5;
05        a=a^b;
06        b=b^a;
07        a=a^b;
08        printf("a=%d,b=%d",a,b);
09        return 0;
10    }
```

程序的输出结果为：a＝5，b＝3，a 和 b 的值交换了。例 4.4 交换两个数的值，是通过 3 条赋值语句实现的，这个程序通过位运算实现了交换两个数的值。

例 8.14　求两个整数(32 位)二进制中对应位(bit)值不同的个数。

【分析】　对两个数进行按位异或运算，仅有对应位相异才为 1，相同为 0，然后，若需要计算异或后二进制结果中 1 的个数，可以通过和 1 的按位与运算和按位右移运算实现。

```
01    #include<stdio.h>
02    int main(void)
03    {
04        int x,y,z=0,num=0,i;
05        scanf("%d%d",&x,&y);
06        z=x^y;
07        for(i=1; i<=32; i++)
08        {
09            if (z & 1 ==1)
10                num++;
11            z=z>>1;
12        }
13        printf("%d",num);
14        return 0;
15    }
```

程序运行结果如下：

```
99   100↙
3
```

例 8.15 使用位运算求两个数的平均值。

【分析】 将两个数进行按位与和按位异或之后右移一位的结果相加,就是两个数的平均值。将两个数进行按位与后得到对应位上的相同数,这就相当于两个相同数求平均值一样,两个相同数的平均值就是本身,3 和 3 的平均值就是 3,对应位同为 0 或者为 1,平均值都是本身;将两个数进行按位异或后得到对应位上的不同数,若一个数某一个位为 1,对应的另一个数的那个位为 0,或者倒过来,再右移一位相当于不同位上的数加起来除以 2。

```
1    #include<stdio.h>
2    int main(void)
3    {
4        int a,b,c=0;
5        scanf("%d%d",&a,&b);
6        c=(a&b)+((a^b)>>1);
7        print f("c=%d",c);
8        return 0;
9    }
```

程序运行结果如下:

```
14  6↙
c=10
```

9. 机器博弈中的位运算举例

```
#define  _MARK_KEY_        8        //00001000
#define  _POINT_KEY_       4        //00000100
#define  _TYPE_KEY_        7        //00000111
#define  _COLOR_KEY_       3        //00000011
#define  _NOMARK_KEY_      15       //00001111
#define  _MOVE_MARK_       16       //00010000
#define TR_DEVECTOR(X_)    (((X_)+2)&3)            //取反向位置
#define TR_BIT(BIT_)       (15<<(4*(BIT_)))        //取指定位置的模
#define TR_DEBIT(BIT_)     (~TR_BIT(BIT_))         //取指定位置的空模
#define TR_BIT5(BIT_)      (31<<(5*(BIT_)))        //取指定位置的模
#define TR_DEBIT5(BIT_)    (~TR_BIT5(BIT_))        //取指定位置的空模
```

8.3 机器博弈中的 Zobrist 哈希技术

在机器博弈程序中,无论是 Alpha-Beta 剪枝,还是蒙特卡洛树搜索,为了提高效率,都要用到基于哈希值的置换表技术。Zobrist 是于 1970 年提出的一种快速求哈希值的方法,即一种非常有效的将棋局映射为一个独特的哈希值,在各种棋类程序中将棋局用 Zobrist 哈希值保存起来以备后续使用。对于任何一个不同的局面,其使用 Zobrist 所算出的哈希值是完全不同的。

为了得到一个独一无二的哈希值,在游戏开始时,为所有可能的棋子和棋子位置的组合设定一个随机数,一般设定为 32 位或 64 位随机数,很多时候为了校验,还会再设定一个 64 位的随机数。

例如，15×15 的五子棋，忽略空点，一共有 2×15×15 个可能的棋子和棋子位置的组合，所以设定两个二维数组 Z_B[15][15] 和 Z_W[15][15] 分别表示黑白棋子和其位置，并将这两个数组中填满 32 位随机数，这些数值应当尽量散列，以降低冲突发生的概率。这样，每个棋盘数据经过某种运算都映射到一个 32 位数上面，即哈希值，通常一个棋局的哈希值是将这个棋局上所有棋子及其位置的随机数按位进行异或运算后的结果值。例 8.16 程序是将图 8-3 的五子棋盘数据经过按位异或运算映射到 big_rand 变量里的 32 位整数上面，如果随后还有落子，则可继续对 big_rand 进行按位异或运算，这样就得到了落子后的新局面的哈希值。

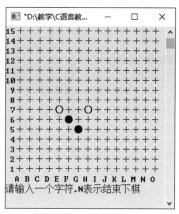

图 8-3　一个五子棋棋局

例 8.16　用 Zobrist 哈希技术对图 8-3 的五子棋棋局进行按位异或运算并映射到 32 位哈希值。

```
01  #include<stdio.h>
02  #include<stdlib.h>
03  #include<time.h>
04  #define EMPTY 0   //未落子,无子
05  #define BLACK 1   //黑子
06  #define WHITE 2   //白子
07  long rand32()      //生成 32 位随机数
08  {
09      return (long)rand()^((long)rand()<<15)^((long)rand()<<30);
10  }
11  int main(void)
12  {
13      srand((unsigned int)time(NULL));
14      int board_pos[15][15];
15      long Z_B[15][15],Z_W[15][15],big_rand;
16      int i,j;
17      for(i=0;i<15;i++)
18          for(j=0;j<15;j++)
19          {
20              Z_B[i][j]=rand32();
21              Z_W[i][j]=rand32();
22          }
23      big_rand=rand32();
24      board_pos[9][5]=BLACK;
25      board_pos[10][6]=BLACK;
26      board_pos[8][4]=WHITE;
27      board_pos[8][7]=WHITE;
28      big_rand=big_rand^Z_B[9][5]^Z_B[10][6]; //棋盘黑子
29      big_rand=big_rand^Z_W[8][4]^Z_W[8][7];  //棋盘白子
30      printf("图 8-3 棋局哈希值为:%ld",big_rand);
31      return 0;
32  }
```

8.4 小结

(1) 预处理是 C 语言特有的功能，它是由预处理程序在对源程序正式编译前完成的。常用的预处理命令有宏定义、文件包含和条件编译。

(2) 宏定义是用一个标识符表示一个字符串。宏定义可以带有参数，带参数的宏调用时是以实参代替形参，而这与函数调用时的参数传递不同。

(3) 文件包含是预处理的一个重要功能，它可把多个文件连接成一个源文件进行编译。

(4) 条件编译是指根据条件判断哪部分代码参与源程序的编译，使生成的目标程序较短，从而减少内存的开销，并提高程序的效率。

(5) 位运算是 C 语言的一种特殊运算，它是以二进制位为单位进行运算的。位运算符有 6 种，它可以与赋值运算符一起组成复合赋值运算符，如 $\&=$、$|=$ 等。

预编译和位运算在机器博弈中用得非常多，合理使用预处理命令和位运算可提高博弈程序的执行效率，减少程序的运行时间和内存空间的开销。

8.5 习题

1. 以下程序的输出结果是_____。

```c
#include<stdio.h>
#define fun(x) x*x
int main(void)
{
    int x=6,y=2,z;
    z=fun(x)/fun(y);
    printf("%d",z);
    return 0;
}
```

A. 18   B. 9   C. 6   D. 36

2. 以下程序执行后的输出结果是_____。

```c
#include<stdio.h>
#define MA(s) s*(s-1)
int main(void)
{
    int a=1,b=2;
    printf("%d\n",MA(1+a+b));
    return 0;
}
```

A. 6   B. 8   C. 10   D. 12

3. 以下叙述不正确的是_____。

A. a|=b 等价于 a＝a|b   B. a^=b 等价于 a＝a^b

C. a!＝b 等价于 a＝a!b　　　　　　　　D. a&＝b 等价于 a＝a&b

4. 执行下面程序后,area 的值为_____。

```c
#include<stdio.h>
#define  PI 3.141
#define S(r)  PI*r*r
int main(void)
{
    float a,b,area;
    a=10;b=4;
    area=S(a+b);
    printf("%.2f\n",area);
    return 0;
}
```

5. 输入一个无符号整数(32 位二进制数),将其循环左移若干位。

6. 输入两个整数,求它们二进制(32 位)中对应位(bit)值相同的个数。

8.6 扩展阅读——Alpha-Beta 剪枝

教材提供的井字棋博弈程序,其核心模块是递归函数 maxsearch 和 minsearch,极大极小值搜索算法正是由这两个函数实现的。

这两个函数的功能类似,即都是以穷举的方式扫描棋盘,对所有的空点进行估值,只不过 maxsearch 函数向其主调返回这些估值中的最大值,而 minsearch 函数向其主调返回这些估值中的最小值。

maxsearch 函数和 minsearch 函数的递归调用过程,就是动态构造博弈树的过程(参见图 7-14)。程序在选择着法时,所构造的博弈树规模越小(博弈树的节点越少),表示程序耗时越少;相反,博弈树规模越大(博弈树的节点越多),表示程序耗时越多。

在博弈程序中,在保证同样能够搜索到最佳着法的前提下,通过减小博弈树的规模来提高程序执行效率的方法,称为剪枝(pruning)。

针对极大极小值算法的剪枝算法,被称为"Alpha-Beta 剪枝"算法。

Alpha 和 Beta 是对最佳着法估值的取值区间,Alpha 表示该区间的最小值(下限),Beta 表示该区间的最大值(上限),所以该区间也可以表示为[Alpha, Beta]的形式。

Alpha 和 Beta 所表示的区间一般被初始化为[−∞,＋∞],在博弈树的展开过程中,这个区间不断收敛。当所有空点都评估完毕后,这个区间就确定了,博弈程序最终会采用区间上限所对应的着法。

在一定条件下,博弈树的某些分支是不必完全展开的。如果能够及时发现没有用处的分支,就可以停止分支的继续伸展,这样就起到了剪枝的作用。

由于博弈树的展开过程就是递归函数的执行过程,因此所谓的"剪枝"操作,就是在递归函数中执行 return 语句,结束当前函数的执行,使得当前函数不可能继续调用其他的递归函数。

例如,图 7-14(b)是井字棋博弈程序在图 7-14(a)局面下所展开的博弈树。

在图 7-14(b)中,B 节点存储的是 E 和 F 之间的较小值;如果 E 节点先于 F 节点构造和评估,那么 B 将先得到 E 返回的 −100(是负无穷);显然,即使构造和评估 F 节点,也不可能得到比 −100 更小的值,所以,B 的除 E 外的其他子节点是不需要展开的,即可以实施剪枝。

井字棋博弈程序 ver3 版比 ver2 版增加了 Alpha-Beta 剪枝的功能,并能够显示博弈树的节点数量。为了更好地理解 Alpha-Beta 剪枝,下面以井字棋博弈程序 ver3 版为例进行说明。

下面分 3 种情况分别运行 ver3 版程序,比较 3 种情况的输出。每种情况的源码略有不同,剪枝的效果也不同。

情况 1:

下载井字棋博弈程序 ver3 版,将 minsearch 函数中的"if(value<beta) return beta;"语句注释掉,然后将 maxsearch 函数中的"if(value>alpha) return alpha;"语句注释掉。

以命令行"jing person"的形式运行井字棋博弈程序,将反方设置为执黑先行(命令行的使用方式参见 9.8.1 节);然后输入坐标 3C,按回车键。

机方立即搜索最佳着法并在 2B 点落子(参见图 8-4(a)),界面显示博弈树有 18512 个节点。这是无剪枝的情况。

情况 2:

恢复 maxsearch 函数中的"if(value>alpha) return alpha;"语句,重新以命令行"jing person"的形式运行程序,设置反方执黑,且同样在 3C 落黑子,机方也会照样在 2B 点落子,但博弈树只有 9615 个节点(参见图 8-4(b))。这是仅在 minsearch 函数中实现剪枝的情况。

情况 3:

恢复 minsearch 函数中的"if(value<beta) return beta;"语句,同样重复接下来的几个操作,则会发现博弈树的节点数量更少,仅为 7069 个(参见图 8-4(c))。这是在 minsearch 函数和 maxsearch 函数中都实现剪枝的情况。

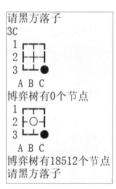
(a) 无剪枝

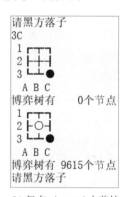
(b) 仅在 minsearch 中剪枝

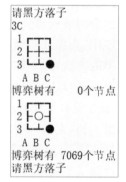
(c) minsearch 和 maxsearch 都剪枝

图 8-4 3 种剪枝效果的对比

通过上面 3 种情况的比对,可见剪枝的意义很大。

当然,由于井字棋棋盘很小,搜索算法是否实现剪枝,有时我们很难直观体会到,但对于其他棋种,例如五子棋或六子棋,其效果就很明显了。

第9章　指　针

指针(pointer)是 C 语言中广泛使用的一种数据类型,是 C 语言最主要的特色之一,它极大地丰富了 C 语言的功能。

利用指针可以方便地表示各种数据结构,能够精确地对内存进行动态管理,从而能编出精练而高效的程序。在用 C 语言编写的博弈程序中,指针往往起着重要的作用。

正确理解和使用指针是掌握 C 语言的一个标志。

9.1　指针的基本概念

9.1.1　指针在博弈程序中的作用

由于通过使用指针能够灵活高效地使用内存,所以指针在程序中的作用具有两面性:如果正确使用,则能够提高程序的执行效率;如果使用不当,则对程序起到破坏作用。

由于博弈程序一般具有竞技的性质,C 语言程序的执行效率又较高,所以博弈程序或者其中的某些关键模块往往采用 C 语言编写,而指针在其中也有广泛的应用。

概括起来,指针主要有以下几方面的作用。

1. 实现不同模块之间的数据共享

这种现象,是指在主调函数中定义的数据,可以与被调函数共享,实现的手段是向被调函数传递数据的首地址,即传递指针(必要时还同步传递其他辅助数据)。

数据共享,避免了数据不必要的复制操作,提升了程序的执行效率。数据量越大,提升的效果越明显。

第 7 章中的例 7.2 就是主调函数(main)和被调函数(aver)共享一维数组的例子。由于数组名是数组的首地址,也是数组的指针,所以"数组名作为函数的参数"的实质是"指针作为函数的参数"。

在第 7 章介绍的井字棋人机博弈程序中,gamestate 函数在不同的递归深度中,访问了同一个数组 board,也是借助指针实现的数据共享。

关于指针作为函数参数的用法,参见 9.2.3 节;关于指针与数组的关系,参见 9.3 节。

2. 动态管理内存

动态管理内存指程序在运行时,可以根据程序的实时需要,向系统申请一定规模的内存用于存储数据,并在用后释放这些内存的一种操作。

动态管理内存的意义是,能够使程序按照需要使用内存,增强程序的功能,避免内存的浪费。

与此形成鲜明对比的是数组很难精准地使用内存,常存在内存空间浪费现象。

数组占用内存的规模取决于数组的定义,数组的定义语句执行完毕后,其占用的内存空间规模就固定下来了,既不能扩张,也不能收缩。如果数据的规模是变化的,则数组的长度就不易确定;如果数组的长度过短,就会有部分数据无法存储;如果数组的长度过长,则浪费存储空间。

而指针的动态内存管理能力,可以克服数组的这些固有弱点。

在 9.8.2 节中,将通过生成一个大小可变棋盘的例子,展示借助指针实现动态内存管理的主要步骤。

3. 表达复杂的数据结构

用指针可以描述比较复杂的数据结构,例如链表、树等。图 9-1 是链表和树结构示意图。

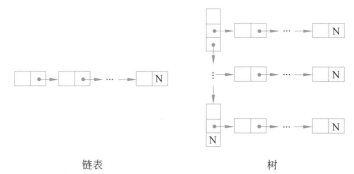

链表　　　　　　　　　　　　树

图 9-1　链表和树结构示意图(N 表示 NULL)

在图 9-1 中,每个节点中包含数据和指针两方面的信息,其中数据是结构存储的主体内容,指针是结构存储的辅助内容。通过指针,可以把各个节点联系起来,构成一个有逻辑关系的数据集合。

关于链表的详细说明,参见第 10 章;关于树的概念,参阅课外读物。

9.1.2　变量的地址

程序一旦被执行,程序中的指令、常量和变量等都要存放在计算机的内存中。计算机的内存是以字节为单位的一片连续的存储空间,系统会自动为每个字节进行编号,这个编号称为内存的地址(address)。由于内存的存储空间是连续的,所以地址编号也是连续的。

由于地址与字节一一对应,是内存单元的唯一标志,因此根据地址就可以访问相应的字节或者内存单元。

这种以字节为单位的地址,被称为指针。

一般地,指针、地址和地址编号都表示相近的意思。

不过,地址和指针二者的含义略有区别。地址只是强调地址编号客观存在,并不包括其他含义;指针则不仅表示了地址编号,还表示了地址的性质,以及可以参与的运算。

【注意】 内存单元的地址和它里面存放的内容是不同的,两者的关系类似于一个房间与其悬挂的门牌号之间的关系。

变量的地址是用取地址运算符 & 后接变量名表达的。

例如,如果在程序中定义了一个变量 m,系统会根据 m 的数据类型给它分配一定大小的内存空间。假设 m 占用 4 字节的空间,那么与 m 有关的指针有 4 个,其中最重要的指针是 m 的第 1 字节的指针,用表达式 &m 表示。这个指针被称为"m 的地址",也被称为"m 的指针"。

另外,如果在程序中定义了数组(包括多维数组),则数组名称就是数组占用内存空间的地址,也是数组第一个元素的地址。

例 9.1 运行下列程序,输出变量的指针和数组元素的指针,以验证指针(地址)的概念。

```
01  #include<stdio.h>
02  int main(void)
03  {
04      char a;
05      float b;
06      int c[3]={98,99,100};
07      printf("a 的地址是%x\n",&a);
08      printf("b 的地址是%x\n",&b);
09      printf("c[0]的地址是%x\n",&c[0]);
10      printf("c[1]的地址是%x\n",&c[1]);
11      return 0;
12  }
```

程序运行结果如下:

a 的地址是 1cfb7b
b 的地址是 1cfb6c
c[0]的地址是 1cfb58
c[1]的地址是 1cfb5c

【说明】

(1) 输出指针时,习惯上采用格式控制符%x,以实现十六进制形式的输出;虽然也可以采用格式控制符%d 实现十进制形式的输出,但这种形式不常见。

(2) 从输出结果可见,c[1]的地址比 c[0]的地址大 4(即 int 类型的字节数),这是因为数组在内存中占用连续的存储空间,各个元素连续排列;依据这样的规律,可以推算出 c[2]的地址,即 c[2]的地址比 c[1]的地址大 4,为 1cfb60;相比较而言,变量 a 和 b 的地址,就没有这样的规律性。

(3) 每次运行程序所输出的地址往往是不同的,这是因为每次运行时,操作系统分配给

程序的内存空间的位置往往是不同的。例如,第2次运行本例,可能得到如下的输出:

```
a 的地址是 1bf81f
b 的地址是 1bf810
c[0]的地址是 1bf7fc
c[1]的地址是 1bf800
```

除采用输出的方法验证指针外,还可以在 IDE 的调试模式下,在监视窗口中观察到变量以及数组各元素的指针。

扫一扫

9.1.3　指针变量的概念

指针是地址编号,是一种特殊的整数,是可以用某种变量存储的。

存储指针的变量称为指针变量。

例如,在下面程序段中,

```
int c=5;
int * p;
p=&c;
```

c 和 p 都是变量,其中,c 是整型变量,存放的整数是 5;p 是指针变量,存放的是 c 的指针。c 和 p 的关系,参见图 9-2(假设 c 的指针值为 020A)。

图 9-2　指针与变量的关系

指针变量和普通变量一样,也占用一定的存储空间,也具有值和类型等基本属性。

当把某个地址赋予指针变量时,则称指针变量指向了与该地址相对应的内存区域,这样就可以通过指针变量访问内存区域中的数据了。

图 9-2 中,由于 p 存储了 c 的指针,因此简称为"p 指向了 c"。

图 9-2 中,指向变量 c 的虚线其实并不存在,这里是用这个虚线表示"可以依据变量 p 间接访问变量 c"的一种运算关系。例如,如果执行 printf("%d", * p);语句,则输出的是 c 的值,这是通过表达式 * p 实现对 c 的间接访问;如果执行 printf("%d",c);语句,同样输出了 c 的值,这是对 c 的直接访问。

一般地,把以指针形式访问内存的方式,称为间接访问;把以变量名形式访问内存的方式,称为直接访问。

9.2　指针变量的定义与引用

9.2.1　指针变量的定义与赋值

定义指针变量的一般形式如下:

類型说明符　＊变量名；

其中,＊是修饰符,表示所定义的变量是指针变量;类型说明符表示该指针变量可以存储什么类型变量的地址。

例如,语句

```
int * p;
```

定义了一个 int 型指针变量 p,表示 p 可用于存储某个 int 型变量的指针(即可以令 p 指向某个 int 型变量)。

定义指针变量后,必须对其赋值,使其指向程序中已经存在的对象,然后才能正常使用该指针变量;相反,使用未经赋值的指针变量(俗称"野指针"),程序在运行时容易出现系统崩溃等不良现象。

例 9.2　运行下列程序,根据输出结果,认识指针变量的基本属性。

```
01   #include<stdio.h>
02   int main(void)
03   {
04       char a; int b; double c;
05       char * pa=&a;
06       int * pb;
07       double * pc;
08       float * pd;
09       short * pe=NULL;
10       pb=&b;
11       pc=&c;
12       pd=(float * )&b;
13       printf("pa 占用%d 字节,值为%x\n",sizeof(pa),pa);
14       printf("pb 占用%d 字节,值为%x\n",sizeof(pb),pb);
15       printf("pc 占用%d 字节,值为%x\n",sizeof(pc),pc);
16       printf("pd 占用%d 字节,值为%x\n",sizeof(pd),pd);
17       printf("pe 占用%d 字节,值为%x\n",sizeof(pe),pe);
18       return 0;
19   }
```

程序运行结果如下:

```
pa 占用 4 字节,值为 4ff9ef
pb 占用 4 字节,值为 4ff9e0
pc 占用 4 字节,值为 4ff9d0
pd 占用 4 字节,值为 4ff9e0
pe 占用 4 字节,值为 0
```

【说明】

(1) 从输出结果可见,各种指针变量都占用 4 字节,表明这些指针变量虽然类型各异,但都可以访问相同规模的内存空间。

(2) 指针变量既可以赋值,也可以初始化。例如,第 5 行和第 9 行是初始化语句,第 10 ～12 行是赋值语句。另外,NULL 是系统预定义的一种"符号常量",其值为 0,表示"空指针"的意思。

(3) 如果希望指针变量指向不同类型的变量,则需要进行强制类型转换。例如,第 12

行的赋值语句具有强制类型转换功能。这是因为 pd 为 float 型，b 为 int 型，二者类型不同，必须经过强制类型转换才可以赋值。类型转换之后，指针就可以按照自己的类型访问所指向的空间了。

9.2.2　指针变量的引用

通过指针运算，表达出指针所指向的对象，称为指针的引用。

引用指针的一般形式如下：

＊指针表达式

这个一般形式是一种表达式，表达了指针所指向的对象。

其中，"＊"是指针运算符（又称取内容运算符、间接访问运算符、解引用运算符），为单目运算符；后接的是"指针表达式"，表达了一个指针，可以是指针常量，也可以是指针变量。

这个一般形式所表达的对象，可以按照如下规则唯一确定：该对象的类型与"指针表达式"的类型相同，该对象占用空间的起始位置是"指针表达式"的值所指示的位置。

例如，在下面的程序段中：

```
int c=5;
int * p;
p=&c;
printf("%d", * p);
```

printf 语句中的 ＊p 表达的是变量 c，所以这个 printf 语句的功能是输出变量 c 的值。
＊p 所表达的对象可以按照如下步骤唯一确定：首先，由于 p 的类型是 int 型，所以 ＊p 表达的是 int 型变量；然后，由于 p 存储的是 c 的地址，则 ＊p 与 c 具有相同的起始位置；又由于 ＊p 和 c 占用相同大小的空间（都是 4 字节），所以，＊p 与 c 完全重合，＊p 表达的对象就是 c。

【注意】　在定义指针变量的语句中，＊是修饰符，表示所定义的变量是指针类型，例如 int ＊p;语句中的 ＊；而在表达式中出现的 ＊ 则是一个运算符，与其后面的指针表达式相运算，表达了指针变量所指向的对象，例如 printf("%d", ＊p);语句中的 ＊ 是指针运算符。为了便于理解，可以把指针修饰符看作自然语言中的形容词，把指针运算符看作自然语言中的动词。

例 9.3　输入任意两个整数，降序输出这两个数。（要求，用指针变量访问这两个整数）

【分析】　为便于描述，可假设两个整数分别存储在变量 a 和 b 中。如果不要求使用指针，就可以用直接访问的方式，实现 a 和 b 值的交换；但题目要求使用指针变量，那么只能用间接访问的方式，实现 a 和 b 值的交换。所以，此例需要定义两个指针变量，分别指向 a 和 b，然后通过指针变量操作 a 和 b。

源程序如下：

```
01    #include<stdio.h>
02    int main(void)
03    {
04        int * p1, * p2;        //定义2个指向整型变量的指针变量
05        int a,b,t;
06        p1=&a;                //令 p1 指向 a
```

```
07        p2=&b;//令 p2 指向 b
08        scanf("%d,%d",&a,&b);
09        if(a<b)
10        {
11            t= * p1;
12            * p1= * p2;
13            * p2=t;
14        }
15        printf("%d,%d",a, b);
16        return 0;
17    }
```

程序运行结果如下：

5,6↙
6,5

【说明】　程序的第 11～13 行,是用指针的方式(间接访问)交换 a 和 b 值。

【思考】　在同样满足题目要求的前提下,对于例 9.3 给出的源程序,还可以进行几种等效的修改?

9.2.3　指针变量作为函数参数

函数的参数不仅可以是整型、实型、字符型等类型,还可以是指针类型,其作用是将一个变量(或对象)的地址传送到另一个函数中。

指针作为函数参数的意义在于,被调函数可以通过指针运算,访问本属于主调函数中的对象,从而和主调函数一样具有对该对象的读写权限。这种现象一般称为"主调函数和被调函数共享数据"。

例 9.4　改写例 9.3 的程序,将两个整型变量值的互换功能封装为一个函数(函数名为 swap)来实现。

源程序如下：

```
01  #include<stdio.h>
02  void swap(int * x,int * y)
03  {//swap 的功能是交换两个形参所指向的变量的值
04      int temp;
05      temp= * x;
06      * x= * y;
07      * y=temp;
08  }
09  int main(void)
10  {
11      int * p1, * p2;          //定义 2 个指向整型变量的指针变量
12      int a,b,t;
13      p1=&a;                   //令 p1 指向 a
14      p2=&b;                   //令 p2 指向 b
15      scanf("%d,%d",&a,&b);
16      if(a<b)
17          swap(p1,p2);
```

```
18      printf("%d,%d",a, b);
19      return 0;
20   }
```

程序运行结果如下：

5,9↙
9,5

【说明】 在本例中，main 函数将 a 和 b 的指针传递给 swap 函数后，main 函数和 swap 函数就共享了 a 和 b，swap 函数就具有了读写 a 和 b 的权限。

调用 swap 函数时，实参 p1 和 p2 的值分别复制至形参 x 和 y，使得 x 指向了 a，y 指向了 b。

执行 swap 函数体时，表达式 * x 表达的对象就是 main 函数中的 a，表达式 * y 表达的对象就是 main 函数中的 b，因此 swap 函数实现了 main 函数中 a 和 b 值的互换。

swap 函数调用结束后，x 和 y 不复存在（已被释放），但是 main 函数中的 a 和 b 的值已经完成互换。

【思考】 如果将 swap 函数的头部由"void swap(int * x,int * y)"修改为"void swap (int x,int y)"，swap 函数能否实现交换 main 函数中的 a 和 b 值？

9.3　指针与数组

因为数组名代表数组占用连续内存空间的地址，依据数组名很容易表达出各个数组元素的指针，所以数组和指针之间的关系非常密切。

访问数组元素时，不但可以采用下标法，也可以采用指针法。两种方法的区别是，前者使用下标运算符"[ ]"，后者使用指针运算符"*"。

采用指针法访问数组元素时，首先要定义适当类型的指针变量，并令其指向数组的第一个元素，然后就可以随着指针的移动访问数组的所有元素了。这个指向数组第一个元素的指针，也可以称为"指向数组的指针"，此时强调的是这个指针所指向的位置，并不强调这个指针的类型。这种指针在移动时，步长为元素空间大小。

需要注意的是，9.3.4 节介绍的"指向数组的指针"，是具有明确类型的指针。这种指针在移动时，步长为数组空间大小。

9.3.1　通过指针访问数组元素

扫一扫

下面通过例子展示下标法和指针法的实际运用。

例 9.5　用多种方式输出一维数组元素的值。

源程序如下：

```
01   #include<stdio.h>
02   int main(void)
03   {
```

```
04      int a[4]={0,1,2,3},i,*p,*q;
05      q=p=a;
06      for(i=0;i<4;i++)
07      {
08          printf("a[%d]=%d\t",i,a[i]);      //下标法
09          printf("a[%d]=%d\t",i,*(a+i));    //指针法
10          printf("a[%d]=%d\t",i,p[i]);      //下标法
11          printf("a[%d]=%d\t",i,*(p+i));    //指针法
12          printf("a[%d]=%d\n",i,*q++);      //指针法
13      }
14      return 0;
15  }
```

程序运行结果如下：

```
a[0]=0  a[0]=0  a[0]=0  a[0]=0  a[0]=0
a[1]=1  a[1]=1  a[1]=1  a[1]=1  a[1]=1
a[2]=2  a[2]=2  a[2]=2  a[2]=2  a[2]=2
a[3]=3  a[3]=3  a[3]=3  a[3]=3  a[3]=3
```

从运行结果可见，对于同一个数组元素，至少可以用 5 种方式表示。

总之，引用数组元素的方法分为下标法和指针法两大类，而每种方法中又可以细化为多种方法，使用时可以根据需要做出选择。

另外，下标法和指针法是相对应且等效的两种方法。例如，在例 9.5 中，a[i]和 *(a+i) 表达的是同一个元素。

一般地，当 a 是数组名时（或者指针变量时），不论 a 是几维数组，a[i]和 *(a+i)总是等效的，即两种写法表达的是同一个对象。

9.3.2　指针变量所支持的运算

指针变量支持加运算、减运算、自增运算、自减运算、关系运算、逻辑运算。下面分别介绍这些运算，叙述中引用的标识符均指例 9.5 源程序中所定义的标识符。

（1）加运算。表达式的一般形式为"指针表达式＋整型表达式"。其中的指针表达式可以是变量，也可以是常量，例如 a+2 和 p+2；其中的整型表达式，表示指针移动的方向和次数；若整型表达式的值为正，则指针向高地址存储区移动，否则指针向低地址存储区移动；每次移动的步长与指针的类型一致。

例如，假设 a 的值为 3000（指针值），则表达式 a+2 的值为 3008，求解过程可以这样理解：其中的 2，表示指针移动 2 次；由于 a 是用 int 定义的，所以指针每次移动的步长为 int 型字节数，即步长为 4；所以 a+2 相当于 3000＋2×4；因此，表达式 a+2 的值为 3008，类型为 int 型指针。p+2 与 a+2 是等效的，因为这两个算术表达式的值相同，类型也相同。

（2）减运算。表达式可以是"指针表达式－整型表达式"的形式，这种运算可以看作加运算，因此不再重复说明。

减运算的另外一种形式是"指针表达式－指针表达式"。这种形式一般用于计算两个指针之间所间隔的数组元素的个数。这样的写法有先决条件：这两个指针分别指向同一数组的不同元素，且被减数指向高地址区元素，减数指向低地址区元素。如果不满足这样的先决

条件,这种表达式就没有实际意义。

例如,表达式 &a[3]—p 的值为 3,表示两个指针间隔了 3 个元素;表达式 p—&a[3]没有意义。

(3) 自增运算和自减运算。

自增运算符"++"既可以作为指针变量的前缀,也可以作为后缀。

例如,表达式 q++,表达了当前元素的指针,而且自动执行 q=q+1 的赋值操作,使得 q 指向了下一个元素。

【注意】 a++ 或者 ++a 的写法是非法的,因为自增运算只适用于变量,不适用于常量。例 9.5 中的 a 是数组名称,属于指针常量,而不是指针变量。

自减运算与自增运算类似,在此不进行重复说明。

【思考】 将例 9.5 第 12 行中的 *q++ 修改为 *++q,重新运行程序,输出结果有何不同?

(4) 关系运算。

指针和指针之间可以进行关系运算。

例 9.6 利用指针变量的关系运算,输出数组元素。

源程序如下:

```
1    #include<stdio.h>
2    int main(void)
3    {
4        int a[4]={0,1,2,3},i,* q;
5        q=a;
6        for(i=0;q<a+4;q++,i++)
7            printf("a[%d]=%d\n",i, * q);
8        return 0;
9    }
```

程序运行结果如下:

```
a[0]=0
a[1]=1
a[2]=2
a[3]=3
```

在例 9.6 源程序的第 6 行中,把 q<a+4 作为循环条件表达式,就是对指针的关系运算。

由于指针的逻辑运算并不常用,所以这里就不说明了。

9.3.3 数组名作函数参数

数组名代表数组占用内存的地址,所以,数组名作为函数参数的实质,就是主调函数把本地数组的地址传递给被调函数,使得被调函数能够依据该地址(指针)访问数组。这种现象一般称为"主调和被调共享数组",与 9.2.3 节提到的"共享数据"是类似的。

数组名作为函数参数时,一般还要同步设计一个整数作为参数。该整数用于描述数组中有效元素的数量,使得被调函数能够明确其访问对象,避免对数组的越界访问。

可见,数组名作为函数参数时,被调函数只依据少量数据(数组的地址和有效元素的数量),就能够访问数组的所有元素。这种通过指针实现的数据共享,避免了被调函数制作数组的复制品,提高了程序的执行效率。

数组名作为函数的参数时,通常情况下,实参有两种写法,形参也有两种写法,组合起来则有 4 种写法。具体的例子参见例 9.7。

例 9.7　将整型数组 a 中的 n 个元素逆序存放。

【分析】　将数组元素逆序存放,就是以数组中间位置为对称点,将元素首尾对称地一对对互换。全部互换之后,数组元素的排列次序相对于原始次序正好是相反的,称为逆序。

用下标法实现时,可以用 i 下标表示数组低地址区元素,用 j 下标表示数组高地址区元素;当一对元素互换后,令 i 自增、j 自减,分别表达出新的一对低地址区和高地址区元素,然后互换;如此反复,直到 i 不再小于 j 时,停止操作,互换结束。算法参见图 9-3。

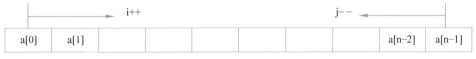

图 9-3　数组元素逆序存放示意图

用指针法实现时,算法是类似的。例如,可以用 head 指针变量指向数组低地址区元素,用 tail 指针变量指向数组高地址区元素;当前的一对元素互换后,令 head 指针变量自增、tail 指针变量自减,分别指向新的低地址区和高地址区元素,然后互换;如此反复,直到 head 指针变量不再小于 tail 指针变量时,停止操作,互换结束。

参考程序如下:

（1）实参和形参都是数组名

（2）实参为数组名,形参为指针变量

```
01  #include<stdio.h>
02  void inv(int x[],int n)
03  {
04      int temp,i=0,j=n-1;
05      for( ;i<j; i++,j--)
06      {
07          temp=x[i];
08          x[i]=x[j];
09          x[j]=temp;
10      }
11  }
12
13
14  int main(void)
15  {
16      int i,a[10]={0,1,2,3,4,5,6,7,8,9};
17      printf("The original array:\n");
18      for(i=0;i<10;i++) printf("%d,",a[i]);
19      printf("\n");
20      inv(a,10);
21      printf("The inverted array:\n");
22      for(i=0;i<10;i++)
23          printf("%d,",a[i]);
24      printf("\n");
25      return 0;
26  }
```

```
#include<stdio.h>
void inv(int * x,int n)
{
    int temp, * head, * tail;
    head=x;
    tail=x+n-1;
    for( ; head<tail; head++,tail--)
    {
        temp= * head;
        * head= * tail;
        * tail=temp;
    }
}

int main(void)
{
    int i,a[10]={ 0,1,2,3,4,5,6,7,8,9};
    printf("The original array:\n");
    for(i=0;i<10;i++) printf("%d,",a[i]);
    printf("\n");
    inv(a,10);
    printf("The inverted array:\n");
    for(i=0;i<10;i++)
        printf("%d,",a[i]);
    printf("\n");
    return 0;
}
```

(3) 实参为指针变量,形参是数组名

```
01 #include<stdio.h>
02 void inv(int x[],int n)
03 {
04     int temp,i=0,j=n-1;
05     for( ; i<j; i++,j--)
06     {
07         temp=x[i];
08         x[i]=x[j];
09         x[j]=temp;
10     }
11 }

14 int main(void)
15 {
16     int i,a[10]={ 0,1,2,3,4,5,6,7,8,9}, * p;
17     p=a;
18     printf("The original array:\n");
19     for(i=0;i<10;i++,p++)
20         printf("%d,", * p);
21     printf("\n");
22     p=a;
23     inv(p,10);
24     printf("The inverted array:\n");
25     for(p=a;p<a+10;p++)
26         printf("%d,", * p);
27     printf("\n");
28     return 0;
29 }
```

(4) 实参和形参都为指针变量

```
#include<stdio.h>
void inv(int * x,int n)
{
    int temp, * head, * tail;
    head=x;
    tail=x+n-1;
    for( ; head<tail; head++,tail--)
    {
        temp= * head;
        * head= * tail;
        * tail=temp;
    }
}

int main(void)
{
    int i,arr[10]={ 0,1,2,3,4,5,6,7,8,9}, * p;
    p=arr;
    printf("The original array:\n");
    for(i=0;i<10;i++,p++)
        printf("%d,", * p);
    printf("\n");
    p=arr;
    inv(p,10);
    printf("The inverted array:\n");
    for(p=arr;p<arr+10;p++)
        printf("%d,", * p);
    printf("\n");
    return 0;
}
```

程序运行结果如下:

```
The original array:
0,1,2,3,4,5,6,7,8,9,
The inverted array:
9,8,7,6,5,4,3,2,1,0,
```

9.3.4 指向数组的指针

指向数组的指针与指向数组元素的指针是不同的,因为它们所指向的是不同的对象。为了更好地理解二者的差别,下面以二维数组为例,介绍有关的概念。

1. 与二维数组有关的指针

例 9.8 运行程序,分析输出的结果。

```
01 #include<stdio.h>
02 int main(void)
03 {
04     int a[2][3]={{0,1,2},{3,4,5}};
05     printf("a 是%x\n",a);
```

```
06        printf("a[0]是%x\n",a[0]);
07        printf("a[1]是%x\n",a[1]);
08        printf("*a是%x\n", *a);
09        printf("*a[0]是%d\n", *a[0]);
10        printf("*a[1]是%d\n", *a[1]);
11        return 0;
12   }
```

程序运行结果如下:

```
a 是 f7fa08
a[0]是 f7fa08
a[1]是 f7fa14
*a 是 f7fa08
*a[0]是 0
*a[1]是 3
```

【分析】

(1) a 是二维数组名,a[0]和 a[1]是一维数组名。数组 a 的状态可用图 9-4 表示。

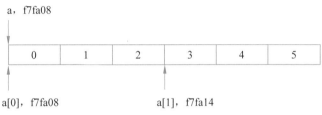

图 9-4　数组 a 占用内存示意图

(2) a[0]和 a[1]是指向元素的指针(即指向 int 型变量的指针);其中 a[0]是第 1 个一维数组中的第 1 个元素的指针,所以 *a[0]表达的是 a[0][0],值为 0;其中 a[1]是第 2 个一维数组中的第 1 个元素的指针,所以 *a[1]表达的是 a[1][0],值为 3;a[1]+1 是第 2 个一维数组中的第 2 个元素的指针,所以 *(a[1]+1)表达的是 a[1][1],值为 4。

(3) a 是指向数组的指针(指向第 1 个一维数组),a 表达了第 1 个一维数组的地址;这种指针在移动时的步长为 12 字节;所以,a+1 表达了第 2 个一维数组的地址,a+1 也是指向数组的指针(指向第 2 个一维数组);*a 等价于 *(a+0),也等价于 a[0]。

(4) 取地址运算符 & 具有升级指针的作用,指针运算符 * 具有降级指针的作用(关于多级指针的概念,参见 9.7 节),它们作用于数组名时,能够起到升维和降维的作用。例如,对于本例程序中的 a[0],表达式 &a[0]与 a 是等价的,二者不仅值相同,而且类型也相同,都是指向长度为 3 的一维整型数组的指针,相当于升级或升维;表达式 *a[0]与 a[0][0]是等价的,相当于降级或降维。

2. 指向一维数组的指针变量

例 9.8 中的 a 是指向一维数组的指针常量。指针常量无法通过自增和自减实现指针的移动,只能通过类似 a+3 这样的算术表达式表示新地址,因此具有一定的局限性。

而指向一维数组的指针变量,由于支持自增和自减运算,在用于访问二维数组(或多维数组)时,能够更加灵活和方便一些。

定义指向一维数组指针变量的一般形式如下：

类型说明符 (* 指针变量名) [长度]

其中，"类型说明符"为所指数组的数据类型；"*"表示其后的变量是指针类型；"长度"表示一维数组的长度。应注意"(*指针变量名)"两边的括号不可少，如缺少括号，则表示是指针数组（将在 9.7.1 节中介绍），意义就完全不同了。

设有如下 2 条语句的程序段：

```
int a[2][3], ( * p)[3];
p=a;
```

则 p 就是指向一维数组的指针变量，p 的类型与 a 是相同的。

p 被赋值后，就指向了第 1 个一维数组；p+1 则指向第 2 个一维数组；p+1 的值比 p 的值大 12，正好是长度为 3 的 int 型一维数组的字节数。

p 就是第 1 个一维数组名，(p+1)就是第 2 个一维数组名；*(*p+0)、p[0][0]和 a[0][0]都表示第 1 个一维数组中的第 1 个元素；*(*(p+1)+0)、p[1][0]和 a[1][0]都表示第 2 个一维数组中的第 1 个元素。

可见，可以把指向一维数组的指针变量当作二维数组名使用。

9.4 指针与字符串

字符串是以 char 型一维数组的形式存储在内存的。

系统在存储字符串时，按照两个步骤进行：首先，以字节为单位依次存储各个字符；然后，在最后一个字符的后面，用一字节存储字符'\0'，作为字符串的结束标志。

字符串结束标志表示了字符串所占用空间的结束位置，用于防止对字符串的越界访问。

访问字符串的过程就是访问 char 型数组的过程，与访问 int 型、float 型等数组的方式是一致的，所以同样支持下标法和指针法。

例 9.9 字符串的存储与访问举例。

```
01  #include<stdio.h>
02  #include<string.h>
03  int main(void)
04  {
05      char a[6]="Tom";
06      char * b="Jerry";
07      printf("%c%c\n",a[0], * (a+1));
08      printf("%c%c\n",b[0], * (b+1));
09      printf("%s\n",a);
10      printf("%s\n",b);
11      puts(a);
12      puts(b);
13      puts(a+1);
14      puts(b+1);
15      strcpy(a,b);     //不可以写为 strcpy(b,a);
```

```
16        puts(a);
17        return 0;
18    }
```

程序运行结果如下：

```
To
Je
Tom
Jerry
Tom
Jerry
om
erry
Jerry
```

【说明】

(1) 程序第 5 行和第 6 行的初始化语句执行完毕后，字符串 Tom 和 Jerry 的存储情况如图 9-5 所示。

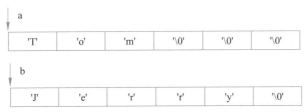

图 9-5　字符串 Tom 和 Jerry 的存储情况

根据图 9-5 中字符串 Jerry 的存储情况可知，用字符串对 char 型指针变量初始化时，系统会自动开辟所需要的空间，用于存储字符串及其结束标志。

(2) 程序的第 7 行输出 To 两个字符，这两个字符分别采用下标法和指针法，结合数组名输出；程序的第 8 行输出 Je 两个字符，这两个字符也分别采用下标法和指针法，但结合指针变量输出。

(3) 程序的第 9 行输出了 Tom。printf 函数在 %s 模式下的执行过程是：根据数组名所指示的位置，读取 1 字节的整数，如果该整数不是 0（即不是字符串结束标志），则查阅 ASCII 码表，将与该整数对应的字符输出，然后再读取下一字节；如果不是 0，则再输出。如此反复读取并输出，直到读取到 0，则输出结束。

(4) 程序的第 10 行输出了 Jerry。这个输出的过程与第 9 行输出 Tom 的过程是一致的，区别是，字符串的地址是用指针变量表示的，而不是用数组名表示的。

(5) 程序的第 11 行和第 12 行采用 puts 函数输出字符串。puts 被称为"字符串输出的专用函数"，printf 被称为"格式化的输出函数"。二者虽然都可以输出字符串，但 printf 函数必须使用 %s 进行格式控制，而 puts 函数不需要格式控制，只需要字符串的地址，而这个地址既可用数组名表示，也可用指针变量表示。

(6) 程序的第 13 行输出的是 om，这是因为，a 表达的是指向字符'T'的指针，a+1 表达的是指向字符'o'的指针。a+1 作为 puts 的参数，输出就从 a+1 的位置开始，而不是从 a 的位置开始。同理，程序第 14 行输出的是 erry，而不是 Jerry。

（7）程序第 15 行中的 strcpy(a,b);语句,实现的是将字符串 Jerry 复制到数组 a 中。需要注意的是,如果反过来,把字符串 Tom 复制到 b 所指向的空间中,却是无法实现的,因为用于对指针变量进行初始化的字符串,占用的是只读的内存区域,在后期无法进行写操作,因此,strcpy(b,a);语句是无法执行的。

例 9.10 编写 mystrcpy 函数,其功能是将第二参数所指向的字符串,复制到第一参数所指向的字符数组中。

```
01   #include<stdio.h>
02   void mystrcpy (char * pd,char * ps)
03   {
04       while((* pd= * ps)!='\0')
05       {
06           pd++;
07           ps++;
08       }
09   }
10   int main(void)
11   {
12       char s1[20],s2[]="Computer Game";
13       mystrcpy(s1,s2);
14       printf("%s", s1);
15       return 0;
16   }
```

程序运行结果如下:

Computer Game

【说明】　本例的要点是对 mystrcpy 函数的设计,其功能是实现字符串的复制。

由于 mystrcpy 函数采用指针变量作为形参,因此这里所实现的字符串复制算法精炼、高效。相反,如果形参采用数组名的形式,例如,采用 void mystrcpy (char pd[ ],char * ps)的形式,函数体就不会如此精炼了。

9.5　指向函数的指针

一个函数总是占用一段连续的内存区,而函数名就是该函数所占内存区的地址。可以把函数的这个地址(也称为入口地址)赋给一个指针变量,使指针变量指向该函数。然后通过指针变量就可以找到并调用这个函数。我们把这种存储了函数地址的指针变量称为“指向函数的指针变量”。

指向函数的指针变量的定义有如下的一般形式:

类型说明符 (* **指针变量名**)(**形参列表**);

其中的类型说明符和形参列表,必须与所指向的函数的原型一致。

例如,语句

int (* pf)(int a,float b);

定义的 pf 是一个指向函数的指针变量,而且,这种函数必须满足如下条件:返回值类型是 int 型;形参有 2 个,第 1 个形参为 int 型,第 2 个形参为 float 型。

用指向函数的指针实现函数的调用,一般的表达形式如下:

(＊指针变量名)(实参列表)

例 9.11　用指针形式调用函数,求两个数的最大值。

```
01   #include<stdio.h>
02   int max(int a,int b)
03   {
04       if(a>b) return a;
05       else return b;
06   }
07   int main(void)
08   {
09       int max(int a,int b);
10       int(＊pf)(int,int);        //定义 pf 为函数指针变量
11       int x,y,z;
12       pf=max;                    //对函数指针变量赋值
13       printf("输入 2 个数:\n");
14       scanf("%d%d",&x,&y);
15       z=(＊pf)(x,y);             //用函数指针变量调用函数
16       printf("最大值是%d",z);
17       return 0;
18   }
```

程序运行结果如下:

输入 2 个数:
5 6↙
最大值是 6

9.6　指针型函数

函数类型是指函数返回值的类型。在 C 语言中,允许函数返回指针(即地址)。这种返回指针的函数称为**指针型函数**。定义指针型函数的一般形式如下:

类型说明符　＊函数名(形参表)
{
**　……//函数体**
}

其中,函数名之前加了"＊"号,表明这是一个指针型函数,即返回值是一个指针。类型说明符表示了返回的指针所指向的数据类型。

例 9.12　定义并调用函数 mymax,其功能是,返回 2 个 int 型变量之中值较大的变量的指针。

```
01   #include<stdio.h>
02   int * mymax(int * p1,int * p2)
03   {
04       if( * p1> * p2)
05           return p1;
06       else
07           return p2;
08   }
09   int main(void)
10   {
11       int a=3,b=5;
12       int * p;
13       p=mymax(&a,&b);
14       printf("最大值为%d", * p);
15       return 0;
16   }
```

程序运行结果如下：

最大值为5

【注意】 函数指针变量和指针型函数在写法和意义上是完全不同的。例如，int（ * p）（）和 int * p（），前者是一个变量的定义，说明 p 是一个指向函数的指针变量，这种函数的返回值是 int 型，而且没有参数；后者是函数头部的定义，说明 p 是一个函数名称，p 函数返回 int 型指针，p 函数没有参数。

9.7   指针数组和多级指针

9.7.1   指针数组的概念

指针数组占用连续的存储空间，数组中的所有元素都是相同类型的指针变量。

指针数组定义的一般形式如下：

类型说明符 * 数组名[数组长度]

其中的类型说明符，为元素可以指向的变量类型。

例如，语句

```
int * pa[3];
```

表示 pa 是一维数组名，pa 有 3 个元素，每个元素都是 int 型指针变量。

指针数组最常见的应用是用一维 char 型指针数组处理多个字符串。

例 **9.13**   将 my、book、is、yours 和 test 这 5 个字符串按字典顺序（升序）输出。

【分析】 定义 char 型、长度为 5 的一维指针数组（例如，word），并使每个元素指向一个字符串。指针数组与多个字符串的关系，参见图 9-6。

在图 9-6 的状态下，对数组 word 的元素不断进行调换，最终使得 word[0]指向最小的字符串，使得 word[1]指向次小的字符串……使得 word[4]指向最大的字符串。输出时，按

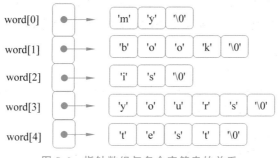

图 9-6 指针数组与多个字符串的关系

照从 word[0] 到 word[4] 次序输出对应的字符串,就实现了字典顺序的输出。

本例源码如下:

```
01   #include<stdio.h>
02   #include<string.h>
03   int main(void)
04   {
05       int i,j,k,n=5;
06       char * t;
07       char * word[]={ "my","book","is","yours","test"};
08       for(i=0;i<n-1;i++)
09       {
10           k=i;
11           for(j=i+1;j<n;j++)
12               if(strcmp(word[j],word[k])<0)
13                   k=j;
14           t=word[i];
15           word[i]=word[k];
16           word[k]=t;
17       }
18       for (i=0;i<n;i++)
19           printf("%s\t",word[i]);
20       return 0;
21   }
```

程序运行结果如下:

```
book    is      my      test    yours
```

【说明】

(1) 注意,word 数组存储的是 5 个指针,而不是 5 个字符串;本例的排序算法是采用选择法对 word 数组进行排序;word 元素之间的排列次序,取决于它们所指向的字符串的大小,而不是取决于指针值的大小。

(2) 源程序的第 14～16 行,实现的是元素值的互换,这是本例的亮点。原因是,交换指针变量的操作,相比于交换字符串的操作,效率要高很多;本例仅对指针数组进行操作,避免了对字符串的操作,从而提高了程序的执行效率。

除了管理字符串外,指针数组还可用于实现其他的内存动态管理功能。例如,在一些棋类博弈程序中,虽然棋盘都是网格形状,但网格大小是不同的。五子棋采用的是 15×15 的网格棋盘,而六子棋和围棋采用的是 19×19 的网格棋盘,还有 9×9 的围棋小棋盘,等等。通过指针数组,可以动态地构造各种大小的网格棋盘,既满足了需要,也节约了内存。

9.7.2 多级指针

根据定义形式,指针可以划分为单级指针和多级指针。常见的多级指针是二级指针,所以这里以二级指针为代表,讨论多级指针的概念和基本用法。

二级指针是指向指针的指针。二级指针可以是常量,也可以是变量。

图 9-7 是关于基本类型变量、单级指针变量和二级指针变量的对比。

图 9-7 单级指针与二级指针的比较

在图 9-7 中,m 为单级指针变量,因为它指向了基本类型变量 a;n 为二级指针变量,因为它指向了单级指针变量 m;通过 m 可以访问 a,通过 n 也可以访问 a。

定义二级指针变量时,要用两个指针修饰符。例如:

```
int * * n;
```

上面语句就是定义名为 n 的二级指针变量,它可以存储单级的 int 型指针变量的地址。

例 9.14 阅读程序,指出程序的输出结果。

```
01   #include<stdio.h>
02   int main(void)
03   {
04       int a=8;
05       int * m;
06       int * * n;
07       m=&a;
08       n=&m;
09       printf("%d",a);
10       printf("%d", * m);
11       printf("%d", * * n);
12       return 0;
13   }
```

程序运行结果如下:

```
888
```

二级指针常量有多种形式。例如,二维数组名为二级指针;再如,一维指针数组名也是二级指针,在例 9.13 程序第 7 行中定义的 word 就是这种二级指针常量。

9.7.3 main 函数的参数

前面章节中介绍的 main 函数都是不带参数的。实际上,main 函数可以带参数,这个参数用于 main 函数(也代表用户)与控制台之间的交互。

main 函数带有参数的程序,一般是以命令行的方式在控制台中运行的。

所谓的命令行,是指在控制台中输入的一行字符串,字符串中包含了若干参数,均以空格分隔。例如,用户在控制台输入 test.exe abc def 并按回车键后,控制台会以空格为分隔符读取并分析这个命令,认为输入了 3 个参数,分别是字符串 test.exe、abc 和 def,其中第一个参数 test.exe 是程序名称。

C 语言规定,main 函数的参数只能有两个,且第一个参数的类型为 int 型、第二个参数的类型为 char 型指针数组。虽然这两个参数的名称可以是任意的,但习惯上这两个参数一般被命名为 argc 和 argv。因此,main 函数的头部一般有如下的形式:

```
int main (int argc, char * argv[])
```

其中,argc 表示命令行中的参数数量;argv 是管理这些参数的一维数组,每个数组元素均为 char 型指针变量,分别指向各个参数;argv 数组的长度就是 argc 的值,即用户输入了几个参数,argc 的值就是几,argv 数组的长度也是几。

例如,假设用户在控制台中输入 test.exe abc def 并按回车键,则 argc 的值被自动确定为 3;argv 数组的长度也被自动确定为 3,其中,argv[0]指向字符串 test.exe,argv[1]指向字符串 abc,argv[2]指向字符串 def。

例 9.15 带参数的 main 函数的使用。

```
01   #include<stdio.h>
02   int main(int argc, char * argv[])
03   {
04       while(argc>1)
05       {
06           ++argv;
07           printf("%s\n", * argv);
08           --argc;
09       }
10       return 0;
11   }
```

运行程序,步骤如下。

(1) 在 VC 环境中编辑、录入此程序。

(2) 保存文件,如 d:\test.cpp。

(3) 生成一个可执行文件 test.exe,test.exe 所在的目录通常是 d:\debug。

(4) 运行 test.exe。在控制台中输入命令行 test.exe Shenyang China 并按回车键后,程序会有如下的输出:

```
Shenyang
China
```

 指针在博弈程序中的应用

下面通过几个例子,说明指针在博弈程序中的一些实际应用,借以展现指针的灵活性以及强大的功能。

9.8.1　用命令行参数设置博弈程序的先后手

第 7 章介绍的井字棋人机博弈程序 ver1 版总是机方执黑先行，而且不能进行先后手的设置。如果程序具有设置先后手的功能，则反方同样可以执黑先行。因此，本小节将对 ver1 版程序稍作修改，使其具有设置先后手功能，这就是 ver2 版的程序。

设置先后手有多种方法，这里介绍一种通过命令行设置先后手的方法。

编写命令行程序的关键是，设计带有参数的 main 函数（参见 9.7.3 节）。

修改后的程序将用户输入的命令行分为 3 种情况处理，程序的运行界面如图 9-8 所示（假设编译、连接后生成的可执行文件的路径和名称为 d:\jing.exe）。

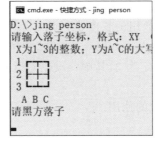
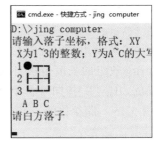

图 9-8　井字棋命令行程序的 3 种界面

在图 9-8 中，左图表示只输入程序名称的情况，中图是设置反方先手的情况，右图是设置机方先手的情况。实际上，当命令行参数不少于两个时，只要第二个参数不是 person，则都是将机方设置为先手。

ver2 版的井字棋博弈程序主要修改了 main 函数，其完整定义如下。

```
01   int main(int a, char * b[])
02   {
03       if(a<2)
04       {
05           puts("参数不足,无法运行");
06           return 0;
07       }
08       note();
09       if(strcmp(b[1],"person")==0)
10       {
11           computercolor =WHITE;
12           outputboard();
13       }
14       while(1)
15       {
16           if(computercolor==BLACK)
17           {
18               if(computer(BLACK)==GAMEOVER)
19                   break;
20               if(person(WHITE)==GAMEOVER)
21                   break;
22           }
23           else
```

```
24              {
25                  if(person(BLACK)==GAMEOVER)
26                      break;
27                  if(computer(WHITE)==GAMEOVER)
28                      break;
29              }
30          }
31      return 0;
32  }
```

除修改 main 函数外,还增加了一条文件包含命令"♯include<string.h>",其余则无修改。

9.8.2　构建大小可变的棋盘

在棋类游戏中,井字棋、五子棋、六子棋和围棋采用的都是网格棋盘,只是网格数量不同。在博弈程序中,根据用户的选项构建指定大小的棋盘是一项基本功能。

实现大小可变的棋盘的关键是使用指针数组和动态内存管理技术;动态内存管理技术用于构建指针数组和数据数组,其中指针数组用于管理数据数组,数据数组用于存储棋盘数据。

以井字棋为例,可以把棋盘每行对应 1 个一维数组(长度为3),棋盘共有 3 行,则需构建 3 个一维数组;此外,还需构建长度为3 的一维指针数组,其中的元素分别存储一维数组的地址,参见图 9-9。

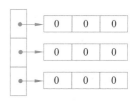

图 9-9　动态构建井字棋棋盘的方法

例 9.16　用动态方法构建井字棋空棋盘。

【分析】　用 malloc 函数动态申请内存,内存使用完毕后,用 free 函数释放动态申请的内存。使用这两个函数,需要包含头文件 stdlib.h。

实现的步骤:先构建长度为 3 的 int 型一维指针数组,然后构建 3 个 int 型一维数据数组(每个数组的长度为 3),并将数据数组的元素赋值为 0(用 0 表示空的落子点)。

实现的源码如下:

```
01  #include<stdio.h>
02  #include<stdlib.h>
03  #define N 3
04  #define EMPTY 0
05  int main(void)
06  {
07      int * * board;
08      int i,j;
09      board=(int * *)malloc(sizeof(int *) * N);
10      for(i=0;i<N;i++)
11      {
12          board[i]=(int *)malloc(sizeof(int) * N);
13          for(j=0;j<N;j++)
14              board[i][j]=EMPTY;
15      }
16      for(i=0;i<N;i++)
```

```
17        {
18            for(j=0;j<N;j++)
19                printf("%3d",board[i][j]);
20            printf("\n");
21        }
22        for(i=0;i<N;i++)
23            free(board[i]);
24        free(board);
25        return 0;
26    }
```

9.9 综合程序举例

下面通过 3 个综合实例，展示指针的其他常见应用。

例 9.17　重新实现例 6.22 的猜数游戏（游戏规则参见例 6.22 中的说明）。

【分析】　设计 guess 函数，其功能是对给定的整数进行猜测，并记录猜测的次数和最终的猜测结果。作为程序的核心功能，guess 函数不仅体现了模块化程序设计的思想，也实现了对指针的运用。

实现的源码如下：

```
01   #include<stdio.h>
02   #include<stdlib.h>
03   #include<time.h>
04   #define N1   3           //计算机产生的数据个数
05   #define N2   5           //每个数允许猜的次数
06   void guess(int mag,int * coun,int * corr )
07   {
08       int guess;
09       while( * coun<N2)
10       {
11           printf("please guess a magic number:");
12           scanf("%d",&guess);
13           ( * coun)++;
14           if(guess>mag) printf("Too big!\n");
15           else if (guess<mag) printf("Too small!\n");
16           else
17           {
18               printf("Right!\n");
19               * corr=1;
20               return;
21           }
22       }
23   }
24   int main(void)
25   {
26       int i;
27       int magic[N1];
```

```
28        int counter[N1]={0};
29        int correct[N1]={0};
30        srand((unsigned int)time(NULL));
31        for(i=0;i<N1;i++)
32        {
33            magic[i]=rand()%50+1;
34            guess(magic[i],counter+i,correct+i);
35            printf("End\n");
36        }
37        for(i=0;i<N1;i++)
38            printf("magic=%2d,counter=%d,correct=%d\n",
39             *(magic+i),*(counter+i),*(correct+i));
40        return 0;
41    }
```

例 9.18　绘制 15×15 的五子棋棋盘。

【分析】　以前的例题中(如例 6.24、例 7.11 等)所绘制的五子棋棋盘不够直观。学习了指针以后,就可以利用指针数组,管理更多的字符串,从而可以绘制出更直观的五子棋棋盘。此例仅实现了棋盘的输出功能,未实现人机交互的落子功能。

实现的源码如下:

```
01  #include<stdio.h>
02  #define N 15
03  //边线符号
04  char uperleft[]=" ┌";
05  char uperright[]="┐ ";
06  char lowerleft[]=" └";
07  char lowerright[]="┘ ";
08  char linetop[]="┬";
09  char linebot[]="┴";
10  char lineleft[]="├";
11  char lineright[]="┤ ";
12  //交叉点符号
13  char linemid[]="┼";
14  char black[]="●";
15  char white[]="○";
16  char *a[N][N];                //定义和棋盘对应的指针数组
17  int main(void)
18  {
19      int i,j;
20      //第 1 行
21      a[0][0]=uperleft;
22      for(i=1;i<N-1;i++)
23          a[0][i]=linetop;
24      a[0][N-1]=uperright;
25      //第 N 行
26      a[N-1][0]=lowerleft;
27      for(i=1;i<N-1;i++)
28          a[N-1][i]=linebot;
29      a[N-1][N-1]=lowerright;
30      //第 1 列(不包括最顶端和最底端的 2 个符号)
```

```
31      for(i=1;i<N-1;i++)
32          a[i][0]=lineleft;
33      //第 N 列(不包括最顶端和最底端的 2 个符号)
34      for(i=1;i<N-1;i++)
35          a[i][N-1]=lineright;
36      //中间的(N-1) * (N-1)的区域
37      for(i=1;i<N-1;i++)
38          for(j=1;j<N-1;j++)
39              a[i][j]=linemid;
40      //任意落 2 个黑子、1 个白子
41      a[5][5]=black;a[5][6]=black;a[6][5]=white;
42      //输出棋盘
43      for(i=0;i<N;i++)
44      {
45          printf("%2d",i+1);       //纵坐标
46          for(j=0;j<N;j++)
47              printf("%s",a[i][j]);
48          printf("\n");
49      }
50      printf(" ");
51      for(i=0;i<N;i++)
52          printf(" %c",65+i);       //横坐标
53      printf("\n");
54      return 0;
55  }
```

程序运行结果如图 9-10 所示。

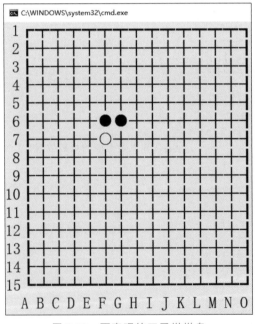

图 9-10   更直观的五子棋棋盘

【思考】   能否尝试将本例的源码综合到例 7.11 中,使得新程序不仅能绘制出图 9-10
所示的棋盘,同时还具有人机交互的落子功能。

例 **9.19** 牌类游戏中的洗牌和发牌的仿真程序(不包括大小王的 52 张牌)。

【分析】 主要实现洗牌和发牌 2 个模块。由于共有 4 种花色(设为 x),每种花色有 13 张牌(设为 y),所以需要定义 4×13 的二维整型数组(即 int deck[4][13])。

假设 4 种花色分别为红桃、方片、梅花和黑桃,13 张牌分别为 A、2、3、4、5、6、7、8、9、10、J、Q 和 K。

洗牌算法的主要思想是:首先将数组 deck 的所有元素值置为 0,然后按照顺序(id)产生 52 个随机数坐标对(x,y);如果 deck[x][y]元素的值为 0,则表示未曾产生这张牌,就把 id 写入 deck[x][y]元素。例如,如果第 1 个坐标对是(2,3),则执行赋值语句 deck[2][3]=1,表示产生的第 1 张牌是梅花 4;如果第 2 个坐标对是(1,0),则执行赋值语句 deck[1][0]=2,表示产生的第 2 张牌是方片 A;发牌的时候,先分发梅花 4,然后分发方片 A,即发牌要按照 id 号的顺序,先产生的先发,后产生的后发。

发牌算法的主要思想是:扫描数组 deck 52 次,每次扫描输出 1 张牌,表示分发了 1 张牌。在第 k 次扫描 deck 数组时,要查找到值为 k 的元素,并用该元素的 2 个下标分别表示花色和编号。例如,在第 2 次扫描数组 deck 时,必须查找到值为 2 的元素,假设这个元素的两个下标分别为 1 和 0,就会输出方片 A。

实现的源码如下:

```
01  #include<stdio.h>
02  #include<stdlib.h>
03  #include<time.h>
04  #define SUITS 4
05  #define FACES 13
06  #define CARDS 52
07  void shuffle( int wDeck[][ FACES ] );              //洗牌
08  void deal( int wDeck[][ FACES ], char * wFace[ ], char * wSuit[ ] );    //发牌
09  int main(void)
10  {
11      char * suit[ SUITS ] ={ "红桃", "方片", "梅花", "黑桃" };
12      char * face[ FACES ] ={"A","2","3","4","5","6","7","8","9","10","J","Q","K"};
13      int deck[ SUITS ][ FACES ] ={ 0 };
14      shuffle( deck );
15      deal( deck, face, suit );
16      return 0;
17  }
18  void shuffle(  int wDeck[][ FACES ] )
19  {
20      int row;
21      int column;
22      int card;
23      srand( time( NULL ) );
24      for ( card =1; card <=CARDS; ++card )
25      {
26          do
27          {
28              row =rand() %SUITS;
29              column =rand() %FACES;
30          } while( wDeck[ row ][ column ] !=0 );
```

```
31                wDeck[ row ][ column ] =card;
32        }
33  }
34  void deal(  int wDeck[ ][ FACES ],  char * wFace[ ],  char * wSuit[ ] )
35  {
36      int card;
37      int row;
38      int column;
39      for ( card =1; card <=CARDS; ++card )
40          for ( row =0; row <SUITS; ++row )
41              for ( column =0; column <FACES; ++column )
42                  if ( wDeck[ row ][ column ] ==card )
43                      printf( "%s%s%c", wSuit[ row ], wFace[ column ],
44                          card %4 ==0 ? '\n' : '\t' );
45  }
```

程序运行结果如图 9-11 所示。

图 9-11　扑克的洗牌和发牌

图 9-11 所示的输出,表示向 4 个游戏玩家发牌,每列代表一个玩家;如果游戏只有 3 个玩家(例如,斗地主),则将源码 44 行中的 card%4 修改为 card%3,就会输出 3 列,表示向 3 个玩家发牌。

9.10　小结

本章主要介绍了指针的基本概念和常见的指针使用方法。

由于指针可用于处理几乎任意的数据类型,所以与指针相关的概念较多。

(1) 本章最核心的运算符是指针运算符 *;该运算符后接指针表达式,所构成的指针引用表达式,表达了确定的对象;对象的类型与指针类型一致。

(2) 常见的指针类型及其定义格式(以 int 为例),如表 9-1 所示。

表 9-1 常见的指针类型及其定义格式

定义举例	含 义
int * p;	p 为指向整型数据的指针变量
int a[5];	a 为一维数组,有 5 个元素,每个元素均为整型变量
int * p[5];	p 为一维数组,有 5 个元素,每个元素均为整型指针变量
int (* p)[5];	p 为指针变量,指向具有 5 个元素的一维整型数组
int f();	f 为返回整型数据的函数
int * f();	f 为返回整型指针的函数
int (* p)();	p 为指向函数的指针,且函数返回整型数据
int * * p;	p 是一个指针变量,它可以存储整型指针变量的指针

(3) 除上述的常见指针类型外,还存在 void * 型的指针。这种指针必须进行强制类型转换,才可用于访问内存空间。其详细用法可参阅其他资料。另外,用 struct 定义的数据类型,也可定义为指针类型。

(4) 指针善于处理像数组那种占用连续的大块存储空间的对象,因此指针和数组的关系很密切,相关的内容较多。

(5) 指针是一把双刃剑,如果能够正确运用,就能够极大地提高程序的执行效率;反之,如果使用不当,就容易造成系统崩溃等不良后果。因此,能够理解和把握关于指针的基本概念,是正确使用指针的前提。

9.11 习题

1. 阅读并运行下列 2 个程序,分析它们的输出结果。

程序一:

```
#include<stdio.h>
void fun(int x,int y)
{
    int t;
    if(x<y)
        t=x,x=y,y=t;
}
int main(void)
{
    int a=3,b=5;
    fun(a,b);
    printf("%d,%d",a,b);
    return 0;
}
```

程序二:

```
#include<stdio.h>
void fun(int * x,int * y)
{
    int t;
    if(* x< * y)
        t= * x, * x= * y, * y=t;
}
int main(void)
{
    int a=3,b=5;
    fun(&a, &b);
    printf("%d,%d",a,b);
    return 0;
}
```

2. 编写一个名为 count 的函数,其功能是,统计字符串 w 中大写字母的个数和小写字母的个数,并将两项数据分别存储到 upper 和 lower 所指向的变量中。

（参考程序如下）

```
#include<stdio.h>
void count(char * w, int * upper, int * lower)
{
    * upper=0; * lower=0;
    for( ; * w!='\0';w++)
    {
        if( * w>='a'&& * w<='z')
            ( * lower)++;
        if( * w>='A'&& * w<='Z')
            ( * upper)++;
    }
}

int main(void)
{
    char a[]="Chang Cheng";
    int m,n;
    count(a, &m, &n);
    printf("大写:%d,小写:%d\n",m,n);
    return 0;
}
```

3. 程序改错：下面程序的功能是实现字符串的连接。例如，若 x 中的字符串为"Thank"，y 中的字符串为"you!"，则调用 join 后，x 和 y 中的字符串不变，z 中的字符串成为"Thank you!"。

每个 found 标记后都有一个语法或算法错误，共有 2 行错误。

```
#include<stdio.h>
/************found************/
void join(char * a, * b, * c)
{
    char * p1, * p2, * p3;
    p1=a;p2=b;p3=c;
    for( ; * p1;p1++,p3++)
        * p3= * p1;
    while( * p2)
    {
        * p3= * p2;
        p3++;p2++;
    }
    * p3='\0';
}

int main(void)
{
    char x[10]="Thank ";
    char y[10]="you!";
    char z[20];
/************found************/
    join(&x, &y, &z);
    puts(z);
    return 0;
}
```

4. 已知 fun 函数的功能是，在数组 w 的前 n 个元素中，查找最大值和最小值，并将最大值和最小值分别存储到 p1 和 p2 所指向的变量中。要求：在已给出的源程序基础上，完成对 fun 函数体的定义，使得程序能够运行并输出正确的结果。

```
#include<stdio.h>
void fun(int w[], int n,int * p1, int * p2)
{

}
int main(void)
{
    int b[6]={1,2,3,4,7,6}, max,min;
    fun(b,6,&max,&min);
    printf("%d,%d",max,min);
    return 0;
}
```

5.已知 fun 函数的功能是,将 y 所指向的字符串追加到(即连接到)x 所指向的字符串的后面,使得 x 指向更完整的字符串。要求:在已给出的源程序基础上,完成对 fun 函数体的定义,使得程序能够运行并能输出正确的结果。(注意,不允许调用标准函数 strcat)

```
#include<stdio.h>                      int main(void)
void fun(char * x, char * y)          {
{                                         char a[20]="www.sau.",b[10]="edu.cn";
                                          fun(a,b);
                                          puts(a);
                                          return 0;
}                                     }
```

9.12 扩展阅读——遗传算法

遗传算法(Genetic Algorithm,GA)是人工智能领域的关键技术,它是一种非数值、并行、随机优化、搜索启发式的算法,通过模拟自然进化过程随机化搜索最优解。

它采用概率化的寻优方法,利用计算机仿真运算,将问题的求解过程转换成类似生物进化中的染色体基因的交叉、变异等过程。其优点主要表现在:能自动获取和指导优化的搜索空间,自适应地调整搜索方向,不需要确定的规则,同时具有内在的隐并行性和更好的全局寻优能力。在求解较为复杂的组合优化问题时,相对一些常规的优化算法,通常能够较快地获得较好的优化结果。

遗传算法是解决搜索问题的一种通用算法,在机器博弈中,遗传算法通常用于搜索、自适应调整和优化局面评估参数。它的基本思想是将博弈树看作遗传操作的种群,博弈树中由根节点到叶子节点组成的所有子树为种群中的个体。根据优化目标设计评估函数,计算种群中每个个体的适应度函数值,依据适应度函数值的大小确定初始种群,让适应性强(适应度函数值大)的个体获得较多的交叉、遗传机会,生成新的子代个体,通过反复迭代,可得到满意解。

遗传算法的基本运算过程(见图9-12)如下。

(1)初始化:设置进化代数计数器 t=0,设置最大进化代数 T,随机生成 M 个个体作为初始群体 P(0)。

(2)个体评价:计算群体 P(t)中各个个体的适应度。

(3)选择运算:将选择算子作用于群体。选择的目的是把优化的个体直接遗传到下一代或通过配对交叉产生新的个体后再遗传到下一代。选择操作是建立在群体中个体的适应度评估基础上的。

(4)交叉运算:将交叉算子作用于群体。遗传算法中起核心作用的是交叉算子。

(5)变异运算:将变异算子作用于群体,即对群体中的个体串的某些基因座上的基因值作变动。群体 P(t)经过选择、交叉、变异运算之后得到下一代群体 P(t+1)。

(6)终止条件判断:若 t=T,则以进化过程中所得到的具有最大适应度的个体作为最优解输出,终止计算。

采用遗传算法优化局面估值时,可根据博弈程序与其他程序对弈的结果,检验某一组参

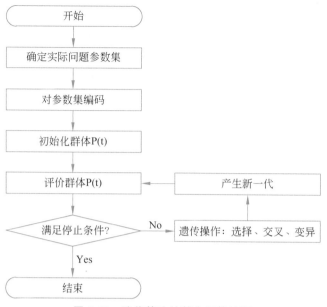

图 9-12　遗传算法的基本运算过程

数获胜的概率。经过多次试验,通常可以找到较好的估值参数。传统的算法一般只能维护一组最优解,遗传算法可以同时维护多组最优解。在实践中,遗传算法已被人们广泛应用于组合优化、机器学习、自适应控制和机器博弈等领域。在中国象棋、国际象棋、亚马逊棋和禅宗花园游戏等博弈程序的智能搜索与评估中,采用遗传算法优化后,效果会显著提高。

第 10 章　结构体和链表

前面章节介绍了 C 语言中的基本数据类型,它们可以表示一些事物的基本属性,但是当想表达一个事物的全部或部分属性时,再用单一的基本数据类型就无法满足需求。例如,博弈竞赛队伍每条记录包括赛队编号、赛队名称、得分和比赛时间等项,需要一种组合式的数据类型,来封装多个基本数据类型,C 语言中提供的结构体类型就能解决这个问题。结构体就如生活中的一个集体,每个成员都是这个集体中的一部分,每个成员都做好自己,集体的价值才能充分体现。

本章将介绍可由用户按照一定规则构造的结构体数据类型,以及链表这种可动态分配非连续、非顺序存储单元的数据结构。

10.1　结构体的基本操作——记录竞赛相关信息

结构体是一种由用户定义的、较为复杂却非常灵活的构造数据类型。一个结构体类型可以由若干称为成员(或称为域)的不同数据组成,每个成员的数据类型可以不同。

10.1.1　记录五子棋棋谱数据

扫一扫

例 10.1　机器博弈五子棋项目中需要记录每步的落子位置,假设现为执黑棋方行棋(B 代表黑棋,W 代表白棋),预计落子位置为 F5(行坐标为 F,纵坐标为 5),请编写程序输出这些数据。

【分析】　本例中涉及多种类型的数据,这些数据可以采用不同类型的变量来存储,如执棋方可用字符类型、行坐标可用字符类型、纵坐标可用整型。

```
1  #include<stdio.h>
2  int main(void)
```

```
3    {
4        char chess = 'B';                    //执黑棋方
5        char piecesX = 'F';                  //落子行坐标为 F
6        int piecesY = 5;                     //落子纵坐标为 5
7        printf("%c,%c%d \n", chess, piecesX, piecesY);
8        return(0);
9    }
```

程序运行结果如下：

B,F5

【思考】

（1）这些数据和变量的数据类型不完全相同，在内存中都是单独存在的，不能反映数据间的联系，如何把这些数据联系起来并连续存放呢？

（2）如果有一局棋的落子位置数据都需要记录，从而形成这局棋的棋谱，又该如何表示呢？

10.1.2 结构体的声明和定义

1. 结构体的声明

声明结构体类型并不是创建一个实际的数据对象，而是描述了组成这类对象的元素，像一个模板一样，制定了数据的存储方式。结构体类型同基本数据类型（int、float）类似，可用来定义变量。

声明一个结构体类型的一般形式如下：

struct 结构体名
{
    数据类型 成员名 1;
    数据类型 成员名 2;
        …
    数据类型 成员名 n;
};

其中，struct 是结构体类型的关键字。"结构体名"和"成员名"都是用户定义的标识符；"结构体名"是可选项，在声明中可以不出现。结构体声明同样要以分号（;）结尾。

引例中落子位置的各项信息可以按以下格式声明一个结构体类型 struct Chessmanual：

```
struct Chessmanual                      //结构体类型棋谱
{
    char chess;                         //记录黑棋或白棋
    char piecesX;                       //行坐标
    int piecesY;                        //列坐标
};
```

【说明】

（1）Chessmanual 是结构体的结构体名，花括号内就是该结构体所包含的结构体成员。结构体声明时需要对每个成员进行类型声明。其中，结构体名 Chessmanual 第一个字母采用大写表示，用以和系统提供的类型相区别，不是规定，只是常用习惯。

（2）不同的结构体类型可根据需要，由不同的成员组成。结构体变量的成员数量必须固定，但各个成员的数据类型可以不同。因此，当需要把一些相关数据组合在一起时，采用结构体这种类型就很方便。

例 10.2 以机器博弈竞赛记录（Record）为例，声明一个结构体类型，竞赛记录包括如下数据项。

竞赛场次（racenum）：字符串

赛队编号（teamnum）：字符串

赛队名称（teamname）：字符串

对手名称（rivalname）：字符串

先/后手（first）：字符型

得分（score）：整型

总积分（total）：整型

比赛时间（gametime）：字符串

比赛地点（address）：字符串

上述竞赛记录的结构体类型可以声明如下：

```
01  struct Record
02  {
03      char racenum[10];            //竞赛场次
04      char teamnum[10];            //赛队编号
05      char teamname[20];           //赛队名称
06      char rivalname[20];          //对手名称
07      charfirst;                   //先手‘B’/后手‘W’
08      int score;                   //得分
09      int total;                   //总积分
10      char gametime[20];           //比赛时间
11      char address[20];            //比赛地点
12  };
```

【说明】 在第 3～6 行和第 10～11 行中定义 6 个字符数组结构体成员，分别存放竞赛场次等字符串内容；第 7 行定义字符型结构体成员，用于记录是"先手方"还是"后手方"获胜，字符‘B’表示先手方，字符‘W’表示后手方；第 8～9 行定义整型结构体成员，用于存放比分。

声明结构体类型时，它的成员既可以使用基本类型，也可以是数组，还可以是某个已声明的结构体类型。

例如，例 10.2 中的"比赛时间"可由以下 5 部分描述：年（year）、月（month）、日（day）、时（hour）、分（minute）。它们都可以选用整型数据表示，可以把这 5 个成员组成一个整体，声明为 Datetime 结构体类型。声明如下：

```
struct Datetime
{
    int year;           //年
    int month;          //月
    int day;            //日
    int hour;           //时
```

```
        int minute;                              //分
};
```

竞赛记录的结构体类型 Record 也可以声明如下：

```
struct Record
{
    char racenum[10];
    char teamnum[10];
    char teamname[20];
    char rivalname[20];
    char first;
    int score;
    int total;
    struct Datetime gametime;            //定义 Datetime 类型的结构体成员
    char address[20];
};
```

gametime 成员的类型 struct Datetime 是一个已声明过的结构体类型。若没有事先声明这一类型，以上结构体类型 Record 可改写成如下形式：

```
struct Record
{
    ...
    struct
    {
        int year,month,day,hour,minute;    //结构体成员类型相同
    }gametime;                             //比赛时间
    ...
};
```

结构体类型的声明只是列出了该结构的组成情况，表示这种类型结构的"模型"已存在，它并不占用任何存储空间。真正占有存储空间的是用结构类型定义的变量、数组等，因此，在使用结构体变量、数组或指针变量之前，必须先定义。

2. 结构体的定义

结构体类型声明后，就可以使用该类型定义变量了。可以用以下 3 种方式定义结构体类型的变量和数组。

1) 在声明结构体类型的同时定义结构体变量和数组

用例 10.2 中声明的结构体 Record 定义结构体变量 record 和结构体数组 rec。

```
struct Record
{
    char racenum[10];
    char teamnum[10];
    char teamname[20];
    char rivalname[20];
    char first;
    int score;
    int total;
    struct Datetime gametime;
```

新形态程序开发系列

- "清华开发者学堂"新形态程序开发系列图书的作者是全国科研机构、高等院校、知名企业的专家、教师和开发工程师。他们既有丰富的教学经验，又有深厚的开发功底，打造了一套理论与实践完美结合的优秀图书。

- 本套图书内容先进开放，体系完整清晰，项目真实可信，资源丰富多样，装帧精致细腻，印刷清晰美观。阅读本套图书，读者不仅可以打下坚实的技术基础，还能培养良好的开发习惯，获得美的享受，为未来的发展铺就道路。

凡购买本套图书**5本及以上**，将所购图书的书签图片拍摄到一张照片中，将照片和邮寄地址一起发送到邮箱qhualipin@126.com，即可获得清华大学出版社赠送的精美礼品（限量20000份）1份，先到先得，送完为止。

```
    char address[20];
}record,rec[10];
```

此处,在声明结构体类型 struct Record 的同时,定义了一个结构体变量 record 和具有 10 个元素的结构体数组 rec。

具有这一结构体类型的变量 record 中只能存放一组数据(即一条竞赛记录)。结构体变量中的各成员在内存中按声明中的顺序依次排列。结构体变量 record 的存储示例如图 10-1 所示。

racenum	teamnum	teamname	rivalname	first	score	total	gametime					address
							year	month	day	hour	minute	

图 10-1　结构体变量 record 的存储示例

如果要存放多个竞赛记录的数据,就要使用结构体类型的数组。以上定义的数组 rec 就可以存放 10 条比赛记录。它的每一个元素都是一个 struct Record 类型的变量,仍然符合数组元素属同一数据类型这一原则。

2) 先声明结构体类型,再定义该类型的变量和数组

上例中,在结构体类型 struct Record 声明后,再由一条单独的语句定义变量 record、数组 rec。

```
struct Record record,rec[10];
```

使用这种定义方式应注意:不能只使用 struct 而不写结构体名 Record,因为 struct 不像 int、char 可以唯一地标识一种数据类型。作为构造类型,属于 struct 类型的结构体可以有任意多种具体的"模式",因此 struct 必须与结构体名共同声明不同的结构体类型。

3) 在声明一个无名结构体类型的同时,直接定义

例如:以上定义的结构体中可以把 Record 略去,写成:

```
struct
{
    ...
}record,rec[10];
```

这种方式与第一种定义方式的区别仅是省去了结构体名,通常在不需要再次定义此类型结构变量的情况下使用。

10.1.3　结构体的初始化和引用

与基本类型的变量和数组一样,结构体变量和数组也可以在定义的同时赋予初始值,即初始化。

1. 结构体的初始化

结构体变量初始化时,在结构体变量名后用一对花括号把各成员的值按顺序提供出来,每个值之间用","隔开,例如:

```
struct Record
{
    char racenum[10];                        //竞赛场次
```

```
        char teamnum[10];                    //赛队编号
        char teamname[20];                   //赛队名称
        char rivalname[20];                  //对手名称
        char first;                          //先/后手
        int score;                           //得分
        int total;                           //总积分
        struct Datetime gametime;            //比赛时间
        char address[20];                    //比赛地点
    } record ={" A-01","C5","贝壳五子","五目之魂",'B',2,10,2021,1,10,12,30, "沈航"};
```

初始化后,变量 record 的值如图 10-2 所示。

racenum	teamnum	teamname	rivalname	first	score	total	gametime					address
							year	month	day	hour	minute	
A-01	C5	贝壳五子	五目之魂	B	2	10	2021	1	10	12	30	沈航

图 10-2　结构体变量的内存示例

对结构体变量进行初始化时,C 编译程序按每个成员在结构体中的顺序对应赋初值。不允许跳过前面的成员而给后面的成员初始化,但可以只给前面的若干成员初始化;对于后面未初始化的成员,针对数值型成员,系统自动初始化为 0,针对字符型成员,系统自动初始化为'\0',针对指针型成员,系统自动初始化为 NULL。

结构体数组初始化时,将其成员的值依次放在一对花括号中,以便区分各个元素。例如:

```
struct Record
{
    char racenum[10];                    //竞赛场次
    char teamnum[10];                    //赛队编号
    char teamname[20];                   //赛队名称
    char rivalname[20];                  //对手名称
    char first;                          //先手/后手
    int score;                           //得分
    int total;                           //总积分
    struct Datetime gametime;            //比赛时间
    char address[20];                    //比赛地点
} rec[4]={{" A-01","C5","贝壳五子","五目之魂",'B',2,10,2021,1,10,12,30, "沈航"},
          {" A-01","C2","五目之魂","贝壳五子", 'W',0,6,2021,1,10,12,30, "沈航"},
          {" A-02","C5","贝壳五子","黑白配", 'B',1,12,2021,1,10,13,00, "沈航"},
          {" A-02","C6","黑白配","贝壳五子",'W',1,12,2021,1,10,13,00, "沈航"}};
```

这里,结构体数组 rec 中的元素个数可以不填写,编译程序会根据所赋初值的成员个数确定结构体数组元素的个数。

2. 结构体的引用

若已定义了一个结构体类型变量,则可用以下形式引用结构体变量中的成员。

结构体变量名.成员名

其中,点号"."称为成员运算符,这个运算符与圆括号、下标运算符的优先级相同,在 C 语言的运算符中优先级最高。

例如,例 10.2 中结构体变量 record 中的部分成员可表示为：record. teamnum、record.

score 等。

如果成员本身又是一个结构体类型,则须用若干成员运算符逐层连接各级成员,直到最低一级的成员。例如,当需要引用比赛时间中的年份时,year 是结构体变量 record 的成员 gametime 中的成员,其引用方式为 record.gametime.year。

结构体数组按数组中各元素的成员来引用。例如,结构体数组 rec 中第 1 个变量的部分成员表示方法为 rec[0].teamname、rec[0].score 等。

结构体变量中的每个成员都属于某个具体的数据类型,因此对结构体变量中的每个成员,都可以像普通变量一样,进行同类变量所允许的运算。例如:

```
record.first=getchar();              //字符输入函数 getchar 为字符型变量赋值
strcpy(record.teamname, "沈航五子棋");  //字符串复制函数 strcpy 为字符型数组赋值
scanf("%d", &record.gametime.year);   //格式输入函数 scanf 为整型变量赋值
sum=rec [0].total+rec [1].total       //加法运算,两只队伍的积分和
```

【注意】

(1) 用字符串对字符型数组赋值时,不能写成 record.teamname＝"贝壳五子",因为成员 teamname 为字符数组,不能直接用赋值语句给字符数组赋值。

(2) 结构体变量不能作为整体进行操作,例如:scanf("%s","%s","%s","%s", "%c","%d","%d","%d","%d","%d","%d","%d","%s",&record);是错误的。

(3) 允许相同类型的结构体变量之间进行整体赋值。设有定义:

```
struct Record record1,record2={"A-01","C5","贝壳五子","五目之魂",'B',2,10,2021,
                               1,10,12,30, "沈航"};
record1=record2;
```

执行赋值语句 record1＝record2 后,record2 中每个成员的值都赋给了 record1 中对应的同名成员。这种赋值方法虽很简洁,但只有结构体类型相同的变量才可以相互整体赋值,类型不同则不可以。

例 10.3 现有 3 支参赛队伍,进行了 3 场单循环赛(所有参加比赛的队均能相遇一次),胜得 2 分,平局得 1 分,负得 0 分,编写程序,统计并输出各队得分。每场比赛的结果记录如下: shenyang,W;beijing,F;shenyang,P;guangzhou,P;beijing,W;guangzhou,F。其中,"W"代表胜,"F"代表负,"P"代表平。

扫一扫

【分析】 本例需先声明一个结构体类型的变量,用于存放 3 支队伍的队名和比赛结果。可定义一个结构体数组 rec,它有 3 个元素,每个元素包含两个成员 teamname(队名)和 score(得分)。还需依据各队每场比赛的结果,判断每场比赛各队的得分,经计算后输出各队总得分。需要注意的是,单循环赛场次计算的公式为:队数×(队数－1)÷2,每场比赛又为两局,所以 3 场比赛会产生 6 个结果。

程序如下:

```
01  #include<stdio.h>
02  #include<string.h>
03  #include<stdlib.h>
04  #define N 3                    //参赛队伍数量
05  int main(void)
```

```
06  {
07        struct Record                              //定义结构体
08        {
09            char teamname[20];                     //赛队名称
10            int score;                             //赛队得分
11        }rec[3]={"shenyang",0,"beijing",0,"guangzhou",0};
12        int i,j,k;
13        char tname[20]="";                         //录入的赛队名称
14        char result[2]="";                         //录入的竞赛结果"W"、"F"和"P"
15        k=N*(N-1)/2;                               //单循环赛场次计算公式
16        for(i=0;i<k*2;i++)                         //每场比赛有两局
17        {
18            printf("Input No.%d TeamName:",i+1);
19            gets(tname);
20            printf("Input No.%d Result:",i+1);
21            gets(result);
22            for(j=0;j<N;j++)
23                if(strcmp(tname,rec[j].teamname)==0)    //判断输入的赛队名称
24                    if(result[0]=='W')             //判断比赛结果,获胜加 2 分
25                        rec[j].score+=2;
26                    else if(result[0]=='P')        //判断比赛结果,平手加 1 分
27                        rec[j].score++;
28        }
29        for(i=0;i<3;i++)
30            printf("%s:%d\n",rec[i].teamname,rec[i].score);   //输出各赛队得分
31        return(0);
32  }
```

程序运行后,输入以下内容:

```
shenyang,W↙
beijing,F↙
shenyang,P↙
guangzhou,P↙
beijing,W↙
guangzhou,P↙
```

程序运行结果如下:

```
shenyang:3
beijing:2
guangzhou:1
```

【说明】

(1) 程序第 4 行通过宏定义定义 N 为 3,表示参赛队伍数量,这样,当代表队数量改变时,只需修改 N 的定义。

(2) 在第 7~11 行定义结构体类型 Record,同时为结构体数组 rec 初始化,在第 23~30 行引用结构体数组各元素的成员。

(3) 程序第 15 行变量 k 存储单循环赛的场次,第 16 行 for 循环结构中的循环结束条件为 i<k*2,这是因为单循环赛每场比赛有两局棋局。

(4) 第 23~27 行是选择结构嵌套,用于计算各参赛队得分,外层判断参赛队名称,内层

计算得分。

　　本程序用于计算博弈比赛成绩,比赛可以激励参赛队员进步,可以培养团队的协作配合,同时可以与其他队伍进行经验交流。至于比赛结果,要正确地面对,参赛的目的不光是为了取得成绩和奖项,更多的是享受拼搏的过程,体验机器博弈的乐趣。

10.1.4　类型定义符 typedef

　　C 语言允许用 typedef 声明一种新类型名。声明新类型名的语句一般形式如下:

typedef 类型名 标识符;

　　在此,"类型名"必须是在此语句之前已定义的类型标识符。"标识符"是一个用户自定义标识符,用作新的类型名,通常使用大写字母。typedef 语句的作用仅是用"标识符"代表已存在的"类型名",并未产生新的数据类型。原有类型名依然有效。例如:

```
typedef int INTEGER;
```

　　该语句把一个用户命名的标识符 INTEGER 声明成一个 int 类型的类型名。在此声明之后,可以用标识符 INTEGER 定义整型变量。例如:INTEGER m,n;等价于 int m,n;。也就是说,INTEGER 是 int 的一个别名。

　　例如:使用 typedef 声明一个结构体类型名,再用新类型名定义变量。

```
typedef struct
{
    char racenum[10];            //竞赛场次
    char teamnum[10];            //赛队编号
    char teamname[20];           //赛队名称
    char rivalname[20];          //对手名称
    char first;                  //先/后手
    int score;                   //得分
    int total;                   //总积分
    struct Datetime gametime;    //比赛时间
    char address[20];            //比赛地点
}RECORD;
RECORD record,rec [10];
```

　　此处,RECORD 也是结构体类型名,它能唯一地标识这种结构体类型。因此,可用它定义变量,如同使用 int 和 char 一样,不可再写关键字 struct。

10.2　结构体指针——记录竞赛得分信息

　　通过第 9 章的学习,已经掌握了如何定义和使用基本数据类型的指针,接下来介绍结构体类型指针的定义和使用。

10.2.1　指向结构体变量的指针

　　定义结构体指针的一般形式如下:

结构体类型 ∗ 指针名;

例如:

struct Record * p;

在 C 语言中,为了使用方便,表示结构体变量成员有 3 种形式:

1) 结构体变量名.成员名;

2) 指向结构体的指针变量名—>成员名;

3) (∗指向结构体的指针变量名).成员名。

例如:用 3 种方式表示结构体变量 record 中的 score 成员项。

1) record.score;2)p—> score;3)(∗p). score。

【注意】　第 3 种方式中,(∗p).两侧的括号不可以省略,如果去掉括号,则 ∗ p. score 就等价于 ∗(p. score)了。

例 **10.4**　用 3 种方式输出竞赛得分,竞赛队伍信息包括编号、名称和得分。

```
01  #include<stdio.h>
02  #include<string.h>
03  int main(void)
04  {
05      struct Record                          //声明结构体
06      {
07          char teamnum[10];                  //赛队编号
08          char teamname[20];                 //赛队名称
09          int score;                         //得分
10      }record;                               //定义结构体变量
11      struct Record * p=&record;             //定义指向结构体变量的指针
12      strcpy(record.teamnum, "C5");          //对结构体成员赋初值
13      strcpy(record.teamname, "贝壳五子");
14      record.score=2;
15      printf("%10s %20s %4d \n", record. teamnum, reçord.teamname,record.score);
16      printf("%10s %20s %4d\n",p->teamnum,p->teamname,p->score);
17      printf("%10s %20s %4d \n",(∗p). teamnum, (∗p).teamname,(∗p).score);
18                                             //用 3 种方式输出结构体变量
19      return(0);
20  }
```

程序运行结果如下:

```
C5  贝壳五子    2
C5  贝壳五子    2
C5  贝壳五子    2
```

【说明】

(1) 程序第 5~10 行声明了一个结构体类型 struct Record,第 11 行定义了一个指向

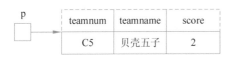

图 10-3　对结构体变量成员赋初值

struct Record 类型的指针变量 p,并将结构体变量 record 的起始地址赋给指针变量 p,如图 10-3 所示。第 12~14 行对结构体 record 的各个成员赋初值。

（2）程序第 15～17 行通过 3 条 printf 函数，采用 3 种方式输出结构体变量 record 各个成员的值。3 条语句的输出结果是相同的，说明这 3 种引用方式是等价的。

10.2.2　指向结构体数组的指针

用指针访问结构体数组的方法是定义结构体指针，令其指向数组的第一个元素，然后通过该指针访问数组的所有元素。

例 10.5　已知 3 个参赛队的有关数据，采用指针方式全部输出。

```
01  #include<stdio.h>
02  #include<string.h>
03  struct Record                   //声明结构体
04  {
05      char teamnum[10];
06      char teamname[20];
07      int score;
08  }rec [3]={{"C5","shenyang",2}, {"A2","beijing",0}, {"B1","guangzhou",0}};
09  int main(void)
10  {
11      struct Record * p;          //定义指向结构体变量的指针
12      for(p=rec; p<=rec+2; p++)    //对指针变量 p 赋初值并进行算术运算
13          printf("%10s %20s %4d\n",p->teamnum,p->teamname,p->score);
14      return(0);
15  }
```

程序运行结果如下：

```
C5        shenyang     2
A2         beijing      0
B1       guangzhou      0
```

【说明】

（1）程序第 3～8 行声明了一个结构体类型 struct Record，在第 9 行定义了结构体数组 rec 并初始化，在第 11 行中定义了一个指向 struct Record 类型的指针变量 p。

（2）第 12 行 for 循环中先通过 p=rec 将结构体数组 rec 的起始地址赋给指针变量 p，还可用 p= &rec[0]语句赋初值。

（3）第 12 行指针变量 p 进行自增运算，使得 p 指向下一个元素，如图 10-4 所示。

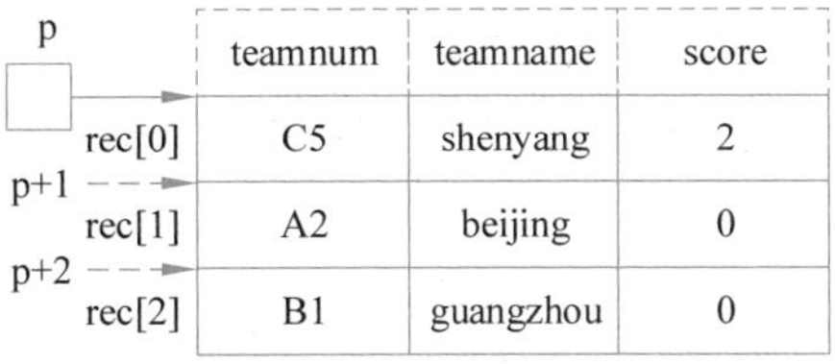

【思考】　p++与++p 有区别吗？

p	teamnum	teamname	score
rec[0]	C5	shenyang	2
rec[1]	A2	beijing	0
rec[2]	B1	guangzhou	0

图 10-4　指针变量 p 指向结构体数组

10.3　单向链表——记录赛队成绩

C 语言中可以用数组处理一组类型相同的数据，数组定义简单，而且访问很方便。但定义数组必须指明元素的个数，从而限定了能够在一个数组中存放的数据量。在实际应用中，一个程序每次运行时需要处理的数据量通常并不确定；数组如果定义得太小，将没有足够的空间存放数据,定义大了又会浪费存储空间。对于这种情况,如果能在程序执行过程中根据需要随时开辟存储单元,不再需要时随时释放,就能比较合理地使用存储空间,C语言的动态存储分配就提供了这种可能性。链表是一种常见的数据组织形式,它采用动态分配内存的形式实现。

10.3.1 概念

链表是一种链式存储结构,用一组地址任意的存储单元存放数据元素。存储单元的地址可以是不连续的,而所需处理的批量数据往往是一个整体,各数据之间存在着接序关系,链表中的数据是以节点表示的,每个节点包括两部分:元素(用户需要的实际数据)和节点指针(指示后继元素的起始存储位置),元素就是存储数据的存储单元,指针就是连接每个节点的地址数据,如图10-5(a)所示。

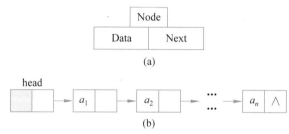

图 10-5　带有头节点的单向链表

为了操作方便,链表通常设置一个"头指针"变量,它只存放链表第一个节点的首地址。第1个节点的指针指向第2个节点,以此类推,直到最后一个节点,该节点不再指向其他节点,称为"表尾",它的地址域存放一个空指针(NULL),表示链表到此结束,如图10-5(b)所示。

链表中各元素在内存中的地址可以是不连续的,要找到某一个元素节点,就必须先找到其上一个元素节点,由此可知,要访问整个链表,就要提供"头指针"(head)。在链表的数据结构中,必须通过指针变量才能实现,因为一个节点中应该包含一个指针变量,用它存放下一个节点的首地址。

使用前面介绍的结构体变量,实现链表中的节点是最合适的。一个结构体变量可以包含若干数据成员,这些成员的数据类型可以是数值型、字符型、数组型,当然也可以是指针型,可以用指针型成员存放下一个节点的首地址。

例如,设计博弈比赛中各赛队积分信息的链表节点类型:

```
struct Record
{
    long num;      //参赛队编号
    float score; //积分
    struct Record * next;
};
```

其中,数据成员num和score用来存放节点中的有用数据(参赛队编号和积分),相当于图10-5(b)所示节点中的$a_1, a_2, a_3, \cdots, a_n$。next是指针类型成员,指向struct Record结构体类型,可以指向自己所在的结构体类型数据,由于next是struct Record结构体类型的成

员,指向 struct Record 结构体类型的数据,因此用这种方法就可以建立链表,如图 10-6 所示。

图 10-6 中,每个节点都属于 struct Record 结构体类型,它的成员 next 存放下一个节点的首地址,用户将后面一个节点的首地址存放在前一个节点的成员 next 中即可。

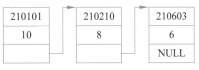

图 10-6 博弈比赛记录链表

例 10.6 编写一个简单的链表程序,输出 3 个参赛队的积分信息。

```
01  #include<stdio.h>
02  struct Record
03  {
04   int num;                        //参赛队编号
05   float score;                    //积分
06   struct Record * next;           //指向下一个节点的指针
07  };
08  typedef struct Record NODE;      //声明结构体类型名 struct Record 为 NODE
09  int main(void)
10  {
11   NODE a,b,c, * h, * p;//定义结构体变量 a、b、c 及指向结构体变量的指针 * h, * p
12   a.num=210101;
13   a.score=10;
14   b.num=210210;
15   b.score=8;
16   c.num=210603;
17   c.score=6;                      //对结构体变量 a、b、c 赋初值
18   h=&a;                           //给指针 h 赋值,使其指向节点 a 的首地址
19   a.next=&b;                      //对节点 a 的成员 a.next 赋值为节点 b 的首地址
20   b.next=&c;                      //对节点 b 的成员 b.next 赋值为节点 c 的首地址
21   c.next=NULL;                    //对节点 c 的成员 c.next 赋值为空
22   for(p=h;p;p=p->next)            //指针 p 顺序后移,使其依次指向 a、b、c 节点
23   printf("num:%d  score:%f\n",p->num,p->score);
24   printf("\n");
25   return(0);
26  }
```

程序运行结果如下:

```
num:210101   score:10.000000
num:210210   score:8.000000
num:210603   score:6.000000
```

【说明】

(1) 在程序第 2~8 行中所定义的结构体类型 NODE 共有 3 个成员:成员 num 是整型,成员 score 是实型,成员 next 是指针类型,指向 struct Record 结构体类型。

(2) 在程序第 11 行 main 函数中定义的变量 a,b,c 都是结构体变量,它们都含有 num、scord 和 next 3 个成员;变量 h 和 p 是指向 NODE 结构体类型的指针变量,它们与结构体变量 a,b,c 中的成员变量 next 类型相同。

执行程序中的第 12~21 行语句后,形成如图 10-7 所示的存储结构,即 h 中存放节点 a 的首地址,节点 a 的成员 a.next 中存放节点 b 的首地址……最后一个节点 c 的成员 c.next

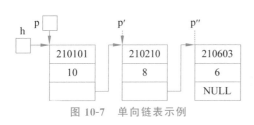

图 10-7　单向链表示例

设置成"空指针"（NULL）（在图中通常用^表示），从而把同一类型的结构体变量 a,b,c"链接"到一起，形成所谓的"链表"，结构体变量 a、b、c 称为链表的节点。

在此例中，链接到一起的每个节点（结构体变量 a,b,c）都是通过定义，由系统在内存中开辟了固定的、互不连续的存储单元，在程序执行的过程中，不可能人为地再产生新的存储单元，也不可能人为地使已开辟的存储单元消失。从这一角度出发，可称这种链表为"静态链表"。在实际中，更广泛使用的是一种"动态链表"。

10.3.2　动态存储分配

在 C 语言中，用于存储数据的变量和数组都必须进行定义。C 编译程序通过定义语句了解它们所需存储空间的大小，并预先为其分配适当的内存空间。这些空间一经分配，在变量或数组的生存期内是固定不变的，故称这种分配方式为"静态存储分配"。

C 语言中还有一种称作"动态存储分配"的内存空间分配方式：在程序执行期间需要空间来存储数据时，通过"申请"分配指定的内存空间；当有闲置不用的空间时，可以随时将其释放，由系统另做它用。用户可通过调用 C 语言提供的标准库函数实现动态分配，从而得到指定数目的内存空间或释放指定的内存空间。

ANSI C 标准为动态分配系统定义了 4 个函数，它们是 malloc、calloc、free 和 realloc。使用这些函数时，必须在程序开头包含头文件 stdlib.h。

1. 内存分配函数 malloc

函数的调用形式如下：

void ∗ malloc(unsigned int size);

其作用是在内存的动态存储区中分配长度为 size 的存储空间。如果存储空间分配成功，则返回指向被分配内存空间的指针，否则返回的指针为 NULL。malloc 函数返回值的类型为 void ∗，表示未确定类型的指针，可以强制转换为任何其他类型的指针；size 的类型为 unsigned int，size 为指定分配存储空间的大小，单位为字节。malloc 函数只分配内存，并不对其进行初始化，所以得到的新存储空间的值是随机的、不确定的。通过调用 malloc 函数所分配的动态存储单元中没有确定的初值，由系统计算指定类型的字节数。

例如：假设 short 型数据占 2 字节的存储单元，float 型数据占 4 字节的存储单元，指针型数据占 4 字节的存储单元，则以下程序段将使 pi 指向一个 short 类型的存储单元，使 pf 指向一个 float 类型的存储单元。

```
1   short ∗ pi;
2   float ∗ pf;
3   pi=(short ∗)malloc(2);
4   pf=(float ∗)malloc(4);
```

【说明】　在第 1 行中定义短整型指针变量 pi。在第 2 行中定义单精度实型指针变量 pf。在第 3 行 malloc 函数申请了一块 2 字节大小的存储空间，指明存放一个 short 型数据

所需要的空间,然后将这个空间的首地址赋给指针变量 pi。在第 4 行 malloc 函数申请了一块 4 字节大小的存储空间,指明存放一个单精度实型数据所需要的空间,然后将这个空间的首地址赋给指针变量 pf。

由于在 ANSI C 中 malloc 函数返回的地址为 void *,故在调用函数时,必须利用强制类型转换将其转换成所需的类型。此处括号中的 * 号不能缺少,否则就转换成普通变量类型,而不是指针类型了。

若有以下语句段:

```
1  if(pi!=NULL)
2  * pi=6;
3  if(pf!=NULL)
4  * pf=3.8;
```

【说明】 在第 1～2 行中,判断指针变量 pi 是否为空,如不为空,则向指针变量 pi 指向的存储单元中赋值整数 6。在第 3～4 行中,判断指针变量 pf 是否为空,如不为空,则向指针变量 pf 指向的存储单元中赋值实型数 3.8。赋值后数据的存储情况如图 10-8 所示。

若由动态分配得到的存储单元没有名字,则只能靠指针变量引用它。一旦指针改变指向,原存储单元及所存数据都将无法再引用。

图 10-8 数据存储示例

若不能确定数据类型所占字节数,则可以使用 sizeof 函数求得。例如:

```
1  pi=(short*)malloc(sizeof(short));
2  pf=(float*)malloc(sizeof(float));
```

【说明】 在第 1 行中,sizeof 函数返回一个整型数据所占存储空间大小(字节),sizeof 函数的返回值作为 malloc 函数的实参,malloc 函数申请了一块存放 1 个整型数(2 字节)大小的内存空间,并指明该空间用于存放一个整型数据,然后将这个空间的首地址赋给指针变量 pi。第 2 行的功能类似。

2. 内存分配函数 calloc

函数的调用形式如下:

void * calloc(unsigned n, unsigned size);

ANSI C 标准规定 calloc 函数返回值的类型为 void *,要求 n 和 size 的类型都为 unsigned int。calloc 函数用来给 n 个同一类型的数据项分配连续的存储空间。每个数据项的长度为 size 字节。若分配成功,则函数返回存储空间的首地址;否则返回空。由调用 calloc 函数所分配的存储单元,系统自动置初值 0。例如:

```
1  char * ps;
2  ps=(char*)calloc(10, sizeof(char));
```

【说明】 在第 1 行中,定义一个字符型指针变量 ps。在第 2 行中,sizeof 函数返回一个字符型数据所占存储空间大小(字节),sizeof 函数的返回值作为 calloc 函数的实参,malloc 函数申请了一块存放 10 个字符型数(1 字节×10)大小的内存空间,并指明该空间用于存放字符型数据,将所分配存储空间初始化为'\0',然后将这个空间的首地址赋给指针变量 ps。

以上函数调用语句开辟了 10 个连续的 char 类型的存储单元。s 指向存储单元的首地址。每个存储单元可以存放一个字符。

显然,使用 calloc 函数动态开辟的存储单元相当于开辟了一个一维数组。函数的第一个参数决定了一维数组的大小;第二个参数决定了数组元素的类型。函数的返回值就是数组的首地址。

3. 内存分配函数 realloc

realloc 函数的具体格式如下:

void * realloc(void * ptr, size_t size);

realloc 函数可以调整在此之前用 malloc 函数、calloc 函数及 realloc 函数分配到的内存。使用 realloc 函数时,需要有两个参数:第一个参数 ptr 是包含地址的指针,该地址由之前的 malloc 函数、calloc 函数或 realloc 函数返回;第二个参数 size 是新分配的内存空间的大小。

realloc 函数把第一个参数指针指向的原内容中的数据复制到新分配的内存中。当新分配的内存容量大于原内存容量时,将原内存中的所有内容复制到新内存;如果新内存容量小于原内存容量,则只复制长度等于新内存容量的数据,其余数据截掉。

若 realloc 函数的第一个参数为空指针,则相当于分配第二个参数指定的新内存空间,此时等价于 malloc 函数、calloc 函数或 realloc 函数。

realloc 函数返回值:如果重新分配成功,则返回指向被分配内存的指针,否则返回空指针 NULL。

4. 释放内存空间函数 free

当内存不再使用时,应使用 free 函数将内存块释放。函数的调用形式如下:

void free(void * p);

这里,指针变量 p 必须指向由动态分配函数所分配的地址。free 函数将指针 p 所指的存储空间释放,该存储空间之前是通过调用 malloc 函数、calloc 函数或 realloc 函数进行分配的,释放后使这部分空间可以由系统重新支配。此函数没有返回值。

10.3.3 链表的基本操作

1. 创建链表

创建链表是指在程序执行过程中从无到有地建立起一个链表,即一个接一个地申请节点存储空间,然后输入节点数据和建立节点前后的链接关系。

下面进行创建单向链表的算法分析(见图 10-9)。

(1) 定义 3 个指针变量 h、p、q,用来指向 struct Record 类型数据。

(2) 调用 malloc 函数分配第一个节点的存储空间,并让 p 和 q 指针变量都指向这个存储空间。

(3) 从键盘输入数据(num 和 score)给 p 所指向的第 1 个节点。

(4) 设赛队编号不为"0",如果输入的赛队编号为"0",则表示创建链表的过程完成,赛队编号为"0"的节点不用连接到链表中。

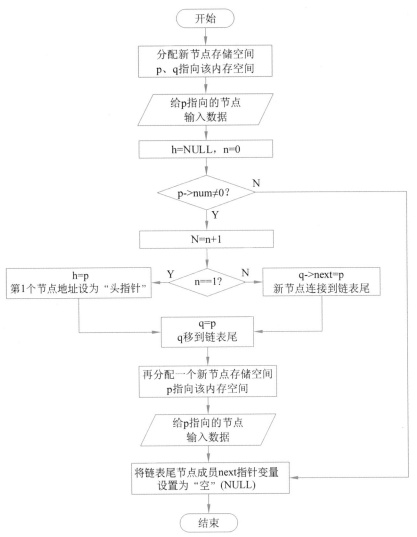

图 10-9　创建单向链表的算法分析

　　（5）当输入的 p—>num 不为"0"时,输入的数据存储在第 1 个节点中。

　　（6）当 n＝1 时,把 p 的值赋给 h,h 也指向新创建的节点,成为链表的"头指针",如图 10-10 所示。

　　（7）再次调用 malloc 函数分配另一个节点的存储空间,并让 p 指向这个存储空间,接着为该节点输入数据,如图 10-11（a）所示。

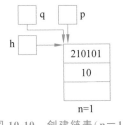

图 10-10　创建链表（n＝1）

　　（8）当 p—>num≠0 时,该节点可以接入链表,此时,p 指向第 2 个节点,而 q 指向第 1 个节点,因此执行 q—>next=p;,将新节点（n＝2）的首地址赋给第 1 个节点的 next 成员,使第 1 个节点的 next 成员指向第 2 个节点,即新节点接入链表中,如图 10-11（b）所示。

　　（9）让 q＝p,使 q 也指向新创建的节点（n＝2）,为继续创建新节点做好准备,如

图 10-11(c)所示。

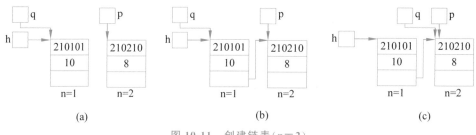

图 10-11 创建链表(n=2)

（10）调用 malloc 函数分配节点的存储空间，并让 p 指向这个存储空间，接着为该节点输入数据，如图 10-12(a)所示。

（11）当循环到第 3 次时(n=3)，因为 n≠1，所以执行 q—>next＝p，即将第 3 个节点连接到第 2 个节点之后。再让 q＝p，使 q 也指向最后一个节点，如图 10-12(b)所示。

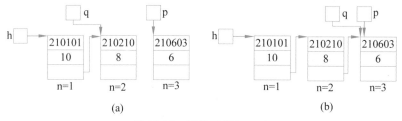

图 10-12 创建链表(n=3)

（12）调用 malloc 函数分配节点的存储空间，并让 p 指向这个存储空间，接着为该节点输入数据，如图 10-13(a)所示。由于 p—>num 的值为"0"，因此循环结束，该节点也不用连接到链表中，将 q—>next 赋值为"空"(NULL)即可。链表创建完成，如图 10-13(b)所示。第 3 个节点的 next 成员的值为"空"，它不再指向任何节点，p 指向的新节点，由于链表无法找到它，因此它不会对链表造成任何影响。

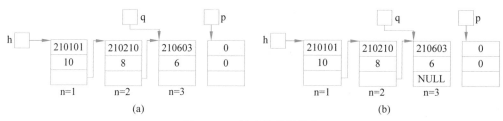

图 10-13 创建链表尾节点

例 10.7 编程实现一个有 3 个赛队参加的比赛，创建记录比赛成绩的单向链表。

```
01  #include<stdio.h>
02  #include<malloc.h>
03  #define NULL 0
04  #define Length sizeof(struct Record)    //定义节点空间大小
05  struct Record
06  {
07      long num;                           //赛队编号
```

```
08      float score;                    //赛队成绩
09      struct Record * next;           //指向下一个节点的指针
10  };
11  typedef struct Record NODE;
12  int n;                              //n 为全局变量,表示链表的节点数量
13  NODE * create(void)                 //创建链表函数,返回指向链表的头指针
14  {
15      NODE * h, * p, * q;
16      n=0;
17      p=q=(NODE *)malloc(Length);     //分配新节点存储空间
18      scanf("%ld %f",&p->num,&p->score);
19      h=NULL;
20      while(p->num!=0)
21      {
22          n++;
23          if(n==1)
24              h=p;                    //头指针指向 p
25          else
26              q->next=p;              //将新节点连接到链表
27          q=p;
28          p=(NODE *)malloc(Length);   //分配新节点存储空间
29          scanf("%ld %f",&p->num,&p->score);
30      }
31      q->next=NULL;
32      return (h);
33  }
34  int main(void)
35  {
36      NODE * head;
37      printf("Input record num and score: \n");
38      head=create();
39      return(0);
40  }
```

程序运行后,输入以下内容:

```
210101 10↙
210210 8↙
210603 6↙
0      0↙
```

【说明】

(1) 这个算法的主要思路是让 p 指向新创建的节点,让 q 指向链表中的最后一个节点,用第 26 行的 q->next=p 实现将新节点连接到链表中。

(2) 程序中第 17 行和第 28 行,调用 malloc 函数的作用是分配一块长度为 Length 的内存区域,Length 定义为 sizeof(struct Record),是结构体 struct Record 的长度。malloc 函数返回的是不指向任何类型数据的指针(void *),而 p 和 q 是 struct Record 类型的指针变量,所以需要(NODE *)强制类型转换,NODE 即 struct Record 类型。

(3) 第 38 行调用 create 函数后,函数的返回值是所创建链表第 1 个节点的首地址。该程序运行结果如图 10-13 所示。

以上对创建链表的过程进行了详细讲解,清楚这个过程之后,就比较容易理解下面将要

介绍的链表基本操作(如插入、删除、输出等过程)了。

2. 链表的基本操作

1) 顺序访问链表中各节点的数据域

所谓"访问",可以理解为取各节点的数据域中的值进行各种运算、修改各节点的数据域中的值等一系列操作。本例题是顺序访问链表中各节点数据域的典型例子。

输出单向链表各节点数据域中的内容的算法比较简单,只需利用一个工作指针 p,从头到尾依次指向链表中的每个节点;当指针指向某个节点时,就输出该节点数据域中的内容,直到遇到链表结束标志为止。如果是空链表,就只输出有关信息并返回调用函数。

例 10.8 编写函数 print_list,顺序输出单向链表各节点数据域中的内容。

函数如下:

```
01  void printf_list(NODE * head)          //访问(输出)链表
02  {
03      NODE * p;
04      p=head;
05      if(p==NULL)                         //判断链表是否为空
06          printf("Linklist is null!\n");
07      else
08      {
09          printf("head");
10          for(;p!=NULL;p=p->next)
11              printf("->(num:%ld score:%5.2f)",p->num,p->score);
12                                          // 输出指针 p 指向的节点
13          printf("->end\n");
14      }
15  }
```

【说明】

(1) NODE 即 struct Record 类型。该函数算法如图 10-14 所示,其运行过程如图 10-15 所示。

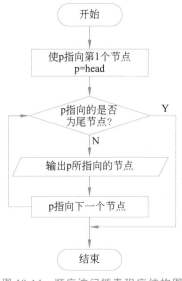

图 10-14 顺序访问链表程序结构图

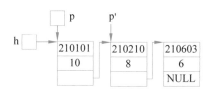

图 10-15 顺序访问链表节点

（2）第 4 行，p 先指向第 1 个节点，在输出该节点之后，p 移动到 p'虚线位置，指向第 2 个节点。

（3）第 10 行中，"p＝p—>next"的作用是将 p 原来所指的节点中的 next 指针型成员的值赋给 p，原 p—>next 的值就是第 2 个节点的首地址，赋值后 p 就指向了第 2 个节点，如图 10-15 所示。

2）在单链表中插入节点

在单链表中插入节点，首先要确定插入的位置。插入节点插在指针 p 所指的节点之前称为"前插"，插入节点插在指针 p 所指的节点之后称为"后插"。图 10-16 示意了"前插"操作过程中各指针的指向。

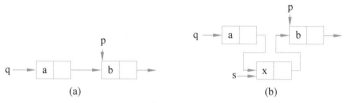

图 10-16　在单链表中插入节点

当进行"前插"操作时，需要 3 个工作指针：图 10-16 中用 s 指向新开辟的节点；用 p 指向插入的位置；q 指向 p 的前趋节点（由于是单向链表，因此没有指针 q，无法通过 p 指向它所指的前趋节点）。

例 10.9　编写函数 insert_node，它的功能是：在编号值为 num 的节点前插入新节点，若编号值为 num 的节点不存在，则插在表尾。

【分析】

（1）函数中综合运用了"查找"和"前插"的算法。

（2）由于本例中的单向链表采用了带有头节点的结构，不需单独处理新节点插在表头的情况，从而简化了操作。

（3）在进行插入操作的过程中，可能遇到 3 种情况：

① 链表非空，编号值为 num 的节点存在，新节点应插在该节点之前。

② 链表非空，但编号值为 num 的节点不存在，按要求，新节点应插在表尾。

③ 链表为空表，这种情况相当于编号值为 num 的节点不存在，新节点应插在表尾，即插在头节点之后，作为表的第一个节点。

函数 insert_node 将对这 3 种情况进行处理，代码如下：

```
01  NODE * insert_node(NODE * head,long num,NODE * nodeNew)
02  {
03      NODE * s, * p, * q;
04      p=q=head;             //使 p、q 都指向链表的第 1 个节点
05      s=nodeNew;            //使 s 指向新节点的首地址
06      if (head==NULL)       //原来的链表是"空"链表
07      {
08          head=s;           //使 s 指向的新节点为链表的头节点
09          s->next=NULL;
10      }
```

```
11      else
12      {
13          for(; (p!=NULL)&&(p->num!=num);p=p->next)
14              q=p;           //使 q 指向 p 指向的节点,为 p 后移做准备
15          s->next=p;
16          q->next=s;
17          n++;               //链表节点数增加 1
18      }
19      return (head);
20  }
```

【说明】 在该函数中,对于空表,执行第 6 行时,head 的值就为 NULL,因此执行 if 语句组,使 s 指向的新节点为链表的头节点;若链表不空时,进入 for 循环语句中,当出现 p==NULL 时,退出循环,这时 p 指向链表的尾节点,这意味着查找结束,链表中不存在编号为 num 的节点;对于这两种情况,第 15、16 行语句 s—>next=p; q—>next=s;将使新节点插在表尾。当链表中存在值为 num 的节点时,p 中的值一定不为 NULL,第 15、16 行语句 s—>next=p; q—>next=s;使新节点插在编号为 num 的节点之前。

需要注意的是:for 中的两个条件的顺序不能对调。当 p==NULL 时,C 编译程序将"短路"掉第二个条件,不做判断;否则如果先判断 p—>num!=num 的条件,由于 p 中的值已为 NULL,这时再访问 p—>num,就会出现访问虚地址的错误操作。

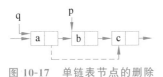

图 10-17 单链表节点的删除

(4) 删除单向链表中的节点。

为了删除单向链表中的某个节点,首先要找到待删节点的前趋节点;然后用此前趋节点的指针域指向待删节点的后续节点;最后释放被删节点所占的存储空间即可。图 10-17 示例了节点的删除操作,用语句可表示为

```
q->next=p->next;
free(p);
```

例 10.10 编写函数 del_node,用于删除链表中指定的节点。

```
01  NODE * del_node(NODE * head,long num)
02  {
03      NODE * p, * q;
04      if (head==NULL)
05      {
06          printf("\nlist is null\n");
07      }
08      else
09      {
10          p=head;
11          while(num!=p->num&&p->next!=NULL)   //查找需要删除的节点
12          {
13              q=p;
14              p=p->next;
15          }
16          if (num==p->num)                    //找到需要删除的节点
17          {
```

```
18          if(p==head)
19              head=p->next;
20          else
21              q->next=p->next;
22          printf ("delete:%ld\n",num);
23          n=n-1;
24      }
25      else printf("%ld not been found!\n",num);    //未找到需要删除的节点
26  }
27  return(head);
28 }
```

10.4 综合程序举例——比赛积分数据维护

扫一扫

将以上创建、输出、插入、删除等函数组织在一个 C 语言程序中，通过主函数调用，即可实现对链表的综合操作。

例 10.11　编程实现创建一个新的链表，并对其进行插入节点、删除节点和输出（访问）链表等操作。

```
01 #include<stdio.h>
02 #include<malloc.h>
03 #include<stdlib.h>
04 #define NULL 0
05 #define Length sizeof(struct Record)      //定义节点空间大小
06 struct Record
07 {
08     long num;
09     float score;
10     struct Record * next;
11 };
12 typedef struct Record NODE;
13 int n;
14 NODE * create(void)                       //创建链表函数,返回指向链表的头指针
15 {
16     NODE * h, * p, * q;
17     n=0;
18     p=q=(NODE *)malloc(Length);           //分配新节点存储空间
19     scanf("%ld %f",&p->num,&p->score);
20     h=NULL;
21     while(p->num!=0)
22     {
23         n++;
24         if(n==1)
25             h=p;
26         else
27             q->next=p;
28         q=p;
29         p=(NODE *)malloc(Length);         //分配新节点存储空间
30         scanf("%ld %f",&p->num,&p->score);
```

```
    }
    q->next=NULL;
    return (h);
}
void printf_list(NODE * head)                              //输出(访问)链表
{
    … //(参考例 10.8)
}
NODE * insert_node(NODE * head, long num, NODE * nodeNew)
{
    … //(参考例 10.9)
}
NODE * del_node(NODE * head, long num)
{
    … //(参考例 10.10)
}
int main(void)
{
     NODE * head, recordNew;
     long insertnum, delnum;
     printf("Input record num and score: \n");
     head=create();                                        //创建新链表
     printf_list(head);                                    //输出(访问)链表
     printf("Input insert befor num:\n");
     scanf("%ld", &insertnum);
     printf("Input new node num and score: \n");
     scanf("%ld %f", &recordNew.num, &recordNew.score);
     head=insert_node(head, insertnum, &recordNew);//在链表中插入新节点
     printf_list(head);                                    //输出插入新节点后的链表
     printf("Input delete node num:\n");
     scanf("%ld", &delnum);
     head=del_node(head, delnum);                          //在链表中删除指定节点
     printf_list(head);                                    //输出删除节点后的链表
     return(0);
}
```

本实例程序运行结果如图 10-18 所示。结构体和指针的应用领域非常广泛，除单向链表外，还有双向链表、循环链表等。

```
Input record num and score:
210101 10
210210 8
210603 6
0 0
head->[num:210101 score:10.00]->[num:210210 score: 8.00]->[num:210603 score: 6.00]->end
Input insert befor num:
210210
Input new node num and score:
210505 2
head->[num:210101 score:10.00]->[num:210505 score: 2.00]->[num:210210 score: 8.00]->[num:210603 score: 6.00]->end
Input delete node num:
210210
delete:210210
head->[num:210101 score:10.00]->[num:210505 score: 2.00]->[num:210603 score: 6.00]->end
请按任意键继续. . .
```

图 10-18　链表综合实例程序运行结果

10.5　小结

本章主要介绍了如下内容。

（1）结构体的基本概念和使用方法：主要介绍了结构体类型的声明、结构体变量的定义及初始化、结构体变量的赋值和对结构体变量中的成员进行操作。

（2）结构体数组的基本概念和使用方法：主要介绍了结构体数组的定义、结构体数组的赋值、结构体数组成员的引用和 typedef 类型定义符的使用方法。

（3）结构体指针的使用方法及类型定义符 typedef：主要介绍了指向结构体变量的指针、指向结构体数组的指针。

（4）动态存储分配：介绍了动态存储分配、3 个内存分配函数——malloc 函数、calloc 函数和 realloc 函数，以及释放内存空间函数 free。

（5）单向链表的基本操作：介绍了链表的概念、链表节点的创建、链表的插入、链表的搜索及链表的删除。

10.6　习题

1. 定义一个结构体数据类型，用于描述学生的基本信息（包括学号、姓名、性别、出生年月、专业等）。用该数据类型定义一个变量，并对其赋初值，最后输出。

2. 输入一个日期（包括年、月和日），计算该日期是本年中的第几天。

提示：可以定义一个结构体变量，结构体成员包括年、月和日；要考虑闰年，注意判断闰年的条件，year%4==0&& year%100!=0|| year%400==0。

3. 现有 13 个人做游戏，其中有一个人扮演的是"卧底"，请用排除法找出这个"卧底"。游戏规则：13 个人围坐一圈，从第一个开始报号，3 个数一轮：1,2,3；1,2,3……，凡是报到 3 的人就退出圈子，最后一个人就是"卧底"，请找到他原来的序号。

4. 编写一个统计选票的程序。输入候选人的编号，则相应候选人票数加一，当输入为 −1 的时候投票结束，并记录无效的票，最后将结果输出显示。

5. 有 3 组参赛同学的信息，如表 10-1 所示，请编写一个程序，先后实现如下 3 个功能：首先，创建链表并存储这些数据；然后，输出各队的院校；最后，输入一个队伍号，如果链表中的节点包括该队号，则输出该节点内容，如果没有该队号，则插入新节点，并录入信息。

表 10-1　3 组参赛同学的信息

队伍编号	队员姓名	院　　校
2101	王华、李晓平、孙楠	沈阳航空航天大学
2102	李欣蔚、朱志明、赵亮	东北大学
2103	张梓潼、李威、杨旭	北京理工大学

10.7 扩展阅读——人工神经网络

人工神经网络(Artificial Neural Network,ANN),简称神经网络或类神经网络,由大量的人工神经元联接进行计算。在机器学习和认知科学领域,它是一种模仿生物神经网络的结构和功能的数学模型或计算模型,用于对函数进行估计或近似。大多数情况下,人工神经网络能在外界信息的基础上改变内部结构,是一种具备学习功能的自适应系统。

现代神经网络是一种非线性统计性数据建模工具,神经网络通常通过一个基于数学统计学类型的学习方法(Learning Method)得以优化,所以也是数学统计学方法的一种实际应用,通过统计学的标准数学方法,我们能够得到大量可以用函数表达的局部结构空间,另一方面,在人工智能学的人工感知领域,通过数学统计学的应用,可以做人工感知方面的决定问题(也就是说,通过统计学的方法,人工神经网络能够类似人一样具有简单的决定能力和简单的判断能力),这种方法比正式的逻辑学推理演算更具有优势。

神经网络已经被用于解决各种各样的问题,例如围棋机器博弈、机器视觉和语音识别。这些问题都是很难被传统基于规则的编程所解决的。

典型的人工神经网络具有结构、激励函数、学习规则3部分。其中,结构指定了网络中的变量和它们的拓扑关系。例如,神经网络中的变量可以是神经元连接的权重和神经元的激励值。大部分神经网络模型都具有一个短时间尺度的动力学规则,来定义神经元如何根据其他神经元的活动改变自己的激励值。一般地,激励函数依赖于网络中的权重(即该网络的参数)。学习规则指定了网络中的权重如何随着时间推进而调整。一般情况下,学习规则依赖于神经元的激励值。它也可能依赖于监督者提供的目标值和当前权重的值。

根据分类方法的不同,主要有如下几种人工神经网络。

(1)依据学习策略(Algorithm)分类,主要有监督式学习网络(Supervised Learning Network)、无监督式学习网络(Unsupervised Learning Network)、混合式学习网络(Hybrid Learning Network)、联想式学习网络(Associate Learning Network)、最适化学习网络(Optimization Application Network)。

(2)依据网络架构(Connectionism)分类,主要有前馈神经网络(Feedforward Neural Network)、循环神经网络(Recurrent Neural Network)、强化式架构(Reinforcement Network)。

神经网络是一种运算模型,由大量节点(或称"神经元")和节点之间相互的联接构成。每个节点代表一种特定的输出函数,称为激励函数或激活函数。每两个节点间的联接都代表一个通过该连接信号的加权值,通常称之为权重,这相当于人工神经网络的记忆。网络的输出则依据网络的连接方式、权重值和激励函数的不同而不同。网络自身通常都是对自然界某种算法或者函数的逼近,也可能是对一种逻辑策略的表达。图10-19给出了单个神经元的数学模型,它可以看作对生物体神经

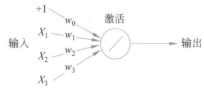

图10-19 单个神经元模型

元结构的仿生与抽象。

其中，+1 代表偏置项；$X_1 \sim X_3$ 代表初始特征；$w_0 \sim w_3$ 代表权重，即参数，是特征的缩放倍数；特征经过缩放和偏置后全部累加起来，此后还要经过一次激活运算（激活函数有很多种），然后再输出。

近几年，在国内外机器博弈竞赛中涌现出一大批采用神经网络及相关技术参赛的团队，其中不少团队取得了较好的战绩。

第11章 文 件

前面章节程序运行中的数据,在程序运行结束后不能保存下来,这是因为这些数据都存放在计算机的内存中。如果 C 语言编写的程序只能处理存储在内存中的数据,则其应用程序的使用范围和多样性将会受到很大限制。例如,当一场博弈比赛结束后需要保存棋谱,或者使用打谱软件进行复盘时,仅依靠键盘输入数据和显示器显示数据是无法满足实际需要的。因此,为了解决这些问题,本章将主要介绍如何利用"文件"读取和保存数据。

11.1 文件的概述

扫一扫

1. 什么是文件

事实上,我们对文件已经很熟悉了,例如,利用 Word 编辑的文档文件、照片的图片文件、电影的视频文件和程序的运行文件等。

在程序设计中,文件是一个重要的概念。"文件"是存储在某种长期存储设备上数据的集合。文件有不同类型,在程序设计中,主要用到程序文件和数据文件。

程序文件,其内容一般都是程序代码,如源程序文件(后缀为.cpp)、目标文件(后缀为.obj)和可执行性文件(后缀为.exe)等。

数据文件,其内容是供程序运行时读写的数据,如程序运行过程中供读入的文本文件(后缀为.txt 或.dat)等。本章主要讨论的是数据文件。

文件是程序对数据进行读写操作的基本对象,操作系统以文件为单位对数据进行管理。操作系统把输入和输出设备统一看作文件,例如,把键盘看作输入文件,把显示器看作输出文件。在程序运行时,可将最终结果或中间运行数据,像输出到显示器上一样,输出到外存储器上,以文件方式保存起来,在需要的时候,还可以从文件中将数据输入计算机内存。

程序运行需要使用某些数据时,需要先找到包括这些数据的文件。文件是通过文件名标识的,文件名一般包括三要素:文件路径、文件名、后缀。

由于在 C 语言中"\"一般是转义字符的起始标志,因此在路径中需要用两个"\"表示路径中目录层次的间隔。

例如,"E:\\ch10.txt",表示文件 ch10.txt 保存在 E 盘根目录下。

如果文件和程序运行文件在一个目录下,则可以省略文件路径。例如,"f1.txt"表示当前程序目录下的文件 f1.txt。

2. 文件的分类

C 语言中,数据存储文件可分为文本文件(也称 ASCII 码文件)和二进制文件两类。计算机硬件设备存储信息都是以二进制方式实现的,所以文本文件与二进制文件的区别并不是物理上的,而是逻辑上的。这两者只是在编码层次上有差异。

文本文件是以 ASCII 码方式存储的文件,更确切地说,英文、数字等字符存储的是其 ASCII 码,而汉字存储的是其机内码。

二进制文件是指将内存中的数据按其在内存中的存储形式原样输出到磁盘上存放的文件。在二进制文件中,每个字节表示的不一定是一个字符,可以是由几字节组合起来表示多种数据类型的数据。

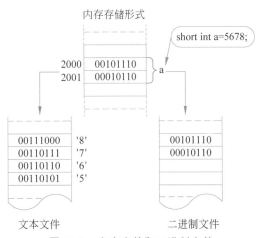

例如,当把整数 5678 存储到文本文件中时,它是以字符形式存储的。系统将把它转换成 5、6、7、8 四个字符的 ASCII 码,并把这些 ASCII 码依次存入文件,在文件中占 4 字节;当把整数 5678 存储到二进制文件中时,由于其在内存中占两字节,因此系统将直接把内存中的两字节存入文件,在二进制文件中也占两字节,如图 11-1 所示。

图 11-1　文本文件和二进制文件

图 11-2 所示为使用 Windows 记事本打开 ASCIIfile.txt 和 binaryfile.dat 的结果。图 11-2(a)中显示的是 5678 数本身,图 11-2(b)显示的却是乱码。因为记事本无论打开什么文件都按既定的字符编码工作,所以当打开二进制文件时,出现乱码是必然的。

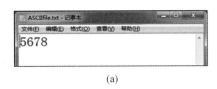
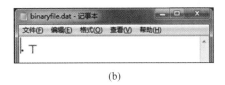

(a)　　　　　　　　　　　　　　(b)

图 11-2　文本文件与二进制文件的区别

文本文件和二进制文件各有优缺点。文本文件可以方便地被其他程序读取和处理,其输出与字符一一对应,但一般占用存储空间较大,且花费 ASCII 码与字符转换的时间;以二进制文件输出数值,可以节省存储空间和转换时间,但每个字节并不代表一个字符,不能直接输出其对应的字符形式。

C 语言在处理文件时并不区分其类型,都是按照字节流进行处理的。因此,当编写读写文件的程序时,需要考虑操作的是文本文件还是二进制文件。一般来说,如果要在屏幕上显示文件的内容,就可以使用文本文件。但是,如果需要进行完全的文件复制时,就不能使用文本文件。在无法确定使用文本文件还是使用二进制文件时,安全的做法是把文件设定为二进制文件。

3. 文件处理方法

ANSIC 标准规定,在对文件进行输入或输出的时候,系统将为输入或输出文件开辟缓冲区。所谓"缓冲区",是系统在内存中为各文件开辟的一片存储区。当对某文件进行输出时,系统首先把输出的数据填入为该文件开辟的缓冲区内,每当缓冲区被填满时,就把缓冲区中的内容一次性地输出到对应文件中。当从某文件输入数据时,首先将从输入文件中输入的一批数据放入该文件的内存缓冲区中,输入语句将从该缓冲区中依次读取数据,当该缓冲区中的数据被读完时,将再从输入文件中输入一批数据放入缓冲区,如图 11-3 所示。

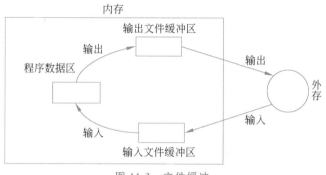

图 11-3 文件缓冲

11.2 文件的打开和关闭

11.2.1 文件指针

缓冲文件系统利用文件指针标识文件。当文件被使用时,首先会在内存中开辟一个区域,存放文件的相关信息(如文件名、文件状态等),这些信息都在一个结构体变量中进行保存。该结构体类型是由系统定义的,通过 typedef 定义为一个自定义数据类型 FILE,一般存于 stdio.h 文件中。

```
typedef struct
{
    short level;                    //缓冲区"满"或"空"的程度
    unsigned flags;                 //文件状态标志
    char fd;                        //文件描述符
    unsigned char hold;             //如缓冲区无内容,则不读取字符
    short bsize;                    //缓冲区的大小
    unsigned char * baffer;         //数据缓冲区的位置
    unsigned ar * curp;             //指针,当前的指向
    unsigned istemp;                //临时文件,指示器
    short token;                    //用于有效性检查
```

```
} FILE;
```

文件的操作都以文件指针为对象,任何文件的使用必须在使用前定义一个文件指针变量,定义格式如下:

FILE * 指针变量;

例如:

```
FILE * fp;
```

fp 定义为指向文件类型的指针变量,称为文件指针。文件指针变量 fp 指向某个文件的信息区(一个结构体变量),再通过当前结构体变量中的文件信息,就能访问到这个文件。我们可以理解成,通过文件指针变量能够找到与它相关的文件。

11.2.2 打开或关闭文件——棋谱文件的打开或关闭

1. 打开文件

在程序运行过程中,对文件进行读、写或其他操作之前,应该先"打开"该文件,在使用结束之后,应该"关闭"该文件。文件的使用过程如图 11-4 所示。

在对文件进行读、写操作之前,首先要解决的问题是如何把程序中要读、写的文件与磁盘上实际的数据文件联系起来。在 C 语言中,只要调用标准输入/输出函数库中提供的 fopen 函数实现"打开"文件操作,就可与该文件建立联系。

fopen 函数的一般调用形式如下:

图 11-4 文件的使用过程

fopen(文件名,文件使用方式);

在调用 fopen 函数时,要求两个字符串作为参数。第一个字符串"文件名"中包含了进行读、写操作的文件名,用来指定所要打开的文件,其中可以包含关于文件位置的信息;第二个字符串"文件使用方式"用于指定文件的使用方式,用户可通过这个参数指定使用文件的意图。文件打开成功时,函数返回一个 FILE 类型的指针。

例如:

```
FILE * fp;
fp=fopen("file.txt", "r");
```

在本例中,指定的文件名为 file.txt;指定的文件的使用方式为"只读",即为了读文件的内容,而打开一个文本文件。

又如:

```
FILE * fp
fp=fopen("D:\\LiTi\\file1.dat", "rb");
```

在本例中,调用 fopen 函数打开指定路径文件,即 D 驱动器磁盘根目录下 LiTi 子目录下的 file1.dat 文件,按二进制方式进行读操作。

fopen 函数的使用方式不仅依赖于将要对文件采取的操作,还取决于文件中的数据是文本形式还是二进制形式。为打开一个文本文件,常用的文本文件使用方式及其含义见

表 11-1。

表 11-1　常用的文本文件使用方式及其含义

使用方式	含　义
"r"	以只读方式打开一个文本文件;该文件必须存在,否则会出错
"w"	以只写方式打开一个文本文件,从文件的起始位置开始写,文件中原有的内容将会被清除;若文件不存在,则创建该文件
"a"	以追加方式打开一个文本文件,在文件末尾添加数据,文件中原有的内容将保存;若文件不存在,则创建该文件
"r+"	以读和写方式打开一个文本文件,从文件的起始位置开始读和写,写新的数据时,只覆盖新数据所占的空间,未覆盖的数据不丢失;该文件必须存在
"w+"	以读和写方式打开一个文本文件,从文件的起始位置开始写,文件中原有的内容将会被清除;若文件不存在,则创建该文件
"a+"	以读和写方式打开一个文本文件,在文件末尾添加数据,文件中原有的内容将保存,可以从文件的起始位置读文件;若文件不存在,则创建该文件

当使用 fopen 函数打开二进制文件时,需要在使用方式字符串中包含字母"b",如表 11-2 所示。

表 11-2　二进制文件的使用方式

使用方式	含　义
"rb"	以只读方式打开一个二进制文件;该文件必须存在,否则会出错
"wb"	以只写方式打开一个二进制文件,从文件的起始位置开始写,文件中原有的内容将会被清除;若文件不存在,则创建该文件
"ab"	以追加方式打开一个二进制文件,在文件末尾添加数据,文件中原有的内容将保存;若文件不存在,则创建该文件
"rb+"或"r+b"	以读和写方式打开一个二进制文件,从文件的起始位置开始读写,写新的数据时,只覆盖新数据所占的空间,未覆盖的数据不丢失;该文件必须存在
"wb+"或"w+b"	以读和写方式打开一个二进制文件,从文件的起始位置开始写,文件中原有的内容将会被清除;若文件不存在,则创建该文件
"ab+"或"a+b"	以读和写方式打开一个二进制文件,在文件末尾添加数据,文件中原有的内容将保存,可以从文件的起始位置读文件;若文件不存在,则创建该文件

通过表 11-1 和表 11-2 可以总结如下。

(1) 常用的读写方式有以下几种:只读、只写、读写、追加这几种方式。

图 11-5　文件打开时不同的处理方式

(2) 文本文件和二进制文件的使用方式基本相同,只是用"b"标识出不同。

(3) 使用 fopen 函数打开文件时,对文件是否存在,以及存在时是清空还是追加会有不同的响应。具体判断如图 11-5 所示。

若 fopen 函数调用成功,函数会返回一个 FILE

类型的指针,从而把指针 fp 与文件 file 联系起来。当打开文件时出现错误,fopen 函数将返回 NULL。

2. 文件关闭

当文件使用完成后,需要释放文件指针,使文件可由其他人使用,这称为关闭文件。通过调用 fclose 函数即可断开文件指针和物理文件之间的连接,实现文件关闭。fclose 函数的调用形式如下:

fclose(文件指针);

"文件指针"是指 fopen 函数中使用的指针。调用 fclose 函数结束后,会有一个返回值,如正常完成文件关闭操作,则返回值为 0;否则返回值为 EOF(−1)。EOF 是在 stdio.h 文件中定义的符号常量,称为文字结束字符。

完成对文件的操作之后,应当关闭文件,否则容易丢失数据。

例 11.1　在机器博弈程序中,实现打开棋谱文件功能,棋谱文件名为 file01.dat。

【分析】　本例中已知要打开的文件名,需使用 fopen 函数打开文件,先判断文件类型,再选择文件使用方式。

程序代码如下:

```
01  #include<stdio.h>
02  #include<stdlib.h>
03  int main(void)
04  {
05      FILE * fp;                      //定义文件指针
06      if ((fp =fopen("file01.dat", "a")) ==NULL)
07      {                //判断 file01.dat 文件打开是否出错,采用追加方式打开文件
08          printf("Cannot open this file!\n ");
09          exit(0);
10      }
11      fclose(fp);                     //关闭文件
12      return(0);
13  }
```

【说明】

(1) 在本例中,fopen 函数中的第一个参数"文件名"是一个字符串常量"file01.dat",也可以用字符数组名,即定义一个字符数组,把文件名存放到字符数组里,例如:

```
char file[]="file01.dat";
fp =fopen(file, "a");
```

(2) file01.dat 文件是纯文本文件,没有数据属性结构方面的信息,可以用记事本等文本工具打开。

(3) 为了保证在程序中使用正确打开的文件,建议采用本例中第 6～10 行程序段,当打开文件发生错误时,可使程序停止运行。

(4) 第 9 行中的 exit 函数是标准 C 的库函数,作用是关闭所有文件,终止正在运行的程序,使用该函数应在程序开始位置(代码第 2 行)加入头文件 stdlib.h。

【思考】　本题可尝试通过不同的文件使用方式打开文件,例如"r""w"和"a",也可尝试

在 file01.dat 文件已存在和未存在时运行程序,观察结果有何不同。

11.3 文件的读写函数

在 C 程序中,当调用输入函数从外部文件中输入数据赋给程序中的变量时,称为"读"或"输入";当调用输出函数把程序中变量的值输出到外部文件时,称为"写"或"输出",如图 11-6 所示。

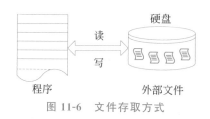

图 11-6 文件存取方式

11.3.1 字符读写函数——存取五子棋棋盘

当成功打开文件之后,接下来就可以对文件进行读写操作了,C 语言的读写操作都是通过函数实现的,一些常用的读写函数如下。

1. 向文件写字符函数 fputc

该函数的功能是把一个字符写到文件中。

fputc 函数的调用形式如下:

```
fputc(ch,fp);
```

这里,ch 是待写的某个字符,它可以是一个字符常量,也可以是一个字符变量;fp 是文件指针。fputc(ch,fp)的功能是将字符 ch 写到文件指针 fp 所指的文件中。若写入成功,则 fputc 函数返回所写的字符;若写入失败,则返回 EOF。

例 11.2 从键盘输入一段文本,以字符'*'作为输入结束标志,再把文本内容写到名为 file02.dat 的文件中。

【分析】 使用 getchar 函数把输入的文本内容存储到字符变量 ch 内,再把变量 ch 中的字符写到文本文件 file02.dat 中。可利用循环逐一操作,当操作到字符'*'时,循环结束。

程序代码如下:

```
01  #include<stdio.h>
02  #include<stdlib.h>
03  int main(void)
04  {
05      FILE * fp;
06      char ch;
07      if((fp=fopen("file02.dat", "w"))==NULL)     //以写方式打开文件
08      {
09          printf("Can't open this file!\n");
10          exit(0);
```

```
11          }
12      ch=getchar();                    //获取到第一个字符
13      while(ch!='*')                   //当读到字符'*'时循环结束
14      {
15          fputc(ch,fp);                //向文件内写入一个字符
16          ch=getchar();                //获取到下一个字符
17      }
18      fclose(fp);
19      return(0);
20  }
```

从键盘输入"Welcome to Computer Game! * ↙",程序运行结果如图 11-7 所示。

图 11-7　例 11.2 文件输出

　　例 11.3　在文本文件中输出如图 11-8 所示的图形,模拟五子棋棋盘(15×15)。

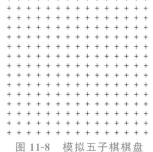

扫一扫

　　【分析】　通过前面章节的学习,我们可利用图形函数在屏幕上绘制出五子棋棋盘,而本例中的图形由 15×15 个"+"组成,每个加号用空格隔开,程序只按行或列输出即可。图形中的字符以"+"和空格组成,所以采用循环输出。

图 11-8　模拟五子棋棋盘

　　程序代码如下:

```
01  #include<stdio.h>
02  #include<stdlib.h>
03  int main(void)
04  {
05      FILE * fp;
06      int i,j;                              //定义 i,j 两个整型变量
07      printf("****输出五子棋棋盘信息到文件中****\n");
08      if((fp=fopen("file03.dat", "w"))==NULL)  //以写方式打开文件
09      {
10          printf("Can't open this file!\n");
11          exit(0);
12      }
13      for(i=0;i<15;i++)                    //利用循环创建一个 15 * 15 的棋盘
14      {
15          for(j=0;j<15;j++)
16          {
17              fputc('+',fp);               //向文件中写入一个'+'
18              fputc(' ',fp);               //向文件中写入一个空格
19              printf("+  ");               //在屏幕上输出字符串"+   "
20          }
21          fputc('\n',fp);                  //向文件中写入一个'\n',换行
22          printf("\n");                    //屏幕上的光标下移一行
```

```
23          }
24          fclose(fp);
25          printf("****输出完毕!****\n");
26          return(0);
27     }
```

程序运行后,屏幕输出结果如图 11-9(a)所示,最终得到 file03.dat 文件,如图 11-9(b)所示。

(a)

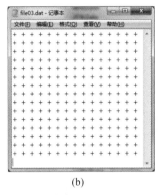

(b)

图 11-9　例 11.3 屏幕输出及文件输出

【说明】　本例中需要写文件,所以以写方式打开文件。第 13～23 行利用双重 for 循环结构创建一个 15 * 15 的棋盘,内层循环输出各列符号,外层循环控制行。

2. 从文件读字符函数 fgetc

该函数的功能是从指定的文件中读入一个字符,该文件必须是以读或读写方式打开的。fgetc 函数的调用形式如下:

```
ch=fgetc(fp);
```

这里,fp 是文件指针,ch 是字符型变量。上面函数表达式的功能是 fgetc 函数把从 fp 指定的文件中读入的一个字符赋给变量 ch。当函数遇到文件结束符时,将返回一个文件结束标志 EOF。

例 11.4　把 file04.dat 中的五子棋棋盘信息原样输出到终端屏幕,棋盘信息如图 11-10(a)所示。

【分析】　本例可按图形中所示,从文件中逐一读取字符并赋值给字符变量,再通过输出函数输出到屏幕上。

程序代码如下:

```
01   #include<stdio.h>
02   #include<stdlib.h>
03   int main(void)
04   {
05       FILE * fpin;                        //定义文件指针
06       char ch;
07       if((fpin=fopen("file04.dat", "r"))==NULL)   //以读方式打开文件
08       {
```

```
09              printf("Can't open this file!\n");
10              exit(0);
11          }
12      ch=fgetc(fpin);                 //从文件中读取一个字符赋给变量 ch
13      while(ch!=EOF)                  //判断文件返回值是否为 EOF
14      {
15          putchar(ch);                //在屏幕上输出字符变量 ch
16          ch=fgetc(fpin);             //从文件中读取下一个字符赋给变量 ch
17      }
18      fclose(fpin);
19      return(0);
20  }
```

程序运行结果如图 11-10(b)所示。

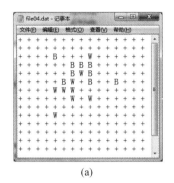
(a)

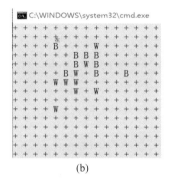
(b)

图 11-10　例 11.4 文本文件中内容及运行结果

【说明】　本例中未涉及写文件,所以文件的使用方式采用"r"。第 12 行通过 fgetc 函数读取一个字符并将其存储到字符变量 ch 中,第 13 行进入 while 循环,用字符变量 ch 与 EOF 比较,判断文件是否到末尾,第 14~17 行循环体内输出该字符到屏幕上,并通过 fgetc 函数读取下一个字符,直到文件结束,循环终止。

程序从一个文件中逐个读取字符并输出到屏幕上显示,在程序中以 EOF 作为文件结束标志,这种以 EOF 作为文件结束标志的文件,必须是文本文件。在文本文件中,数据都以字符的 ASCII 码值的形式存放,我们知道,ASCII 码值的范围是 0~255,不可能出现 -1,因此可以用 EOF 作为文件结束标志。

当把数据以二进制形式存放到文件中时,就会有 -1 值的出现,因此不能采用 EOF 作为二进制文件的结束标志。为解决这一问题,ANSI C 提供了一个 feof 函数,用来判断二进制文件和文本文件是否结束。如果文件结束,则函数 feof(fp) 的值为 1(真),否则为 0(假)。fp 为文件指针,如果顺序读入一个二进制文件中的数据,则可以用

```
for(; !feof(fp); )
{
    ch=fgetc(fp);
}
```

若文件未结束,则 feof(fp) 的值为 0,而 !feof(fp) 的值为 1,读入一字节的数据赋给整型变量 c,并接着对其进行所需的处理;当文件结束时,feof(fp) 的值为 1,!feof(fp) 的值为 0,退出 for 循环。

11.3.2 字符串读写函数——读取名言警句

1. 向文件写字符串函数 fputs

fputs 函数的作用是向指定的文件输出一个字符串。其调用形式如下：

```
fputs(字符串,文件指针);
```

fputs 函数中的"字符串"可以是字符串常量、字符数组名或字符型指针。字符串末尾的'\0'不输出。若输出成功，则函数值为 0；若输出失败，则为 EOF。

例如，在例 11.4 中是把"Welcome to Computer Game!"按字符逐一写入文件，而用 fputs 函数可一次性将其写入文件，如下所示。

```
char s[]="Welcome to Computer Game!";
fputs(s,fp);
```

例 11.5 调用 fputs 函数把参赛队信息写到 file05.dat 文件中，参赛队信息内容包含 teamnumber：C5；teamname：gobang；address：shenyang。

程序代码如下：

```
01  #include<stdio.h>
02  #include<stdlib.h>
03  int main(void)
04  {
05      FILE * fp;
06      char s1[]="teamnumber:C5\n";          //定义字符串 s1 并对其赋值
07      char s3[30];
08      if((fp=fopen("file05.dat", "w"))==NULL)    //以写方式打开文件
09      {
10          printf("Can't open this file!\n");
11          exit(0);
12      }
13      gets(s3);                              //从屏幕输入字符串 s3
14      fputs(s1,fp);                          //向文件中写入字符串 s1
15      fputs("teamname:gobang\n",fp);         //向文件中写入"teamname:gobang\n"
16      fputs(s3,fp);                          //向文件中写入字符串 s3
17      fclose(fp);
18      return(0);
19  }
```

程序运行输入：address：shenyang↙。

程序运行后，文件输出结果如图 11-11 所示。

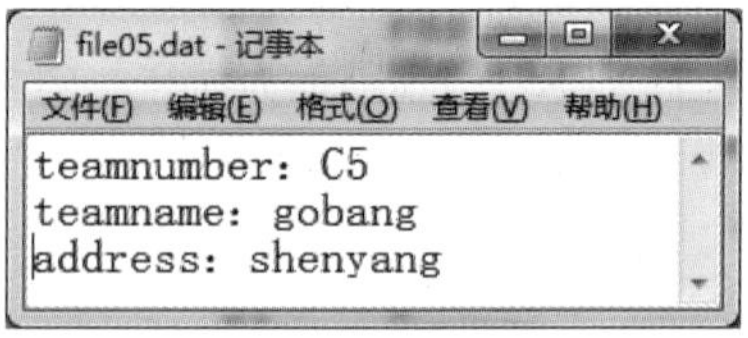

【说明】 第 14～16 行利用 fputs 函数把参赛队的信息分别以字符串写入文件，每行分别采用不同的方式获取需写入的字符串。

file05.dat - 记事本
文件(F) 编辑(E) 格式(O) 查看(V) 帮助(H)
teamnumber: C5
teamname: gobang
address: shenyang

图 11-11 例 11.5 文件输出结果

2. 从文件读字符串函数 fgets

fgets 函数的作用是从指定文件读入一个字符串。其调用形式如下：

```
fgets(字符串数组名,n,文件指针);
```

n 为要求得到的字符个数,但只从文件指针指向的文件输入 n−1 个字符,然后在最后加一个'\0'字符,因此得到的字符串共有 n 个字符,把它们放到字符数组中。如果在读完 n−1 个字符之前遇到换行符或 EOF,读入即结束。fgets 函数的返回值为字符串数组的首地址。

例 11.6　调用 fgets 函数从 file06.dat 文件中读取文件信息到屏幕。

程序代码如下:

```
01  #include<stdio.h>
02  #include<stdlib.h>
03  int main(void)
04  {
05      FILE * fp;
06      char str[30];
07      if((fp=fopen("file06.dat", "r"))==NULL)        //以读方式打开文件
08      {
09          printf("Can't open this file!\n");
10          exit(0);
11      }
12      while(fgets(str,sizeof(str),fp))               //从文件中读入字符串
13          printf("%s",str);
14      fclose(fp);
15      return(0);
16  }
```

例 11.6 程序输出结果如图 11-12 所示。

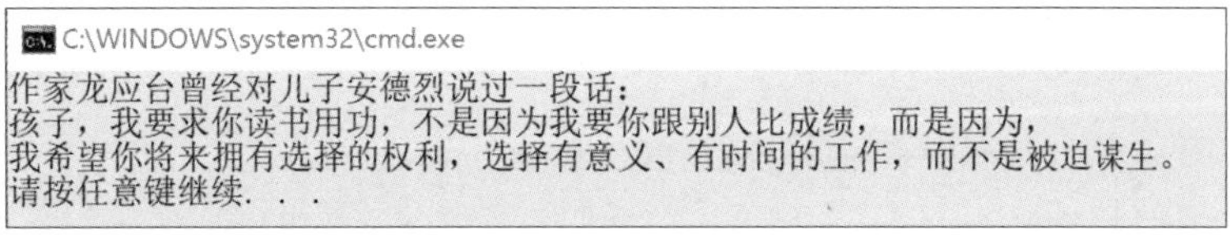

图 11-12　例 11.6 程序输出结果

【说明】　第 12 行利用 while 循环直到文件结束通过 fgets 函数读入文件内容,每次读入 sizeof(str)个字符。

本例中,file06.dat 文件中保存了这样一段内容:“孩子,我要求你读书用功,不是因为我要你跟别人比成绩,而是,我希望你将来拥有选择的权利,选择有意义、有时间的工作,而不是被迫谋生。”,这是龙应台写给儿子安德烈的一段话。此时此刻,如果这段话也深深地触动了你,就尽情地读书努力学习吧,因为这是在为自己的未来争取选择的权利。不要在发现自己的能力不足时,才意识到拥有知识的重要。珍惜当下,不负韶华,让未来可期。

11.3.3　格式化读写函数——保存落子信息

fprintf 函数、fscanf 函数与 printf 函数、scanf 函数的使用方法接近,都是格式化读写函数。与 printf 函数和 scanf 函数不同,fprintf 函数和 fscanf 函数的读写对象不是终端,而是磁盘文件,所以要多一个文件指针作为函数参数。

1. 向文件格式化写函数 fprintf

fprintf 函数的一般调用方式如下:

```
fprintf(文件指针,格式字符串,输出表列);
```

fprintf 函数的功能是根据"格式字符串"转换并格式化数据,然后将结果输出到"文件指针"指定的文件中,直到出现字符串结束标记('\0')为止。fprintf 函数中的"格式字符串"既可以是格式说明符,又可以是普通字符,格式说明符可参照 printf 函数的使用方式,普通字符则会按原样输出。fprintf 函数的返回值是成功写入的字符的个数,若失败,则返回负数。

例如:

```
1    fprintf(fp,"%d",i);
2    fprintf(fp,"%s","123abc");
```

【说明】 第 1 行语句的作用是将整型变量 i 的值按"%d"的格式输出到 fp 指向的文件中。第 2 行语句的作用是将字符串"123abc"输出到 fp 指向的文件中。

例 11.7 把五子棋当前的落子信息写入 file07.dat 文件中。

程序代码如下:

```
01  #include<stdio.h>
02  #include<stdlib.h>
03  int main(void)
04  {
05      FILE * fp;
06      char chess ='W';                              //执白棋
07      char piecesX ='F';                            //落子行坐标为 F
08      int piecesY =5;                               //落子纵坐标为 5
09      if((fp=fopen("file07.dat", "w"))==NULL)       //以写方式打开文件
10      {
11          printf("Can't open this file!\n");
12          exit(0);
13      }
14      fprintf(fp, "%c,%c%d", chess, piecesX, piecesY);  //向文件内写入落子信息
15      fclose(fp);
16      return(0);
17  }
```

程序运行后,文件内容如下:

```
W,F 5
```

【说明】 本例中第 14 行的作用是将字符型变量 chess、piecesX 和整型变量 piecesY 的值按"%c""%c"和"%d"的格式写到 fp 指向的磁盘文件中。

2. 从文件格式化读函数 fscanf

同样,用 fscanf 函数可以从磁盘文件中读入数据。

fscanf 函数的一般调用方式如下:

```
fscanf(文件指针,格式字符串,输入表列);
```

fscanf 函数的功能是从指定文件中读入数据,并使用"格式字符串"执行格式化输入。fscanf 函数成功读取并赋值后是以参数个数作为返回值,如果在读取任何内容之前遇到文

件结束标记,则返回 EOF。

fscanf 遇到空格和换行符时结束,注意,遇到空格时也结束。这与 fgets 有区别,fgets 遇到空格时不结束。

例如:

```
1    fscanf(fp,"%d",&i)
2    fscanf(fp,"%s",s);
```

第 1 行的作用是读入 fp 所指向文件上的整型变量 i 的值;第 2 行的作用是读入 fp 所指向文件上的字符串 s 的值,假设文件中存储的内容是"abc abc",则执行语句后 s 的值为"abc"。

例 11.8 将文件中的 5 个字符"abcde"以整数形式输出。

【分析】 本例中文件内容是字符形式,读文件就需要按照字符格式读出,但题目又要求以整数形式输出到屏幕上,这就涉及变量的格式转换。

程序代码如下:

```
01   #include<stdio.h>
02   #include<stdlib.h>
03   int main(void)
04   {
05       FILE * fp;
06       int i;                              //定义整型变量
07       char j;                             //定义字符型变量
08       if((fp=fopen("file08.dat", "r"))==NULL)    //以读方式打开文件
09       {
10           printf("Can't open this file!\n");
11           exit(0);
12       }
13       for(i=0;i<5;i++)
14       {
15           fscanf(fp,"%c",&j);             //按字符格式读文件并将其存储到变量 j 中
16           printf("%d is:%5d\n",i+1,j);    //按整型格式输出变量 j
17       }
18       fclose(fp);
19       return(0);
20   }
```

程序运行结果如下:

```
1 is:97
2 is:98
3 is:99
4 is:100
5 is:101
```

【说明】

(1) 第 7 行定义字符型变量 j,用于存储从文件中读入的字符。

(2) 第 15 行通过 fscanf 函数以字符格式读文件,而实际读取到的是字符的 ASCII 码,变量 j 中存储的也是字符的 ASCII 码。

(3) 第 16 行通过 printf 函数在输出时把变量 j 强制转换成整型,即把变量 j 中的 ASCII

码转换成整型形式输出。

用 fprintf 函数和 fscanf 函数对磁盘文件进行读写操作,使用方便,容易理解。但由于在输入时要将字符转换为 ASCII 码形式,在输出时又要将 ASCII 码形式转换成字符,因此花费时间比较多。

11.3.4 块读写函数——保存赛队信息

前面学习了用 fgetc 函数和 fputc 函数读写文件中的一个字符,但是常常要求一次读入或写出一组数据,ANSI C 标准提出设置两个函数 fread 和 fwrite,用来读写一个数据块。

它们的一般调用形式如下:

```
fwrite(buffer,size,count, fp);
fread(buffer,size,count,fp);
```

其中,buffer 是数据块的指针,对 fread 来说,它是一个内存块的首地址,输入的数据存入这个内存块中;对于 fwrite 来说,它是准备输出的数据块的起始地址。size 表示每个数据块的字节数。count 用来指定每读或写一次,输入或输出数据块的个数(每个数据块具有 size 字节)。fp 是文件指针。

例如,有以下赛队信息结构体:

```
struct TeamsInfo                      //赛队信息结构体类型
{
    char RaceNum[5];                  //比赛场次编号
    char BlackName[15];               //先手赛队名称
    char WhiteName[15];               //后手赛队名称
    char Result[10];                  //比赛结果
};
struct manual pers[10];
```

假设 pers 数组的每个元素包含比赛场次编号、先手赛队名称、后手赛队名称及比赛结果信息,并假设 pers 数组中 10 个元素中都已有值,文件指针 fp 所指文件已正确打开;执行以下循环,将把这 10 个元素中的数据输出到 fp 所指文件中。

```
for(i=0;i<10;i++)
    fwrite(&pers[i], sizeof(struct TeamsInfo), 1,fp);
```

以上 for 循环中,每执行一次 fwrite 函数调用,就从 &pers[i] 地址开始输出由第 3 个参数指定的"1"个数据块,每个数据块含 sizeof(struct TeamsInfo)字节的二进制数;也就是一次写一个结构体变量中的值。

上例也可用下面一条语句完成:

```
fwrite(pers,sizeof(struct manual),10,fp);
```

如果需要从文件中读取数据,也可以用 fread 函数按照以下步骤从前面保存赛队信息的文件中,将每个参赛队信息逐个读入 pers 数组中,此时要求文件以读的方式打开。

```
i=0;
fread(&pers[i], sizeof(struct TeamsInfo), 1,fp);
while(!feof(fp))               //表示是否到文件末尾
```

```
{
    i=i+1;
    fread(&pers[i], sizeof(struct TeamsInfo), 1,fp);
}
```

11.4 文件的定位函数

在介绍文件定位函数之前,先引入一个"文件位置指针"的概念。"文件位置指针"和前面的"文件指针"是完全不同的两个概念。

文件指针是指在程序中定义的 FILE 类型的指针变量,通过 fopen 函数调用给文件指针赋值,使文件指针和某个文件建立联系,C 程序中通过文件指针实现对文件的各种操作。

文件位置指针只是一个形象化的概念,我们将用文件位置指针表示当前读或写的数据在文件中的位置。当通过 fopen 函数打开文件时,可以认为文件位置指针总是指向文件的开头、第一个数据之前。当文件位置指针指向文件末尾时,表示文件结束。当进行读操作时,总是从文件位置指针所指位置开始读其后的数据,然后位置指针移到尚未读的数据之前,以备指示下一次的读(或写)操作。当进行写操作时,总是从文件位置指针所指位置开始写,然后移到刚写入的数据之后,以备指示下一次输出的起始位置。

1. fseek 函数

fseek 函数用来移动文件位置指针到指定的位置上,接着的读或写操作从此位置开始。函数的调用形式如下:

```
fseek(文件类型指针,位移量,起始点)
```

此处,"位移量"是指以起始点为基点,向前移动的字节数,为长整型数;"起始点"是起始位置,用于指定位移量是以哪个位置为基准的,起始位置既可用标识符表示,也可用数字表示。位移量的表示方法及含义见表 11-3。

表 11-3　位移量的表示方法及含义

标识符	数字	代表的起始点
SEEK_SET	0	文件开始
SEEK_CUR	1	文件当前位置
SEEK_END	2	文件末尾

对于二进制文件,当位移量为正整数时,表示位置指针从指定的起始点向文件尾部方向移动;当位移量为负整数时,表示位置指针从指定的起始点向文件首部方向移动。

假设 pf 已指向一个二进制文件,以下函数调用使文件位置指针从文件的开头后移 30 字节:

```
fseek(pf, 30L, SEEK_SET);
```

若 pf 已指向一个二进制文件,以下函数调用使文件位置指针从文件尾部前移 10 个字节：

```
fseek(pf,-10L, SEEK_END);
```

对于文本文件，位移量必须是 0。假设 pf 已指向一个文本文件，以下函数调用使文件位置指针移到文件的开始：

```
fseek(pf, 0L, SEEK_SET);
```

假设 pf 已指向一个文本文件，以下函数调用使文件位置指针移到文件的末尾：

```
fseek(pf, 0L, SEEK_END);
```

2. ftell 函数

ftell 函数用于获得文件当前位置指针的位置，函数给出当前位置指针相对于文件开头的字节数。若文件指针已指向一正确打开的文件，则函数调用形式如下：

```
longftell(文件类型指针);
```

当函数调用出错时，函数返回—1L。

当打开一个文件时，通常并不知道该文件的长度，通过以下函数调用可以求出文件的字节数：

```
fseek(fp,0L, SEEK END);        //把位置指针移到文件末尾
t=ftell(fp);                   //求出文件中的字节数
```

若二进制文件中存放的是 struct st 结构体类型数据，则通过以下语句可求出该文件中以该结构体为单位的数据块的个数 n。

```
fseek(fp,0L, SEEK END);
t=ftell(fp);
n=t/sizeof(struct st);
```

3. rewind 函数

rewind 函数又称"反绕"函数，其调用形式如下：

```
rewind(文件类型指针);
```

rewind 函数的功能是使文件的位置指针重新回到文件的开头，此函数没有返回值。

11.5 综合程序举例——五子棋棋谱的读写

机器博弈竞赛规则透明、成绩判定准确、能充分保证公平、公开和公正，是一项很好的竞赛活动。博弈过程中需要保存棋谱，就是将人机博弈过程中所有走棋的位置记载下来，形成一个文件，存在磁盘上，供博弈复盘或以后研究使用。因此，记录棋谱可以看作数据写入文件操作，而博弈复盘则可以看作读取文件操作。

下面以五子棋棋谱为例，说明保存棋谱的过程。五子棋的棋谱格式可以按如下格式

设计：

```
[C5] [航空五子棋] [五子航天] [先手胜]BJ10WL10BJ11WI12BH10WH08 BK08
```

前 4 项为参赛信息，第 5 项为对弈结果，具体说明如下。

（1）"C5"表示比赛棋种是五子棋（Connect5）。

（2）"航空五子棋"为先手赛队名称。

（3）"五子航天"为先后赛队名称。

（4）"先手胜"为对弈结果。

（5）五子棋棋盘横坐标用字母"A"至"O"表示，纵坐标用数字"1"至"15"表示，棋谱中每个棋子用"棋子颜色（B/W）＋横坐标（J）＋纵坐标（10）"表示。

（6）"BJ10WL10BJ11WI12BH10WH08 BK08"为具体的对弈信息，是一组棋子序列，表示了各个棋子的落子顺序，对应这个序列的棋盘表示如图 11-13 所示；其中"BJ10"的"B"表示黑色棋子，先手执黑；而"WL10"的 W 表示白色棋子，后手执白。

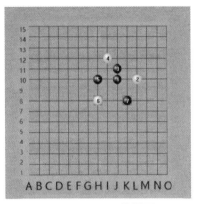

图 11-13　五子棋界面

例 11.9　把"航空五子棋"队（先手）与"五子航天"队（后手）棋谱保存到 D 盘下的 Manual.txt 文件中，本局先手胜出。

扫一扫

【分析】　根据前面关于五子棋棋谱的介绍可知，棋谱需要记录参赛队信息、竞赛结果和行棋记录等信息，信息之间是有联系的，这种数据最适合用结构体类型表示，所以我们要先构造恰当的结构体，再把结构体内存储的数据写入文件内即达到要求。经过观察，不难发现行棋记录部分信息是有一定规律的，这部分数据在写文件时可以采用循环结构。

程序代码如下：

```
01  #include<stdio.h>
02  #include<conio.h>
03  #include<stdlib.h>
04  struct TeamsInfo                    //赛队信息结构体类型
05  {
06      char RaceNum[5];                //比赛场次编号
07      char BlackName[15];             //先手赛队名称
08      char WhiteName[15];             //后手赛队名称
09      char Result[10];                //比赛结果
10  };
11  struct ChessManual                  //棋谱结构体类型
12  {
13      char chess;                     //记录黑棋或白棋
14      char piecesX;                   //行坐标
15      char piecesY[3];                //列坐标
16  };
17  struct TeamsInfo team1={"[C5]","[航空五子棋]","[五子航天]","[先手胜]"};
18  structChessManual manual[]={{'B','H',"08"},{'W','H',"09"},{'B','G',"09"},
                               {'W','G',"08"},{'B','F',"10"},{'W','E',"11"},
                               {'B','I',"07"},{'W','J',"06"},{'B','I',"08"},
                               {'W','I',"10"},{'B','J',"09"},{'W','F',"07"},
                               {'B','H',"07"},{'W','I',"10"}};
```

```
19    int main(void)
20    {
21        struct TeamsInfo * buffer1=&team1;            //赛队信息结构体数据存放起始地址
22        struct ChessManual * buffer2=manual;          //棋谱结构体数据存放起始地址
23        int size1=sizeof(struct TeamsInfo);           //赛队信息结构体类型的单位长度(字节)
24        int size2=sizeof(struct ChessManual);         //棋谱结构体类型的单位长度(字节)
25        int count1=1;                                 //要写入第 1 个数据块的数量
26        int count2=1;                                 //要写入第 2 个数据块的数量
27        FILE * fp;                                    //定义文件指针
28        char * filename="D:\\Manual.txt";             //文件的文件名及路径
29        if((fp=fopen(filename, "a+")) ==NULL )        //以追加方式打开文件
30        {
31            printf("Can't open this file!\n");
32            exit(0);                                  //退出程序
33        }
34        if(fwrite(buffer1,size1,count1,fp)!=1)        //将赛队信息结构体变量内容写入文件
35            printf("TeamsInfo file write error!!!\n");
36        int length=sizeof(manual)/sizeof(manual[0]);  //棋谱结构体数组元素的个数
37        for(int i=0;i<length;i++,buffer2++)           //将棋谱结构体变量内容写入文件
38            if(fwrite(buffer2,size2,count2,fp)!=1)
39                printf("ChessManual file write error!!!\n");
40        fclose(fp);
41        return(0);
42    }
```

图 11-14 所示为应用 fwrite 函数写入五子棋棋谱信息的文件内容。

图 11-14   例 11.9 文件输出结果

【说明】

(1) 第 4～10 行语句声明记录赛队信息结构体类型 struct TeamsInfo,第 11～16 行语句声明棋谱结构体类型 struct ChessManual;第 17 行定义 team1 为 struct TeamsInfo 结构体变量,并对其赋初值;第 18 行定义 manual 为 struct ChessManual 结构体数组,并对其赋初值。

(2) 第 21 行定义一个 struct TeamsInfo 结构体指针变量 buffer1,并对其赋初值为 team1 变量的起始地址,第 22 行定义一个 struct ChessManual 结构体指针变量 buffer2,并对其赋初值为 manual 数组的起始地址。

(3) 第 23 行通过 sizeof 函数计算 struct TeamsInfo 结构体单位长度,第 24 行通过 sizeof 函数计算 struct ChessManual 结构体单位长度。

(4) 第 28 行定义一个字符串,用于存储文件路径及文件名,在第 29 行的 fopen 函数中可以直接使用字符串名,以追加方式打开,可以在文件末尾写入数据。

(5) 第 34 行利用 fwrite 函数把 team1 结构体变量的数据写入文件,并判断文件是否写入成功。

（6）第 36 行通过 sizeof 函数分别计算出 manual 结构体数组的总长度及 manual[0]单个结构体数组元素的长度，从而计算得出棋谱结构体数组元素的个数，作为第 37 行 for 循环的结束条件。

（7）第 37～39 行依次把 manual 数组中的数据写入文件内，这里每次循环，不仅需要结构体数组下标做 i＋＋，还需通过指针变量 buffer2＋＋移动结构体数组指针。

每场博弈比赛都需要保存该场次的棋谱，当比赛结束后，可以通过打谱软件读取每场次保存的棋谱文件，以实现浏览行棋过程和复盘等功能。

例 11.10　模拟打谱软件，实现读取五子棋棋谱文件功能，并把行棋过程输出到屏幕上。

扫一扫

【分析】　五子棋的棋盘共有 255 个落子点，所以行棋记录理论上会有 255 个记录，需要创建一个可以存放 255 个记录的棋谱结构体数组，本例依然采用在例 11.9 中应用的两个结构体类型变量，利用例 11.9 中的 Manual.txt 文件内容读入数据。

程序代码如下：

```
01  #include<stdio.h>
02  #include<conio.h>
03  #include<stdlib.h>
04  #define N 225
05  struct TeamsInfo                            //赛队信息结构体类型
06  {
07      char RaceNum[5];                        //比赛场次编号
08      char BlackName[15];                     //先手赛队名称
09      char WhiteName[15];                     //对手赛队名称
10      char Result[10];                        //比赛结果
12  }team;
13  struct ChessManual                          //棋谱结构体类型
14  {
15      char chess;                             //记录黑棋或白棋
16      char piecesX;                           //行坐标
17      char piecesY[3];                        //列坐标
18  }manual[N];
19  int main(void)
20  {
21      struct TeamsInfo * buffer1=&team;       //赛队信息结构体数据存放起始地址
22      struct ChessManual * buffer2=manual;    //棋谱结构体数据存放起始地址
23      int size1=sizeof(struct TeamsInfo);     //赛队信息结构体类型的单位长度(字节)
24      int size2=sizeof(struct ChessManual);   //棋谱结构体类型的单位长度(字节)
25      int count1=1;                           //要写入第 1 个数据块的数量
26      int count2=1;                           //要写入第 2 个数据块的数量
27      FILE * fp;                              //定义文件指针
28      char * filename="D:\\Manual.txt";       //读文件的文件名及路径
29      if((fp=fopen(filename, "r+")) ==NULL)   //以读写方式打开文件
30      {
31          printf("Can't open this file!\n");
32          exit(0);                            //退出程序
33      }
34      if(fread(buffer1,size1,count1,fp))      //从文件中读取数据并保存到结构体变量
35      {
36          printf("RaceNum:%s\n",team.RaceNum);
37          printf("BlackName:%s\n",team.BlackName);
```

```
38              printf("WhiteName:%s\n",team.WhiteName);
39              printf("Result:%s\n",team.Result);
40          }                                     //输出信息
41          for(int i=0;i<N && fread(buffer2,size2,count2,fp);i++,buffer2++)
                                  //从文件中继续读取数据,保存到棋谱结构体变量
42              printf("Step:=%d Chess:%c [%c-%s]\n",i,manual[i].chess,manual[i].
                piecesX, manual[i].piecesY);      //在屏幕上输出结构体变量中的信息
                                                              (见图 11-15)
43          fclose(fp);
44          return(0);
45      }
```

```
C:\WINDOWS\system32\cmd.exe
RaceNum:[C5]
BlackName:[航空五子棋]
WhiteName:[五子航天]
Result:[先手胜]
Step:=0 Chess:B [H-08]
Step:=1 Chess:W [H-09]
Step:=2 Chess:B [G-09]
Step:=3 Chess:W [G-08]
Step:=4 Chess:B [F-10]
Step:=5 Chess:W [E-11]
Step:=6 Chess:B [I-07]
Step:=7 Chess:W [J-06]
Step:=8 Chess:B [I-08]
Step:=9 Chess:W [I-10]
Step:=10 Chess:B [J-09]
Step:=11 Chess:W [F-07]
Step:=12 Chess:B [H-07]
Step:=13 Chess:W [I-10]
请按任意键继续. . .
```

图 11-15　例 11.10 屏幕输出结果

【说明】

（1）第 4 行定义宏 N,代表五子棋可落子点的个数。

（2）第 5～18 行声明两个结构体类型。

（3）第 21～27 行为 fread 函数的参数设置。

（4）第 29 行表示文件以读写方式打开。

（5）第 34 行从文件中读取赛队信息数据并保存到 team 结构体变量中,第 35～40 行在屏幕上输出 team 中的数据。

（6）第 41～42 行利用循环结构从文件中读取棋谱信息数据并保存到 manual 结构体数组中。

11.6　小结

本章主要介绍了如下内容。

（1）文件概述:介绍 C 语言中文件的概念、文件的存取方式、文件的分类和文件的处理方法。

（2）文件的基本操作:介绍文件指针、文件打开和文件关闭函数。

（3）文件不同的读写方法及函数:介绍文件字符读写函数、文件字符串读写函数、格式化读写函数和块读写函数。

（4）常用的文件相关函数,包括常用的文件定位函数。

11.7　习题

1. 编写程序,把从终端读入的一组字符中的小写字母全部转换成大写字母,然后输出到一个磁盘文件中保存,用字符'!'表示输入字符串结束。

2. 文件 number.dat（自行创建编辑）中存放了一组整数，编程统计并输出文件中的正整数、零和负整数的个数。

3. 有 3 个学生的化学成绩分别是：79,80.5,85,请完成一个程序，将 3 个数写入文件 score.dat 中。再写一个程序，读取并输出文件 score.dat 的内容。

4. 请先写一个程序，将表 11-4 中 3 位学生的数据写入文件 test.txt 中，并输出文件 test.txt 的内容，按学号查询学生成绩。

表 11-4 学生信息

姓名	班级	学号	化学成绩
王华	15221	1001	90
李平	15211	1002	61
王宝球	15221	1003	92

11.8 扩展阅读——机器学习

1. 机器学习的概念

机器学习是一门多领域交叉学科，是现阶段人工智能的核心技术。它主要研究计算机如何模拟或实现人类的学习行为，获取新的知识技能，重新组织已有的知识结构并使之不断改善自身性能。现阶段，关于机器学习的定义主要有几种不同形式的描述，其中卡内基·梅隆大学的 Tom Mitchell 教授给出了如下定义：

对于某类任务（Task，简称 T）和某项性能评价准则（Performance，简称 P），如果一个计算机程序在 T 上以 P 作为性能的度量，随着很多经验（Experience，简称 E）不断自我完善，那么我们称这个计算机程序在从经验 E 中学习了。

Mitchell 教授认为，对于一个学习问题，需要明确 3 个特征：任务的类型、衡量任务性能提升的标准，以及获取经验的来源。以围棋 AI 程序 AlphaGo 为例，它可以通过和自己下棋获取经验，那么它的任务 T 就是"参与围棋对弈"；它的性能 P 就是用"赢得比赛的百分比"来度量。

2. 发展阶段

机器学习的发展大致可划分为 5 个阶段：奠基时期（20 世纪 50 年代—60 年代）、瓶颈时期（20 世纪 60 年代中期到 70 年代末）、重振时期（20 世纪 80 年代）、成型时期（20 世纪 90 年代至 21 世纪初）、爆发时期（从 2006 年至今）。

3. 机器学习的分类

通常，机器学习可以分成监督学习、非监督学习和强化学习 3 类，如表 11-5 所示。

监督学习从带有标签信息的训练集中学得一个模型（函数），当有新的数据时，再用该模型对新样本的标签值进行预测或推断。监督学习的训练集包括输入和输出（即特征和目标），训练集的目标通常由人标注。常见的监督学习算法包括回归分析和统计分类。

无监督学习与监督学习相比,训练集没有人为标注的结果,处理的数据都是无标签的,学习目的是发现样本集的某种内在结构或者分布规律。

强化学习没有标签作为监督信号,是以一种"试错"的方式进行学习,目标是使获得的累积奖赏值最大化。强化学习研究的内容就是通过智能体和环境之间的交互学习,选择执行动作,以达到目标或得到某种技能。

表 11-5　常见的机器学习分类

	监督学习	无监督学习	强化学习
训练样本	训练集 $\{(x^{(n)}, y^{(n)})\}_{n=1}^{N}$	训练集 $\{x^n\}_{n=1}^{N}$	智能体与环境交换的轨迹和积累奖励
优化目标	$y = f(x)$ 或 $p(y\|x)$	$p(x)$ 或带隐变量 z 的 $p(x\|z)$	期望总回报
学习准则	期望风险最小化 最大似然估计	最大似然估计 最小重构错误	策略评估 策略改进

另外,还有一种介于监督学习与无监督学习的半监督学习,通常针对的问题是训练集里同时存在有标签数据和无标签数据,且无标签数据的数量常常远远大于有标签数据的数量。

4. 任务划分

机器学习任务的类别非常丰富,可以从不同的视角进行梳理划分。例如,从学习目标的角度,机器学习大体可以分为分类、回归、排序、聚类、降维等类别;从模型的功能角度,可以分为生成式模型和判别式模型。另外,还可以从模型复杂度、可解释性、可扩展性等维度进行划分。

5. 机器学习的基本步骤

机器学习的基本步骤如图 11-16 所示。

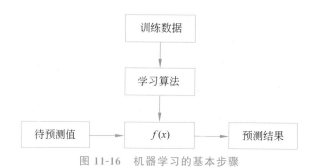

图 11-16　机器学习的基本步骤

6. 应用领域

机器学习应用广泛,无论是在军事领域还是民用领域,都有机器学习算法施展的机会。机器学习现在已广泛应用于数据分析与挖掘、计算机视觉、自然语言处理、语音和手写识别、生物特征识别、搜索引擎、医学诊断和机器博弈等领域。

目前,百度、华为、科大讯飞、Google、YouTube、IBM 等国内外许多 IT 企业都在深入研究和应用机器学习,他们把目标定位于全面模仿人类大脑,试图创造出拥有人类智慧的机器大脑。

第12章 浅谈面向对象

通过前几章的学习,大家已经会用 C 语言编写程序,实现一些功能,是不是很有成就感? 同时也会有一个疑问:用 C 语言编程是不是万能的,能不能解决所有问题呢? 答案是否定的,比如它不方便设计图形化界面。图形化界面是指采用图形方式显示的计算机操作环境用户接口。与用 C 语言设计的程序采用的是命令行界面相比,图形界面对于用户来说更简便、易用,它通过窗口、菜单、按键等方式方便地进行操作。

本章将介绍面向对象程序设计方法,通过 C♯ 语言,利用一些典型例题介绍图形化界面在 C♯ 中如何实现。

12.1 面向对象概念

对象可以是人们要进行研究的任何事物,从最简单的整数到复杂的飞机等均可看作对象,它不仅能表示具体的事物,还能表示抽象的规则、计划或事件,例如学生、书或者建造房子,都可以是对象。也有的定义为"一切都是对象",然而面向对象也不能简单地等价理解成面向任何事物编程,因此面向对象这个"对象"指的是客体。所谓客体,既可以是客观存在的对象实体,又可以是主观抽象的概念。

面向对象有以下三大特征。

封装:是指将某事物的属性和行为包装到对象中,这个对象只对外公布需要公开的属性和行为,而这个公布也是可以有选择性地公布。比如,定义一个动物对象,它的属性和行为可以有很多,选择需要的属性如名字、颜色等,行为如跑、行走等。当实例化对象时,不需要再定义属性和行为,可以直接给属性和行为赋值,这就体现了封装性。

继承:子类继承父类,可以继承父类的方法及属性,即父对象拥有的属性和行为,其子对象也就拥有了这些属性和行为,这非常类似大自然中的物种遗传,把之前已经实现好的代码或者方法通过继承的方式拿过来使用,能节省大量的代码量,实现了多态以及代码的重用,因此也解决了系统的重用性和扩展性。比如我们已经定义好一个水果类,那么,当再定义苹果类、桔子类或香蕉类时就可以使用继承,水果类就是父类,苹果类就是子类。

多态:同一操作作用于不同类的实例,将产生不同的执行结果,即不同类的对象收到相同的消息时,将得到不同的结果。比如鸟会飞,飞机也会飞,但是飞这个操作,我们让鸟和飞机,都实现这个操作,鸟利用自己的身体特征,飞机利用机械原理,都是同一个飞,但是实现的方式不同。同一个方法用不同的方式实现,展现出多态性,这就实现了系统的可维护性、可扩展性。

那么,使用面向对象设计方法编程时,应该怎么做呢? 面向对象编程,分为以下 3 个步骤。

(1) 首先是分析需求,先不要思考怎么用程序实现它,先分析需求中稳定不变的客体都是些什么,这些客体之间的关系是什么。

(2) 把第一步分析出来的需求,通过进一步扩充模型,变成可实现的、符合成本的、模块化的、低耦合高内聚的模型。

(3) 使用面向对象的方法实现模型。

面向对象是先抽象一个模型,然后把这个模型实例化来使用,这个抽象模型就是大家经常听到的类的概念。类并不能直接使用,而是需要实例化,特别是想调用里面的一个方法时,还需要类实例化成对象后,才能通过对象调用。

面向对象的方法在代码量上会比面向过程的方法少一些,毕竟有些功能方法可以直接继承过来,所以使用面向对象语言开发的程序员,切换到面向过程的语言时,会觉得特别不舒服,有些共有的方法直接继承过来用非常自然,面向过程调用更加突兀或者直接一点。面向对象在解决复杂逻辑上更加占据一定的优势,而且越用越有感觉。

在 C 语言的基础上,微软推出了 C#,进一步扩充和完善了 C 语言,采用面向对象的思想,支持.NET 最丰富的基本类库资源。C# 提供快捷的开发方式,又没有丢掉 C 语言和 C++ 强大的控制能力。C 语言是 C# 的基础,C# 语言和 C 语言在很多方面是兼容的。因此,掌握了 C 语言,再进一步学习 C#,就能以一种熟悉的语法学习面向对象的语言,从而达到事半功倍的目的。

12.2　面向对象设计

12.2.1　类的基本概念

C# 语言是一种现代、面向对象的语言。面向对象程序设计方法提出了一个全新的概念——类,它的主要思想是将数据(数据成员)及处理这些数据的相应方法(函数成员)封装到类中,类的实例则称为对象。

类中不但可以包括数据,还包括处理这些数据的函数,即方法。类是对数据和处理数据的函数(方法)的封装。类是对某一类具有相同特性和行为的事物的描述,如动物类、水果类、汽车类和人类等。那么,如何定义类呢?

类的声明格式如下:

类修饰符 class 类名{类体}

其中,关键字 class、类名和类体是必须的,其他项是可选项。类修饰符包括 new、public、protected、internal、private、abstract 和 sealed,说明如表 12-1 所示。

表 12-1　修饰符的说明

修饰符	说　　　明
new	声明嵌套的类,表示对继承父类同名类型的隐藏
public	声明的类可以被任意存取
protected	声明的类只可以被本类和其继承子类存取
internal	声明的类只可以被本组合体(Assembly)内所有的类存取,组合体是 C♯ 语言中类被组合后的逻辑单位和物理单位,其编译后的文件扩展名往往是".DLL"或".EXE"
protected internal	是唯一的一种组合限制修饰符,它声明的类可以被本组合体内所有的类和这些类的继承子类所存取
private	声明的类只可以被本类所存取
abstract	声明的类为抽象类,表示该类只能作为父类用于继承,而不能进行对象实例化
sealed	声明的类为密封类,表示该类不能被继承

【注意】　同时对一个类作 abstract 和 sealed 的修饰是没有意义的,也是被禁止的。

如果类是外置的,那修饰符只有 public 和 internal,默认是 internal。

如果类是内置的,就是作为另一个类型的成员,也称内部类型(inner type),这样的话,修饰符可以是全部可用修饰符,默认是 private。

类体用于定义类的成员。类的成员包括以下类型。

- 局部变量:在 for、switch 等语句中和类方法中定义的变量,只在指定范围内有效。
- 字段:即类中的变量或常量,包括静态字段、实例字段、常量和只读字段。
- 方法成员:包括静态方法和实例方法。
- 属性:按属性指定的 get 方法和 set 方法对字段进行读写。属性本质上是方法。
- 事件:代表事件本身,同时联系事件和事件处理函数。
- 索引指示器:允许像使用数组那样访问类中的数据成员。
- 操作符重载:采用重载操作符的方法定义类中特有的操作。
- 构造函数和析构函数。

包含有可执行代码的成员被认为是类中的函数成员,这些函数成员有方法、属性、索引指示器、操作符重载、构造函数和析构函数。

例如,定义一个描述个人情况的类 Person 如下。

```
01  using System;
02  class Person        //类的定义,class 是保留字,表示定义一个类,Person 是类名
03  {
04      private string name="张三";      //类的数据成员声明
05      private int age=12;              //private 表示私有数据成员
06      public void Display()           //类的方法(函数)声明,显示姓名和年龄
```

扫一扫

```
07      {
08        Console.WriteLine("姓名:{0},年龄:{1}",name,age);
09      }
10      public void SetName(string PersonName)    //修改姓名的方法(函数)
11      {
12        name=PersonName;
13      }
14      public void SetAge(int PersonAge)
15      {
16        age=PersonAge;
17      }
18   }
```

Console.WriteLine("姓名:{0},年龄:{1}",name,age)的意义是将第一个参数变量name变为字符串填到{0}位置,将第二个参数变量age变为字符串填到{1}位置,将每个参数表示的字符串在显示器上输出。

这里实际定义了一个新的数据类型,为用户自己定义的数据类型,是对个人特性和行为的描述,它的类型名为Person,它和int、char等一样为一种数据类型。用定义新数据类型Person类的方法把数据和处理数据的函数封装起来。

12.2.2 类的实例化

1. 类的对象

Person类仅是一个用户新定义的数据类型,由它可以生成Person类的实例,即对象。用如下方法声明类的对象:Person OnePerson=new Person();

此语句的意义是建立Person类对象,返回对象地址赋值给Person类变量OnePerson。也可以分两步创建Person类的对象:Person OnePerson;OnePerson = new Person();OnePerson虽然存储的是Person类对象的地址,但不是C中的指针,不能像指针那样可以进行加、减运算,也不能转换为其他类型的地址,它是引用型变量,只能引用(代表)Person对象。和C不同,C♯只能用此种方法生成类对象。

在程序中,可以用OnePerson.方法名或OnePerson.数据成员名访问对象的成员。例如:OnePerson.Display(),公用数据成员也可以这样访问。

2. 类的构造函数和析构函数

在建立类的对象时,需做一些初始化工作,例如对数据成员初始化。这些可以用构造函数完成。每当用new生成类的对象时,自动调用类的构造函数。因此,可以把初始化的工作放到构造函数中完成。构造函数和类名相同,没有返回值。例如,可以定义Person类的构造函数如下。

```
public Person(string Name,int Age)
//类的构造函数,函数名和类同名,无返回值
{
    name=Name;
    age=Age;
}
```

当用Person OnePerson=new Person("张五",20)语句生成Person类对象时,将自动

调用以上构造函数。

变量和类的对象都有生命周期,生命周期结束,这些变量和对象就要被撤销。类的对象被撤销时,将自动调用析构函数。一些善后工作可放在析构函数中完成。析构函数的名字为～类名,无返回类型,也无参数。Person 类的析构函数为～Person。C♯中类的析构函数不能显示地被调用,它是被垃圾收集器撤销不被使用的对象时自动调用的。

3. 类的构造函数的重载

在 C♯语言中,同一个类中的函数,如果函数名相同,而参数类型或个数不同,则认为它们是不同的函数,这叫函数重载。仅返回值不同,不能看作不同的函数。这样,可以在类定义中定义多个构造函数,名字相同,参数类型或个数不同。根据生成类的对象方法不同,调用不同的构造函数。例如,可以定义 Person 类没有参数的构造函数如下:

```
public Person()          //类的构造函数,函数名和类同名,无返回值
{
    name="张三";
    age=12;
}
```

用语句 Person OnePerson＝new Person("李四",30)生成对象时,将调用有参数的构造函数,而用语句 Person OnePerson＝new Person()生成对象时,则调用无参数的构造函数。由于析构函数无参数,因此析构函数不能重载。

4. 类的示例

下边用一个完整的例子说明 Person 类的使用。

例 12.1　Person 类的定义。

```
01  using System;
02  name space LT12_1_Person 类的定义          //定义以下代码所属命名空间
03  {
04      class Person
05      {
06          private string name="张三";          //类的数据成员声明
07          private int age=12;
08          public void Display()                //类的方法(函数)声明,显示姓名和年龄
09          {
10              Console.WriteLine("姓名:{0},年龄:{1}",name,age);
11          }
12          public void SetName(string PersonName)     //指定修改姓名的方法(函数)
13          {
14              name=PersonName;
15          }
16          public void SetAge(int PersonAge)    //指定修改年龄的方法(函数)
17          {
18              age=PersonAge;
19          }
20          public Person(string Name,int Age)   //构造函数,函数名和类同名,无返回值
21          {
22              name=Name;
23              age=Age;
24          }
```

```
25          public Person()                    //类的构造函数重载
26          {
27              name="田七";
28              age=12;
29          }
30      }
31  Class Program
32  {
33      Static void Main(string[]args)
34      {
35          Person OnePerson=new Person("李四",30);
                                                //使用带两个参数的构造函数生成类对象
36          OnePerson.Display();               //使用 Display 方法显示对象的姓名和年龄
37          OnePerson.SetName("王五");         //使用 SetName 方法修改对象的姓名
38          OnePerson.SetAge(40);              //使用 SetAge 方法修改对象的年龄
39          OnePerson.Display();
40          OnePerson=newPerson();             //使用无参数的构造函数生成类的对象
41          OnePerson.Display();
42      }
43  }
44 }
```

按 Ctrl+F5 组合键运行,显示如下内容:

姓名:李四,年龄:30
姓名:王五,年龄:40
姓名:田七,年龄:12

当想写一个完整的实例时,如果不使用图形化界面,则可以在控制台上输出;当想创建图形化界面时,还需要了解如何创建 Windows 窗体应用程序,如何在窗体上设计界面。

12.3 Windows 窗体设计

Windows 窗体应用程序一般都有一个窗口,窗口是运行程序与外界交换信息的界面。一个典型的窗口包括标题栏、最小化按钮、最大化/还原按钮、关闭按钮、菜单、工具栏、状态栏、滚动条和客户区等,如图 12-1 所示。程序员的工作之一是设计符合自己要求的窗口,C#用控件的方法设计界面;另一个工作是在用户区显示数据和图形。

Windows 窗体应用程序和控制台应用程序的结构一样,程序的执行总是从 main 方法(函数)开始,主函数 main 必须在一个类中。但 Windows 窗体应用程序使用图形界面,一般有一个窗口(Form),采用事件驱动方式工作。这里简单介绍一下 Windows 窗体应用程序的基本结构。

1. 最简单的 Windows 窗体应用程序

```
using System;                //引入名字空间
using System.Windows.Forms;
public class Form1:Form  //类定义
{
    static void Main()     //主函数
```

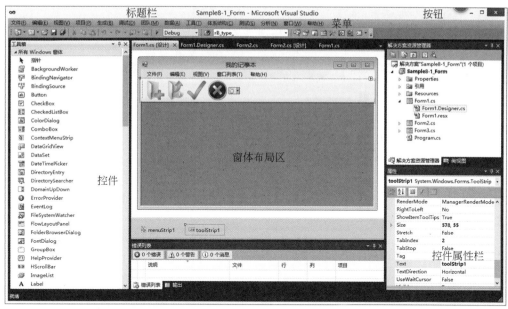

图 12-1　Windows 窗体应用程序窗口界面

```
  {
     Application.Run(new Form1());
  }
}
```

自定义类 Form1 以 Form 类为基类。Form 类是.Net 系统中定义的窗体类,Form 类对象具有 Windows 窗体应用程序窗口的最基本功能,有标题栏、系统菜单、最大化按钮、最小化按钮和关闭按钮、用户区。Form 类对象还是一个容器,在 Form 窗体中可以放置其他控件,例如菜单控件、工具栏控件等。System.Application 类中的静态方法 Run 负责完成一个应用程序的初始化、运行、终止等功能,其参数是本程序使用的窗体 Form1 类对象,Run 方法还负责从操作系统接收事件,并把事件送到窗体中响应。窗体关闭,方法 Run 退出,Windows 应用程序结束。

2. 用 Visual Studio 2010 建立 Windows 窗体应用程序框架

以上所做的工作都是一些固定的工作,可以使用 Visual Studio 2010 自动建立。下面介绍使用 Visual Studio 2010 创建 Windows 应用程序的具体步骤。

运行 Visual Studio 2010 程序,单击"新建项目"按钮,出现如图 12-2 所示的对话框。在项目类型(P)编辑框中选择 Visual C♯项目,在模板(T)编辑框中选择 Windows 窗体应用程序,在名称(N)编辑框中输入 e7,在位置(L)编辑框中输入 D:\prog\C♯练习。也可以单击"浏览"按钮,在打开的"文件"对话框中选择文件夹。单击"确定"按钮,创建项目,生成一个空白窗体(Form1),如图 12-3 所示。

e7 文件夹下有 3 个文件夹和 7 个文件,一般只修改 Form1.cs 文件。右击 Form1 窗体,在弹出的快捷菜单中选择菜单项查看代码(C),可打开 Form1.cs 文件。

在窗体中增加一个按钮(Button),并为按钮增加单击事件函数。单击图 12-3 中标题为 Forms.cs[设计]的窗口标签,返回标题为 Forms.cs[设计]的窗口。向项目中添加控件,需

图 12-2 新建项目界面

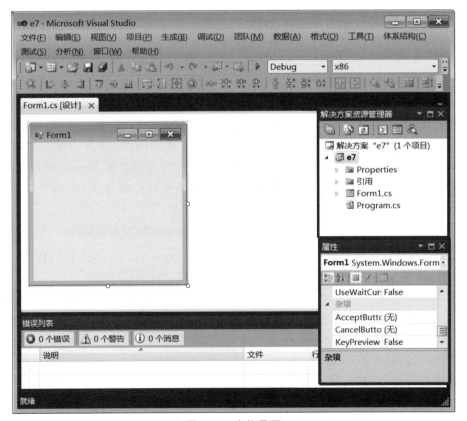

图 12-3 窗体界面

要使用工具箱窗口,若看不到,则可以用"菜单视图/工具箱"打开这个窗口。选中工具箱窗口中 Windows 窗体类型下的 Button 条目,然后在标题为 Forms.cs[设计]的窗口的 Form1 窗体中按下鼠标左键,拖动光标画出放置 Button 控件的位置,松开鼠标左键,就将 Button 控件放到 Form1 窗体中了,如图 12-4 所示。选中按钮控件,属性窗口显示按钮属性,其中左侧为属性名称,右侧为属性值,用属性窗口修改 Button 的 Text 属性值为"确定"。单击属性窗体上的第 4 个图标,打开事件窗口,显示 Button 控件所能响应的所有事件,其中左侧为事件名称,右侧为事件处理函数名称,如果右侧为空白,则表示还没有事件处理函数,选中 Click 事件,双击右侧空白处,可增加单击事件处理函数。

图 12-4　添加 Button 控件

3. 常用控件

使用控件(组件)设计 Windows 应用程序。将 Visual Studio 2010 工具箱窗口中的控件放到窗体中,使用属性窗口改变控件的属性,或在程序中用语句修改属性,为控件增加事件函数,完成指定的功能。

1) 控件通用属性

大部分控件都是 Control 类的派生类,如 Label、Button、TextBox 等。Control 类中定义了这些派生类控件通用的一组属性和方法,这些控件的通用属性有以下 9 个。

(1) Name:控件的名称,是区别控件类不同对象的唯一标志。例如,建立一个 Button 控件类对象,可用语句 Button button1＝new Button(),那么 Name 属性的值为 button1。

(2) Location:表示控件对象在窗体中的位置。本属性是一个结构,结构中有 x 和 y 两个变量,分别代表控件对象左上角顶点的 x 和 y 坐标,该坐标系以窗体左上角为原点,x 轴向右为正方向,y 轴向下为正方向,以像素为单位。修改 Location,可以移动控件的位置,例如:button1.Location＝new Point(100,200)语句将按钮 button1 移动到新位置。

(3) Left 和 Top：Left 和 Top 属性值等效于控件的 Location 属性的 X 和 Y。修改 Left 和 Top，可以移动控件的位置，例如：button1.Left＝100 语句表示水平移动按钮 button1。

(4) Size：该属性是一个结构，结构中有两个变量，Width 和 Height 分别代表控件对象的宽和高，例如，可用语句 button1.Size.Width＝100 修改 Button 控件对象 button1 的宽。

(5) BackColor：控件背景颜色。

(6) Enabled：布尔变量，为 true 表示控件可以使用；为 false 表示控件不可用，变为灰色。

(7) Visible：布尔变量，为 true 控件正常显示，为 false 控件不可见。

(8) Modifier：定义控件的访问权限，可以是 private、public、protected 等，默认值为 private。

(9) Cursor：光标移到控件上方时，光标显示的形状。默认值为 Default，表示使用默认鼠标形状，即箭头形状。

2) 标签(Label)控件

标签控件用来显示一行文本信息，但文本信息不能编辑，常用来输出标题、显示处理结果和标记窗体上的对象。标签一般不用于触发事件。

例 12.2　在窗口中显示一行文本。

该例虽然简单，但包括了用 Visual Studio 2010 建立 C♯ Windows 应用程序的基本步骤。具体实现步骤如下。

(1) 建立一个新项目，生成一个空白窗体(Form1)。可以用属性窗口修改窗体的属性，例如，修改 Form1 的属性 Text，可以修改窗体的标题。用鼠标拖动窗体边界的小正方形，可以修改窗体打开时的初始大小。

(2) 双击工具箱窗口中 Windows 窗体类型下的 Label 条目，在窗体 Form1 中放置一个 Label 控件，用来显示一行文本。可以用鼠标拖动 Label 到窗体的任意位置，并可拖动 Label 边界改变控件的大小。

(3) 选中 Label 控件，在属性窗口中找到属性 Text，把它的值由"Label1"修改为"庆祝中国共产党成立 100 周年"。接着在属性窗口中选中 Font 属性，单击 Font 属性右侧的标题为…的按钮，打开对话框，在对话框中可以修改 Label 控件，显示字符串的字体名称和字号等，也可以单击 Font 属性左边的＋号，在出现的子属性中编辑。编辑完成后，单击 Font 属性左边的一号，隐藏 Font 的子属性。修改 ForeColor 属性，可以修改 Label 控件，显示字符串的颜色。这是在设计阶段修改属性。

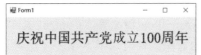

图 12-5　运行效果

(4) 执行"调试"→"启动调试"命令，程序运行，可以看到窗口中按指定字体大小和颜色显示：庆祝中国共产党成立 100 周年，运行效果如图 12-5 所示。

(5) 保存项目。生成一个可执行程序需要多个文件，这些文件组成一个项目。一般把一个项目存到一个子目录中。

(6) 选择菜单命令"文件"→"保存所有文件"，保存所有文件。关闭 Visual Studio 2010，再启动。使用"文件"→"打开"菜单项，打开刚才关闭的项目文件(扩展名为 sln)，从中可以看到刚才的设计界面。必须打开项目，才能完成编译工作。

3）按钮（Button）控件

用户单击按钮，触发单击事件，在单击事件处理函数中完成相应的工作。

例 12.3 按钮控件实例。

本例介绍如何用程序修改属性，如何使用方法，如果增加事件函数。在窗口中显示一行文字，增加 2 个按钮，单击标题为红色的按钮把显示的文本颜色改为红色，单击标题为黑色的按钮把显示的文本颜色改为黑色。控件属性设置见表 12-2。

表 12-2 控件属性设置

对象	属性	属性值
button1	Text	红色
button2	Text	黑色
button3	Text	退出
button1,2,3	Font	宋体，22pt
button1,2,3	Size	130,55

实现步骤如下。

（1）在例 12.2 的基础上，放 3 个 Button 控件到窗体，修改属性 Text，使标题分别为红色、黑色、退出。设计好的界面如图 12-6 所示。

（2）选中标题为红色的按钮，打开事件窗口，显示该控件所能响应的所有事件，其中左侧为事件名称，右侧为事件处理函数名称，如果右侧为空白，表

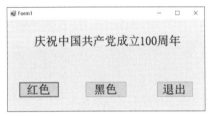

图 12-6 Button 控件实例界面

示还没有事件处理函数，选中 Click 事件，双击右侧空白处，增加单击（Click）标题为红色的按钮的事件处理函数如下。

```
private void button1_Click(object sender, System.EventArgs e)
{
    label1.ForeColor=Color.Red;      //运行阶段修改属性
}
//label1是控件的名字(label 的 Name 属性)，用它区分不同的控件
```

（3）单击（Click）标题为黑色的按钮的事件处理函数如下。

```
private void button2_Click(object sender, System.EventArgs e)
{
    label1.ForeColor=Color.Black;
}
```

（4）单击（Click）标题为退出的按钮的事件处理函数如下。

```
private void button3_Click(object sender, System.EventArgs e)
{
    Close();
}
```

Close()为窗体（Form）的方法，作用是关闭主窗体。主窗体关闭了，程序也就结束了。

【注意】 引用窗体的方法和属性时可不指定对象名,默认为窗体的属性或方法。而使用其他组件的属性及方法要指明所属组件对象,例如 label1.ForeColor＝Color.Red;。

（5）启动调试,运行,单击标题为红色的按钮,窗体显示字符串颜色为红色;单击标题为黑色的按钮,窗体显示字符串颜色为黑色;单击标题为退出的按钮,结束程序。

4）文本框（TextBox）控件

TextBox 控件是用户输入文本的区域,也叫文本框。

例 12.4 文本框控件实例。

本例要求用户在编辑框中输入两个乘数,单击按钮把相乘的结果在编辑框中显示出来。

（1）建立一个新的项目。放 5 个 Label 控件到窗体,Text 属性分别为被乘数、乘数、积、*、=。

（2）放 3 个 TextBox 控件到窗体,属性 Name 从左到右分别为 textBox1、textBox2、textBox3,属性 Text 都为空。

（3）放 3 个 Button 控件到窗体,Text 属性分别修改为求积、清空、退出。文本框控件实例界面如图 12-7 所示。

图 12-7 文本框控件实例界面

（4）标题为求积的按钮的单击事件处理函数如下。

```
private void button1_Click(object sender, System.EventArgs e)
{
    float ss,ee;
    ss=Convert.ToSingle(textBox1.Text);
    ee=Convert.ToSingle(textBox2.Text);
    textBox3.Text=Convert.ToString(ss * ee);
}
```

（5）标题为清空的按钮的单击事件处理函数如下。

```
private void button2_Click(object sender,System.EventArgs e)
{
    textBox1.Text="";
    textBox2.Text="";
    textBox3.Text="";
}
```

（6）标题为退出的按钮的单击事件处理函数如下。

```
private void button3_Click(object sender, System.EventArgs e)
{
    Close();
}
```

（7）启动调试，运行，在文本框 textBox1 和 textBox2 中分别输入 2 和 3，单击标题为求积的按钮，textBox3 中显示 6；单击标题为清空的按钮，3 个文本框被清空；单击标题为退出的按钮，结束程序。

5）定时（Timer）控件

Timer 控件也叫定时器或计时器控件，是按一定时间间隔周期性地自动触发事件的控件。在程序运行时，定时控件是不可见的。

例 12.5　定时控件实例。

（1）建立一个新项目。放 Timer 控件到窗体，Name 属性为 timer1。

（2）放 Label 控件到窗体，Name 属性为 label1。

（3）为窗体 Form1 的事件 Load 增加事件处理函数如下。

```
private void Form1_Load(object sender, System.EventArgs e)
{
    this.timer1.Interval=1000;
    this.timer1.Enabled=true;
    label1.Text=DateTime.Now.ToString();
}
```

（4）为 Timer1 的 Tick 事件增加事件处理函数如下。

```
private void timer1_Tick(object sender, System.EventArgs e)
{
    label1.Text=DateTime.Now.ToString();
}
```

（5）启动调试，运行，标签控件位置显示日期和时间。运行效果如图 12-8 所示。

图 12-8　定时控件实例

至此，我们已经了解了面向对象的设计思想，也知道了如何创建 Windows 窗体应用程序。下面结合前面讲的案例，使用面向对象语言 C♯ 来解决这些问题。

12.4　综合程序举例

扫一扫

例 12.6　猜数游戏。

编程用的最多的是 Button、Textbox 和 Label 这 3 种控件，用面向对象的程序设计实现猜数游戏。首先进行界面设计（见图 12-9），设置一个 Button 控件，单击该控件时可以判断猜的数是否正确；其次设置一个 Textbox 控件，用于输入猜的数；最后设置 3 个 Label 控件，用于说明信息。Label1 标识输入数据的信息；Label2 标识猜数的次数，以及超过五次后不能再猜，把数显示出来；Label3 标识每次猜数的情况，是大了，还是小了。

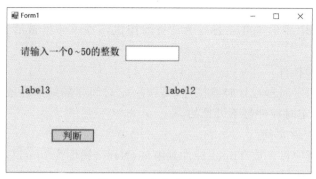

图 12-9　猜数游戏界面

编写的程序和前面的 C 语言程序类似，使用了选择结构、全局变量等。

```
01   int r,a,n=0;
02   private void Form1_Load(object sender,EventArgs e)
03   {
04       Random rd=new Random( );
05       r=rd.Next(0,50);
06   }
07   private void button1_Click(object sender,EventArgs e)
08   {
09       n++;
10       if(n<5)
11       {
12           a=int.Parse(this.textBox1.Text);
13             if(a<r)
14                this.label3.Text="猜的数比"+a+"大";
15             else  if(a>r)
16                this.label3.Text="猜的数比"+a+"小";
17             else
18                this.label3.Text="猜对了,就是这个数"+a;
19           this.label2.Text="一共猜了"+n+"次";
20       }
21       else
22       {
23           this.label2.Text="超过五次,不能再猜了,该数是"+r;
24           this.textBox1.Enabled=false;
25       }
26   }
```

猜数游戏执行界面如图 12-10 所示。

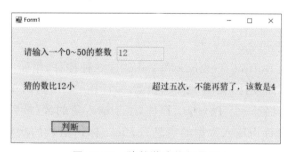

图 12-10　猜数游戏执行界面

然后,大家还可以在这个项目上进行扩展,比如可以定时,限定在指定时间内猜数,这时就可以用 Timer 控件,或者多人比赛猜数,这时需要把每个人的成绩都记录下来,可以有多种选择,可以用数组,也可以用文件,还可以用数据库,所以,前面所讲的每个知识点在 C♯语言中都可以实现,基本语法是类似的。学好 C 语言,对 C♯语言也是有帮助的。

例 12.7 五子棋的棋盘设计。

棋盘用 C♯设计更简单一些,可以使用的控件有多种,如 PictureBox、Panel、Label 和 Button 等,也可以直接使用 Graphics 类画图,Graphics 类封装了一个 GDI＋(Graphics Device Interface Plus,图形设备接口)绘图画面,Graphics 对象用于创建图形图像的对象。绘图时需要先创建 Graphics 对象,然后才可以使用 GDI＋绘制线条和形状、呈现文本或显示与操作图像。绘制图形包括以下两个步骤。

(1) 创建 Graphics 对象。

(2) 使用 Graphics 对象绘制线条和形状、呈现文本或显示与操作图像。

本节使用 Graphics 类绘制棋盘和棋子。

(1) 设计棋盘:创建一个 Windows 窗体程序。

(2) 添加控件:在窗体界面上添加两个 Panel 控件、3 个 Button 控件、一个 Label 控件。

(3) 设置属性:为两个 Panel 控件的 dock 属性分别选择 FILL 和右沾满(属性可以自己设置);设置背景颜色,在右边的 Panel 中设置;3 个按钮分别命名为开始、重置、退出;一个 Label 控件,用来表示游戏状态,如图 12-11 所示。

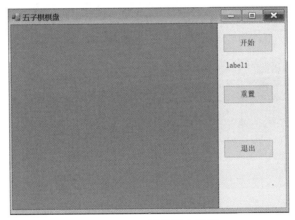

图 12-11 五子棋棋盘界面

(4) 设置棋盘大小:在 Form1_Load 事件中写入设置窗体和棋盘大小的程序,这样就会在加载窗体时给出适当大小的棋盘。

```
1  private void Form1_Load(object sender, EventArgs e)
2  {
3      this.Width=700;                //主框体的宽度为 700 像素
4      this.Height=640;               //主框体的高度为 640 像素
5      this.panel1.Width=600;         //棋盘的宽度为 600 像素
6      this.panel1.Height=600;        //棋盘的高度为 600 像素
7  }
```

(5) 画棋盘:在 button1_Click 事件(开始按钮的单击事件)中写入画棋盘程序,棋盘的每个方格设置值为 40 像素,画出一个 14 * 14 格的棋盘,如图 12-12 所示。

```
01    private void button1_Click(object sender, EventArgs e)
02    {
03        int gap = 40;                              //棋盘每个空格的宽度为 40 像素
04        int num = this.panel1.Width / gap - 1;     //计算棋盘可以画出的方格数
05        Graphics g = panel1.CreateGraphics();      //创建 graphics 类画图
06        for (int i = 0; i < num + 1; i++)          //利用 for 循环画出棋盘
07        {
08            g.DrawLine(new Pen(Color.Black), 20, 20 + i * gap, 20 + num * gap, 20 + i * gap);
09            //Pen 画笔,是一个类,封装了画出线条的颜色、粗细等
10            //20:线条起点的 X 坐标;20 + i * gap:线条起点的 Y 坐标
11            //20 + num * gap:线条终点的 X 坐标;20 + i * gap:线条终点的 Y 坐标
12            g.DrawLine(new Pen(Color.Black), 20 + gap * i, 20, 20 + i * gap, 20 + gap * num);
13        }
14    }
```

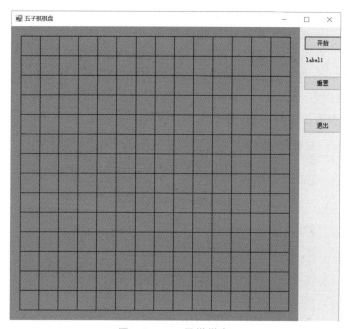

图 12-12　五子棋棋盘

完整的人人对弈五子棋游戏,将在项目实战章节中详细介绍。

12.5　小结

本章主要介绍了如下内容:

(1)面向对象思想及其相关概念。

(2)面向对象程序设计:类的基本概念及其实例化。

(3)Windows 窗体应用程序的基本结构及其常用控件。

(4)综合案例。

12.6　习题

1. 在猜数游戏的项目上添加 Timer 控件,限定在 1 分钟内完成猜数,若超过时间,则不允许再猜数。提示:Timer 控件是定时器,它可用来计时,它的属性 interval 表示时间间隔,也就是频率,表示多长时间执行一次操作。

2. 试着自己设计一个五子棋棋盘。

12.7　扩展阅读——深度学习

机器学习的算法主要指通过数学及统计方法求解最优化问题的步骤和过程。计算机能够根据算法要求,通过大量输入样本自动学习,从而发现数据的内在规律,并对新样本进行智能识别,甚至实现对未来的预测,给机器赋予一定的智能。

机器学习中常见的算法主要有决策树算法、朴素贝叶斯算法、支持向量机算法、K 近邻算法、K 均值聚类算法、人工神经网络算法、深度学习算法、集成学习算法等。其中,深度学习(Deep Learning)算法随着计算机软硬件技术的飞速发展,特别是在人工智能围棋程序 AlphaGo 中的成功运用,越来越受到科研人员和企业的关注,逐渐成为人工智能领域较热门的技术之一。

1. 深度学习概念

深度学习是机器学习的分支,是一种试图使用包含复杂结构或由多重非线性变换构成的多个处理层对数据进行高层抽象的算法,其网络结构示意图如图 12-13 所示。近几年,基于人工神经网络的深度学习取得了突破性进展。运用该技术,成功解决了机器博弈及相关领域中的许多实际问题。

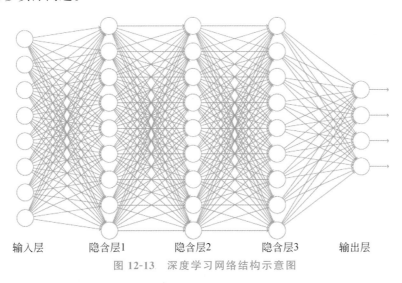

输入层　　　隐含层1　　　隐含层2　　　隐含层3　　　输出层

图 12-13　深度学习网络结构示意图

深度学习是机器学习中一种基于对数据进行表征学习的算法,表征学习的目标是寻求更好的表示方法,并创建更好的模型来从大规模未标记数据中学习这些表示方法。表示方法来自神经科学,并松散地创建在类似神经系统中的信息处理和对通信模式的理解上,如神经编码,试图定义拉动神经元的反应之间的关系,以及大脑中的神经元的电活动之间的关系。

深度学习的基础是机器学习中的分散表示。分散表示假定观测值由不同因子相互作用生成。在此基础上,深度学习进一步假定这一相互作用的过程可分为多个层次,代表对观测值的多层抽象。不同的层数和层的规模可用于不同程度的抽象。深度学习运用了层次抽象的思想,更高层次的概念从低层次的概念学习得到。这一分层结构常常使用贪心算法逐层构建而成,并从中选取有助于机器学习的更有效的特征。

不少深度学习算法都以无监督学习的形式出现,因而这些算法能应用于其他算法无法企及的无标签数据,这类数据比有标签数据更丰富,也更容易获得。这一点也为深度学习赢得了重要的优势。深度学习的学习对象同样是数据,但相对于传统的机器学习而言,它需要更大量的数据(Big Data)。

至今已有多种深度学习框架,如深度神经网络、卷积神经网络、深度置信网络和循环神经网络。

2. 深度学习的应用

硬件的进步是深度学习获得关注的重要因素之一,高性能图形处理器的出现极大地提高了数值和矩阵运算的速度,使得机器学习算法的运行时间显著缩短,从而实现了从理论到实践的跨越。实验证明,深度学习能用于检验数据集,提高识别的精度。深度学习自出现以来,已应用在计算机视觉、自然语言处理、机器博弈、语音识别与生物信息学等很多领域,并获得了极好的效果。

第13章 项目实战

13.1 猜数游戏挑战赛

13.1.1 功能与要求

扫一扫

程序主要完成下面 5 方面的功能,其中数据文件(users.txt)中的内容主要包括:序号(num)、用户姓名(name)、用户密码(password)、猜数用时(time)、排名(rank)等信息,在程序中设计一个结构体类型(struct user)表示。

(1)新用户注册:输入姓名和密码,并存入文件中。如果用户已经存在,则给出相应的提示。新注册用户的猜数用时和排名顺序的初始值都为-1。

(2)用户登录:注册后的用户才可以登录。登录模块首先读出数据文件中的内容,然后验证数据文件中是否有此用户,如果有此用户,则将标记量(flag1)设置为 1;如果没有此用户,则给出重新输入或注册提示。

(3)开始猜数:首先计算机在 1~100 内随机产生 N1 个数(用 magic 数组表示);然后用户逐一猜数,每个数最多猜测 N2 次。猜测过程:用户自行输入一个数(guess),系统进行比对,每猜一次要给出猜大或猜小的信息,猜对了即停止,再猜下一个数,直到全部猜完。最后系统进行统计、比较、排序并保存,如果所有数都在 N2 次内猜对,则与数据文件中已有的用时进行对比,数据文件中永远保存最少用时。

(4)个人历史成绩查询:登录用户可以直接查看个人历史猜数用时与排名。

(5)当前排行榜:对文件中的数据按用户猜测用时由小到大排序显示。

13.1.2 程序的构成

程序共由 9 个功能函数(模块)组成,如表 13-1 所示。

表 13-1　程序的功能函数列表

序号	函数名称（原型）	功能描述
1	int main(void)	调用 menu()，并让用户选择操作
2	void menu()	功能菜单列表
3	void regist()	新用户注册
4	void login()	用户登录
5	void guess()	用户猜数，并调用 save()保存
6	void sort()	按用时多少升序排序，并给 rank 赋值
7	void save()	调用 sort()，并重新保存数据
8	void query()	个人历史成绩查询
9	void show()	排行榜显示

13.1.3　程序运行截图

针对本例中的 5 个主要功能，分别给出程序运行截图，如图 13-1～图 13-5 所示，以方便读者阅读。

```
猜数游戏挑战赛
 1.用户注册
 2.用户登录
 3.开始猜数
 4.个人历史成绩查询
 5.当前排行榜展示
 6.退出

请输入要选择的项目序号：1
当前已有用户数为：4
请输入新用户名称和密码，用空格隔开，按回车键确认：
eee 555
新用户注册成功！
```

图 13-1　新用户注册

```
猜数游戏挑战赛
 1.用户注册
 2.用户登录
 3.开始猜数
 4.个人历史成绩查询
 5.当前排行榜展示
 6.退出

请输入要选择的项目序号：2

请输入姓名和密码，用空格隔开，按回车键确认：
eee 555
登录成功！
```

图 13-2　用户登录

```
请输入要选择的项目序号：3
请猜第 1 个数：
  用户输入一个数：50
  错！猜大了！
  用户输入一个数：25
  错！猜大了！
  用户输入一个数：13
  错！猜小了！
  用户输入一个数：19
  错！猜大了！
  用户输入一个数：16
  错！猜小了！
  用户输入一个数：18
  错！猜大了！
  用户输入一个数：17
  正确！
结束
请猜第 2 个数：
```

图 13-3　用户猜数

```
猜数游戏挑战赛
 1.用户注册
 2.用户登录
 3.开始猜数
 4.个人历史成绩查询
 5.当前排行榜展示
 6.退出

请输入要选择的项目序号：4
用户姓名=eee　猜数用时=47.05　排名=5
```

图 13-4　个人历史成绩查询

【思考】

（1）如何初始化一次所猜数的个数 N1 和一个数最多猜测的次数 N2？

（2）如何修改用户的密码？

扫一扫

```
请输入要选择的项目序号: 5

姓名    用时     排名
aaa    18.82    1
ccc    22.00    2
ddd    27.57    3
bbb    39.18    4
eee    47.05    5
```

图 13-5　所有用户的排行榜查询

（3）本例还可以增加哪些功能呢？

13.2　简易五子棋

五子棋属于博弈游戏,规则十分简单、明了,但棋局变化多端。本实例为"简易"五子棋程序,因此,只要求使用简单的搜索算法,实现"人-机"对弈,满足"五子连珠"简单规则即可,不包含"禁手""三手交换""五手 N 打"等复杂的五子棋规则。

13.2.1　关键数据结构设计

五子棋棋盘是一个二维方阵,在下棋过程中涉及棋子位置、棋局状态、局面状态等,因此选用存取效率高的二维数组作为主要数据结构。下面讨论如何使用数组等结构实现棋子编码、棋局表示、棋形生成等。

1. 棋子编码和棋局表示

标准五子棋的棋盘规格是 $15 \times 15 = 225$,为提高效率,选用长度为 225 的二维数组存储基本棋盘,因为是最基本的棋盘,所以称之为第一层,如图 13-6 所示。

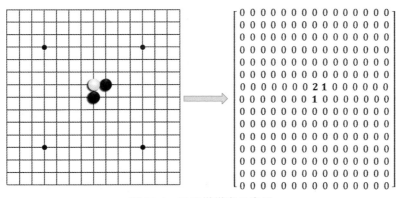

图 13-6　五子棋棋盘示意图

```
#define N 15              //定义棋盘大小
int ChessBoard[N][N];     //棋盘,存储落子位置
```

可以用 4 个数字分别表示空位、玩家（人）、机器（AI）和边界：

```
#define Empty   0         //空位置值为 0
#define Person  1         //人棋子值为 1
```

```
#define AI    2        //AI棋子值为2
#define Error  -1      //棋盘边界(外)的值为-1
```

2. 棋形生成和判断

五子棋算法中最基本的运算是判断敌我双方落子的连接性,即如何根据基本棋盘生成棋形以及如何判断棋形。棋子编码的效率决定了棋形生成的效率,棋形生成的效率是棋子编码设计中的一个重要评价标准。

判断棋局的胜负,即判断一局是否出现"五连"的棋形。若要判断一个棋子的子力值时,要从该棋子的4个方向判断棋形,分别统计出"连二""连三""活四"的数量,再对应各棋形的分值计算出该棋子的分值。

为了降低算法复杂度,方便统计棋盘边缘棋子的棋形,将棋盘边缘向4个方向扩展4个棋子位置,如图13-7所示。对扩展出的边界赋值为−1。

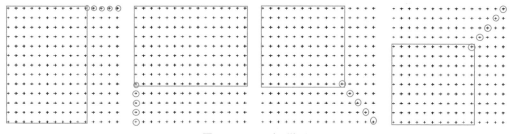

图 13-7　"五连"棋形

扩展棋盘,用于判断棋形、子力评估等操作,定义为

```
#define M  N+8          //定义扩展棋盘大小,边界宽度为4
int  ExpansionBoard[M][M];  //扩展棋盘,扩展了棋盘的边界
```

13.2.2　系统设计

1. 设计目标

本实例的设计目标是实现一个"简易"五子棋程序,为读者学习和研究机器博弈提供平台,因此需要实现人−机对弈、机器与机器对弈等功能。使用简单的搜索引擎算法,能够自动判断棋局胜负;不包含"禁手""三手交换""五手N打"等复杂的五子棋规则。要求:人机界面友好,操作简单、快捷,棋盘内容显示清晰、准确。

2. 系统结构

计算机下棋与人脑下棋在原理上是一致的。一方面,它在轮询等待棋局信息,类似于等待裁判指令,如对方落子、交换轮走方、棋局确认、结束比赛等;同时,AI在不断地思考,计算下一步的最佳策略。因此,需要有人和机器两个行棋过程交替执行,在每一步落子之后都要有棋局的胜负判断,以决定是继续行棋,还是结束比赛。

在机器行棋过程中,还要有"着法生成"这个环节,以产生下一步最佳落子位置。着法生成的优劣,由搜索算法、模型判断、子力评估等因素决定。在系统设计时,要将这些因素统一考虑进去。系统的总体结构如图13-8所示。

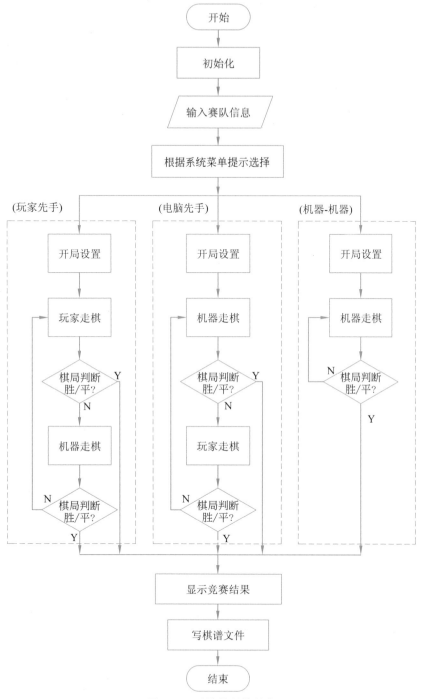

图 13-8　系统的总体结构

3. 玩家(人)行棋过程

行棋功能是：让玩家能够在棋盘上走棋、落子，玩家每次通过光标键(←、↑、↓、→)确定棋子坐标，然后按"空格"键，执行"落子"操作，代码如下：

```
01   void PersonMoving()                                      //键盘方向键控制,空格键时可输入
02   {
03       int input;
04       flgMoveLater=0;                                      //落子标志
05       while(!(ChessBoard[CurrentX][CurrentY] && flgMoveLater ==1))   //该位置为"空"
06       {
07           input=getch();                                   //获得第一次输入信息
08           if(input==0x20 && !ChessBoard[CurrentX][CurrentY])    //判断是否落子
09           {
10               ChessBoard[CurrentX][CurrentY]=Person;
11               Prompt(CurrentX,CurrentY,1);     //显示提示标志
12               flgMoveLater =1;
13           }
14           else if(input==0xE0)                             //判断按下的是否为方向键
15           {
16               Prompt(CurrentX,CurrentY,0);     //擦除提示标志
17               input=getch();                   //获得第二次输入信息
18               switch(input)                    //判断方向键方向并移动光标位置
19               {
20                   case 0x48 : CurrentX--; break;     //←
21                   case 0x4B : CurrentY--; break;     //↑
22                   case 0x50 : CurrentX++; break;     //→
23                   case 0x4D : CurrentY++; break;     //↓
24               }
25               if(CurrentX<0)                           //如果光标位置越界,则移动到对侧
26                   CurrentX=N-1;
27               if(CurrentY<0)
28                   CurrentY=N-1;
29               if(CurrentX>N-1)
30                   CurrentX=0;
31               if(CurrentY>N-1)
32                   CurrentX=0;
33               Prompt(CurrentX,CurrentY,1);        //显示提示标志
34               Display();                          //在屏幕上显示棋盘内容
35           }
36       }
37       Display();                                          //在屏幕上显示棋盘内容
38   }
```

其中,用 getch()函数接收键盘信息,并将对应按键的 ASCII 值存入变量 input 中。通过按光标键(←、↑、↓、→)将指针型坐标变量自增或自减。如果按下的键值为 20H,表明按的是"空格"键,并且此坐标位置对应的棋盘位置上为空子,则确定落子坐标。

在行棋走子过程中,通过 Prompt 和 Display 两个函数,提示最新棋子位置的方框标志。当按空格键落子后,通过调用 Display 函数显示最新落子,并在棋盘下方显示行棋总步数和最新落子的坐标位置,如图 13-9 所示。

4. 计算机(AI)行棋过程

与人类棋手下棋不同之处是,设计计算机下棋要有"着法生成"这一过程,即程序(AI)在落子之前要计算出最佳的落子位置。在棋盘上轮流占格子,先在同一条线(横线、纵线或斜线)上占有 5 枚棋子者得胜,所有空的格子都是合理着法。对所有空格的地方进行子力评

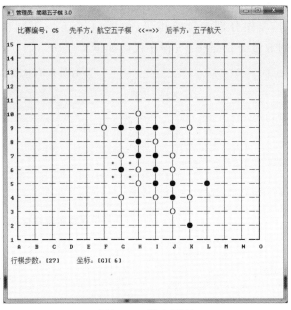

图 13-9　程序界面

估，找出最大值所在位置，该位置就是下一着的最佳落子位置。着法生成的代码如下：

```
01  void NextMove()
02  {
03      int i, j, flag=0;                           //flag 为结束标志
04      long t=0;
05      int r, c=0, Value[N * N][2];
06      for(i=4; i<M-4 && flag==0; i++)
07          for(j=4; j<M-4 && flag==0; j++)
08              if(!ChessBoard[i-4][j-4])
09              {
10                  t=ChessValue[i][j];
11                  flag=1;
12              }
13      for(i=4; i<M-4; i++)                        //寻找最大的 ChessValue 值
14          for(j=4; j<M-4; j++)
15              if(!ChessBoard[i-4][j-4] && ChessValue[i][j] >t)
16                  t=ChessValue[i][j];
17      for(i=4; i<M-4; i++)                        //存储所有的最大 ChessValue 值
18          for(j=4; j<M-4; j++)
19              if(!ChessBoard[i-4][j-4] && ChessValue[i][j]==t)
20              {
21                  Value[c][0]=i;
22                  Value[c][1]=j;
23                  c++;
24              }
25      srand((unsigned)time(NULL));                //初始化随机数
26      r=rand()%c;                                 //随机选用最大值中的一组数据
27      CurrentX=Value[r][0]-4;
28      CurrentY=Value[r][1]-4;
29  }
```

当计算出多个位置都有相同的最大值时,随机选取一个位置作为最佳着法。

在进行子力评估时,要先分别统计该棋子(位置)4 个方向不同棋形的数量,如"连二""连三""活四"等棋形的数量分别是多少,程序代码如下:

```
01   void Calculate()                          //计算所有位置的得分
02   {
03       int i, j, m, n;
04       int num1, num2;
05       for(i=4; i<M-4; i++)
06       {
07           for(j=4; j<M-4; j++)
08           {
09               if(!ChessBoard[i-4][j-4])
10               {
11                   ChessValue[i][j]=0;        //循环初始化 ChessValue[i][j]
12                   LinearBoard(i, j);
13                   for(m=0; m<20; m++)
14                   {
15                       num1=0; num2=0;
16                       for(n=0; n<5; n++)
17                       {
18                           if(Linearization[m][n]==MovesState)
19                               num1++;
20                           else if(Linearization[m][n]==3-MovesState)
21                               num2++;
22                           else if(Linearization[m][n]==Error)
23                           {
24                               num1=Error; num2=Error;
25                               break;
26                           }
27                       }
28                       ChessValue[i][j] +=Standard(num1, num2);
29                   }
30               }
31           }
32       }
33   }
```

统计出各种棋形之后,再查找出各种棋形对应的分值,就可以计算出子力的数值了。每种棋形的分值不同,相同棋形先手棋与后手棋的分值也不相同,程序代码如下:

```
01   long Standard(int num1, int num2)         //评分标准
02   {
03       if(num2 ==0)                            //判断行棋方得分
04       {
05           switch(num1)
06           {
07               case 0 : return 7;             //单子
08               case 1 : return 35;            //连二
09               case 2 : return 800;           //连三
10               case 3 : return 15000;         //活四
11               case 4 : return 800000;        //五连
12           }
```

```
13          }
14      if(num2 !=0 && num1 ==0)                        //判断对手得分
15      {
16          switch(num2)
17          {
18              case 1 : return 15;
19              case 2 : return 400;
20              case 3 : return 1800;
21              case 4 : return 100000;
22          }
23      }
24      return 0;
25  }
```

5. 棋局胜负判断

在由二维数组组成的棋盘中,要判断某个棋局的形势,可将某个棋子横、竖及两个斜对角 4 个方向分别抽象出 4 个一维数组,再用循环的方法统计出相邻的同色棋子的种类和数量,如果有其中一组出现五子相连的情况,即可判断出棋局的胜负,如图 13-10 所示。

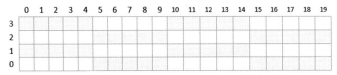

(a) 由二维码数组组成的棋盘

(b) 某个棋子位置的4个方向的棋形抽象出4个一经维数组

图 13-10 棋盘线性化示意图

五子棋博弈程序运行结果如图 13-11 所示。

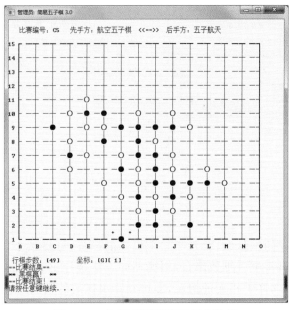

图 13-11　五子棋博弈程序运行结果

13.2.3　函数功能及说明

1）SetupScreen()屏幕设置函数

SetupScreen()屏幕设置函数的主要功能是设置程序窗体标题、设置显示模式、设置屏幕背景颜色、清屏等功能。

2）Initialize()初始化函数

Initialize()初始化函数的主要功能是对系统状态变量、全局变量、数组棋盘、扩展棋盘、显示棋盘进行初始化设置。

3）InputTeamsInfo()输入赛队信息函数

InputTeamsInfo()输入赛队信息函数的主要功能是输入参赛队伍信息，如比赛编号、先手队名称、后手队名称等内容，并保存到 Teams 赛队信息结构体变量中。

4）Menu()系统主菜单函数

Menu()系统主菜单函数用于选择程序运行模式，主要包括 1-人机对弈，玩家先手；2-人机对弈，AI 先手；3-机器与机器对弈等模式。

5）RunGame()竞赛过程控制函数

RunGame()竞赛过程控制函数的主要功能是控制整个比赛过程，包括对弈模式控制、开局、先后手轮流走棋、比赛终止控制等功能。

该函数在行棋过程中，还设置落子行棋状态，保存行棋记录，包括记录行棋步数及总回合数等系统状态设置功能。

6）PGame()玩家行棋函数

PGame()玩家行棋函数的主要功能是控制玩家行棋过程，包括行棋、落子，显示棋盘内容，记录行棋数据，判断棋子是否越界等功能。

7）CGame（）电脑行棋函数

CGame（）电脑行棋函数的主要功能是控制电脑行棋过程，包括开局设置、子力评估、着法生成、棋盘内容显示，行棋数据记录，棋子是否越界判断等功能。

8）PersonMoving（）玩家行棋落子控制函数

PersonMoving（）玩家行棋落子控制函数的主要功能是玩家通过按键盘方向键（→、↑、↓、←）控制行棋进棋子的位置，当按下"空格"键时，落子并确定棋子的坐标。

9）Prompt（）当前位置提示函数

Prompt（）当前位置提示函数的主要功能是当行棋或落子时，在棋子的四周显示出方框，提示当前行棋或落子的位置。

10）RecordChessMove（）行棋记录函数

RecordChessMove（）行棋记录函数将落子后的棋子坐标写入数组棋盘、扩展棋盘和显示用棋盘。

11）NextMove（）着法生成函数

NextMove（）着法生成函数的主要功能是在电脑行棋过程中，通过对棋盘中所有空子位置进行子力评估，选择具有最大值的位置作为最佳落子位置，即生成了下一步行棋的着法。

12）ResultOfGame（）棋局评估函数

ResultOfGame（）棋局评估函数的主要功能是判断棋局的胜负。当出现同色五个棋子相连的情况时，即可得出比赛的胜负。当行棋步数等于 $N \times N$ 棋盘总格数时，即判平局。函数返回值为：1-黑棋胜，2-白棋胜，3-平局，0-无结果。

13）void Calculate（）子力评估函数

void Calculate（）子力评估函数的主要功能是根据先、后手的情况，对某一位置的棋子分别统计各种棋形的数量，再根据不同棋形的分值计算出该位置棋子的总分值。

14）LinearBoard（）棋盘线性化函数

LinearBoard（）棋盘线性化函数将二维棋盘进行线性化处理，变成多个一维数组棋盘，再进行搜索、比较。

15）Standard（）评分标准函数

Standard（）评分标准函数的主要功能是根据行棋的先、后手，分别设置"单子""连二""连三""活四"和"五连"等棋形的分值。

16）Display（）棋盘显示函数

Display（）棋盘显示函数的功能是在屏幕上显示棋盘内容。

17）DisplayResultOfGame（）显示比赛结果函数

DisplayResultOfGame（）显示比赛结果函数的功能是在比赛结束后显示比赛的结果，包括获胜方或平局，以及对弈模式等内容。

18）WriteManual（）写棋谱文件函数

WriteManual（）写棋谱文件函数的主要功能是将参赛队伍信息、行棋记录和比赛结果写入该场比赛的棋谱文件中。

13.2.4　数据结构和搜索算法的优化

本实例程序是"简易"的五子棋程序，为了读者易学、易懂，使用的是简单的数据结构和搜索算法。如果想提升系统的性能,可从以下两方面进行改进、优化。

1. 棋盘的表示方法

按照通常的做法,用数组 ChessBoard[225] 作为棋盘,数据类型可以是 int、long 等,但是这样会浪费很多存储空间,也降低了处理器的运行速度。当搜索博弈树节点数量增加到一定程度时,浪费的存储空间和降低的处理器运行速度就不可以忽略不计了。

可以用"位棋盘"替代"数组棋盘"。"位棋盘"通过二进制编码表示棋盘状态,用一位二进制数表示一个棋子状态,这样棋盘可以用 225 位进行存储和表示,相当于 8 个无符号整型变量占用的存储空间。位棋盘具有很快的运算速度,因为局面分析棋局时要做大量的逻辑运算,也就是"与或非"运算,也称布尔代数,而一个位棋盘的运算只需要一次操作就可以了。使用位操作加速运算,可大幅提高搜索效率。

2. 搜索算法

对于计算机来说,判断一个着法是好的或坏的,并不是一件容易的事。判断着法优劣的最佳办法是看它们的后续结果,只有推演之后一系列的着法,才能确定哪步是好的。在保证不犯错误的前提下,要设想对手会走出最好的应着。这一算法被称为"极大-极小"搜索算法,它是所有五子棋程序中搜索算法的基础。

"极大-极小"算法的运算量通常很大,以几何级数迅速增长。本实例只对棋盘中的空子位置进行了一次搜索计算,相当于只搜索了博弈树中的一个节点,要想用"极大-极小"算法搜索整棵博弈树,几乎是不可能实现的。

如果思考得更深入一些,就必须用更为合理的算法,如 Alpha-Beta 搜索、MCTS 搜索和 UTC 搜索等算法。

下面给出"Alpha-Beta 剪枝"搜索算法的 C 语言代码,感兴趣的读者可以试着完善"简易"五子棋程序,提高博弈性能。

C 代码示例:

```
01  int AlphaBeta(Node P_i,int depth, int alpha, int beta)
02  {
03      if (depth==0 || 棋局结束())   //如果是叶子节点(达到搜索深度要求)
04      return Evaluate();          //则由局面评估函数返回估值
05      GenerateLegalMoves();       //产生所有合法着法;就当前局面,生成并排序一系列着法
06      while (MovesLeft())         //遍历所有着法,判断搜索队列是否已经为空
07      {
08          MakeNextMove();         //执行着法,按搜索队列顺序生成新的棋局节点 P_(i+1)
09          int val=-AlphaBeta(P_(i+1), depth-1, -beta, -alpha);        //递归调用
10          UnMakeMove();           //撤销着法
11          if (val>=beta)          //裁剪
12          return beta;
13          if (val>alpha)          //保留最大值
14          alpha=val;
15      }
16      return alpha;
17  }
```

13.3 综合程序举例——五子棋的棋盘设计（C♯）

棋盘用 C♯ 设计更简单一些,使用 Graphics 类画图,Graphics 对象用于创建图形图像的对象。绘图时需要先创建 Graphics 对象,然后才可以使用 GDI＋绘制线条和形状、呈现文本或显示与操作图像。绘制图形包括以下两个步骤。

（1）创建 Graphics 对象;

（2）使用 Graphics 对象绘制线条和形状、呈现文本或显示与操作图像。

本节使用 Graphics 类绘制棋盘和棋子。

（1）首先设计一个五子棋棋盘界面,如图 13-12 所示。

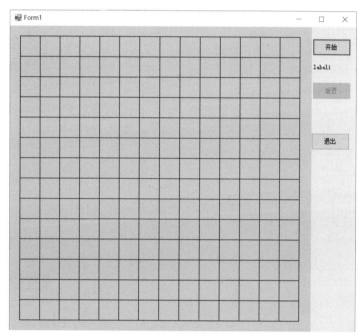

图 13-12 五子棋棋盘界面

（2）拖控件:从控件里面拖出两个 Panel 控件、3 个 Button 控件和一个 Label 控件。

（3）设属性:为两个 Panel 控件的 dock 属性分别 选择 FILL 和右沾满(属性可自己设置)。设置背景颜色,在右边的 Panel 中设置;3 个按钮分别命名为开始、重置、退出;一个 Label 控件,用来表示游戏状态。

（4）定义需要用到的私有成员、初始化函数、方法等。

```
01    private boolstart;                          //游戏是否开始
02    private booltype=true;                       //下的是黑子,还是白子
03    private constintsize=15;                     //棋盘大小
04    private int[],ChessCheck=newint[11,11];       //是否为空,空为 0,不为空为 1、2
05    private int[],ChessCheck=newint[size,size];
06    public Form1()
```

```
07    {
08        InitializeComponent();
09    }
10    private void Form1_Load(object sender,EventArgse)        //设置游戏窗体大小
11    {
12        start=false;
13        button1.Enabled=true;
14        button2.Enabled=false;
15        this.Width=MainSize.Wid;
16        this.Height=MainSize.Hei;
17        this.Location=newPoint(260,75);                      //设置窗体起始位置
18    }
19    private void InitializeThis()                            //初始化
20    {
21        //棋盘存储数组函数
22        for(int i=0;i<size;i++)
23            for(int j=0;j<size;j++)
24                ChessCheck[i,j]=0;
25        start=false;                                         //是否开始游戏
26        this.panel1.Invalidate();                           //棋盘重新加载(画)
27        type=true;                                           //默认黑棋先下
28    }
```

(5) 辅助类 1——MainSize 类(说明棋盘、棋子、窗体的大小等)。

```
01    using System;                              30                return 600;
02    using System.Collections.Generic;         31            }
03    using System.Linq;                         32        }
04    using System.Text;                         33        public static int CBHei
05    namespace 五子棋 Forms                      34        {
06    {                                          35            get
07        //以下是 MainSize 类                    36            {
08        classMainSize                          37                return 600;
09        {                                      38            }
10            //主框体大小                         39        }
11            public static int Wid              40            //棋盘宽度
12            {                                  41        public static int CBGap
13                get                            42        {
14                {                              43            get
15                    return 710;                44            {
16                }                              45                return 40;
17            }                                  46            }
18        public static int Hei                  47        }
19        {                                      48            //棋子直径
20            get                                49        public static int ChessRadious
21            {                                  50        {
22                return 640;                    51            get
23            }                                  52            {
24        }                                      53                return 34;
25            //棋盘大小                           54            }
26        public static int CBWid                55        }
27        {                                      56        }
28            get                                57    }
29            {
```

(6) 辅助类2——ChessBoard类(就一个静态函数、画棋盘)

```
01    using System;
02    using System.Collections.Generic;
03    using System.Linq;
04    using System.Text;
05    using System.ComponentModel;
06    using System.Data;
07    using System.Drawing;
08    using System.Windows.Forms;
09    namespace 五子棋 Forms
10    {
11        //以下是 ChessBoard 类
12        class ChessBoard
13        {
14            public static void DrawCB(Graphics g)
15            {
16                int num =MainSize.CBWid / MainSize.CBGap -1;
17                int gap =MainSize.CBGap;
18                g.Clear(Color.Gold);
19                for (int i =0; i <num +1; i++)
20                {
21                    g.DrawLine(new Pen(Color.Black), 20, 20 +i * gap, 20 +num * gap, 20 +i * gap);
22                    g.DrawLine(new Pen(Color.Black), 20 +gap * i, 20, 20 +i * gap, 20 +gap * num);
23                }
24            }
25        }
26    }
```

(7) 辅助类3——Chess类(两个静态函数:一个用来画鼠标点击处的棋子;一个当棋盘重画时,把当前已经下在棋盘上的棋子也重新全部画出来——防止棋盘刷新,把棋子图像抹去)。

```
01    using System;
02    using System.Collections.Generic;
03    using System.Linq;
04    using System.Text;
05    using System.ComponentModel;
06    using System.Data;
07    using System.Drawing;
08    using System.Windows.Forms;
09    namespace 五子棋 Forms
10    {
11        //以下是 Chess 类
12        class Chess
13        {
14            public static void DrawC(Panel p, bool type, MouseEventArgs e)
15            {
16                Graphics g =p.CreateGraphics();
17                //确定棋子的中心位置
18                int x1 = (e.X) / MainSize.CBGap;
```

```
19              int x2 =x1 * MainSize.CBGap +20 -17;
20              int y1 = (e.Y) / MainSize.CBGap;
21              int y2 =y1 * MainSize.CBGap +20 -17;
22              if (type)
23              {
24                  g.FillEllipse(new SolidBrush(Color.Black), x2, y2,
    MainSize.ChessRadious, MainSize.ChessRadious);
25              }
26              else
27              {
28                  g.FillEllipse(new SolidBrush(Color.White), x2, y2,
    MainSize.ChessRadious, MainSize.ChessRadious);
29              }
30          }
31          //当界面被重新聚焦的时候,把棋盘上的棋子重新加载(画)出来
32          public static void ReDrawC(Panel p, int[,] ChessCheck)
33          {
34              Graphics g =p.CreateGraphics();
35              for(int i =0; i <ChessCheck.GetLength(0); i++)
36                  for(int j =0; j <ChessCheck.GetLength(1); j++)
37                  {
38                      MessageBox.Show("ReDrawC", "信息提示!", MessageBoxButtons.OK);
39                      int type=ChessCheck[i, j];
40                      if(type!=0)
41                      {
42                          //确定棋子的中心位置
43                          int x2 =i * MainSize.CBGap +20 -17;
44                          int y2 =j * MainSize.CBGap +20 -17;
45                          if(type==1)
46                          {
47                              g.FillEllipse(new SolidBrush(Color.Black),
    x2, y2, MainSize.ChessRadious, MainSize.ChessRadious);
48                          }
49                          else
50                          {
51                              g.FillEllipse(new SolidBrush(Color.White),
    x2, y2, MainSize.ChessRadious, MainSize.ChessRadious);
52                          }
53                      }
54                  }
55          }
56      }
57  }
```

（8）两 Panel 的 Paint 事件（画画监听事件，当图像需要重新"画"的时候执行）——分别画棋盘和操作界面。

```
01  //画棋盘
02  private void panel1_Paint(object sender, PaintEventArgs e)
03  {
04      Graphics g =panel1.CreateGraphics();
05      ChessBoard.DrawCB(g);                  //重新加载(画)棋盘
06      Chess.ReDrawC(panel1, ChessCheck);   //重新加载(画)棋子
```

```
07       }
08       //设置游戏控制界面的大小
09       private void panel2_Paint(object sender, PaintEventArgs e)
10       {
11           panel2.Size =new Size(MainSize.Wid -MainSize.CBWid-20, MainSize.Hei);
12       }
```

(9) 3 个按钮监听事件的实现(开始游戏、重置游戏、退出游戏)。

```
01       //按"开始"键后的结果
02       private void button1_Click(object sender, EventArgs e)
03       {
04           label1.Text="游戏开始";
05           start=true;
06           button1.Enabled=false;
07           button2.Enabled=true;
08       }
09       //按"重置"键后的结果
10       private void button2_Click(object sender, EventArgs e)
11       {
12           if(MessageBox.Show("确定要重新开始?", "信息提示", MessageBoxButtons.
             OKCancel, MessageBoxIcon.Question, MessageBoxDefaultButton.Button2)
             ==DialogResult.OK)
13           {
14               label1.Text="游戏未开始";
15               start=false;
16               button1.Enabled=true;
17               button2.Enabled=false;
18               InitializeThis();
19           }
20       }
21       //退出程序
22       private void button3_Click(object sender, EventArgs e)
23       {
24           this.Dispose();
25           this.Close();
26       }
```

(10) 当鼠标点击的时候加载棋子(根据鼠标的点击位置画单个棋子)。

```
01   //根据鼠标点击的位置画棋子
02   private void panel1_MouseDown(object sender, MouseEventArgs e)
03   {
04   //把棋盘分为[15,15]的数组
05       if(start)
06       {
07           int x1=(e.X) / MainSize.CBGap;
08           int y1=(e.Y) / MainSize.CBGap;
09           try
10           {
11               if(ChessCheck[x1, y1] !=0)    //判断此位置是否为空
12               {
13                   return;                   //已经有棋子占领这个位置了
14               }
```

```
15              if(type)                        //下黑子还是白子
16              {
17                  ChessCheck[x1, y1] =1;
18              }
19              else
20              {
21                  ChessCheck[x1, y1] =2;
22              }
23              Chess.DrawC(panel1, type, e);   //画棋子
24              type =!type;                    //换颜色
25          }
26      catch(Exception)
27      {
28          //防止因鼠标点击边界,而导致数组越界,进而运行中断
29      }
30      //判断是否胜利
31 if(IsFull(ChessCheck) && !BlackVictory(ChessCheck) && !WhiteVictory(ChessCheck))
32          {
33              MessageBox.Show("平局");
34              InitializeThis();
35              label1.Text="游戏尚未开始!";
36          }
37          if(BlackVictory(ChessCheck))
38          {
39              MessageBox.Show("黑方胜利(Black Win)");
40              InitializeThis();
41              label1.Text="游戏尚未开始!";
42          }
43          if(WhiteVictory(ChessCheck))
44          {
45              MessageBox.Show("白方胜利(White Win)");
46              InitializeThis();
47              label1.Text="游戏尚未开始!";
48          }
49      }
50      else
51      {
52          MessageBox.Show("请先开始游戏!", "提示信息!", MessageBoxButtons.OK,
                MessageBoxIcon.Information);
53      }
54 }
```

(11) 判断棋盘是否下满的函数。

```
01 //是否满格
02 public bool IsFull(int[,] ChessCheck)
03 {
04     bool full=true;
05     for(int i=0; i <size; i++)
06     {
07          for(int j=0; j <size; j++)
08          {
09              if(ChessCheck[i, j] ==0)
```

```
10              return full=false;
11          }
12      }
13      return full;
14  }
```

（12）判断黑棋是否胜利的函数。

```
01  //是否黑棋胜利
02  public bool BlackVictory(int[,] ChessBack)
03  {
04      bool Win=false;
05      for(int i=0; i <size; i++)
06      {
07          for(int j =0; j <size; j++)
08          {
09              if(ChessCheck[i,j]!=0)
10              {
11                  if(j<11)            //纵向判断
12                  {
13  if(ChessCheck[i, j]==1 && ChessCheck[i, j +1]==1 && ChessCheck[i, j+2] ==1
&& ChessCheck[i, j+3] ==1 && ChessCheck[i, j+4] ==1)
14                      {
15                          return Win=true;
16                      }
17                  }
18                  if(i<11)            //横向判断
19                  {
20  if(ChessCheck[i, j]==1 && ChessCheck[i +4, j]==1 && ChessCheck[i+1, j] ==1
&& ChessCheck[i+2, j]==1 && ChessCheck[i+3, j]==1)
21                      {
22                          return Win =true;
23                      }
24                  }
25                  if (i<11&&j<11)      //斜向右下判断
26                  {
27  if(ChessCheck[i, j]==1 && ChessCheck[i+1, j+1]==1 && ChessCheck[i+2, j+2]
==1 && ChessCheck[i+3, j+3]==1 && ChessCheck[i+4, j+4]==1)
28                      {
29                          return Win=true;
30                      }
31                  }
32                  if(i>=4&&j<11)       //斜向左下判断
33                  {
34  if(ChessCheck[i, j] ==1 && ChessCheck[i-1, j+1]==1 && ChessCheck[i-2, j+
2]==1 && ChessCheck[i-3, j+3]==1 && ChessCheck[i-4, j+4]==1)
35                      {
36                          return Win=true;
37                      }
38                  }
39              }
40          }
41      }
```

```
42            return Win;
43        }
```

（13）判断白棋是否胜利的函数——代码类似上面。

```
01    //是否白棋胜利,代码同上
02    public bool WhiteVictory( int [,] ChessBack)
03    {
04        bool Win =false;
05        for(int i=0; i<size; i++)
06        {
07            for(int j=0; j<size; j++)
08            {
09                if(ChessCheck[i, j] !=0)
10                {
11                    if(j <11)
12                    {
13    if(ChessCheck[i, j]==2 && ChessCheck[i, j+1]==2 && ChessCheck[i, j+2]==2
      && ChessCheck[i, j+3]==2 && ChessCheck[i, j+4]==2)
14                        {
15                            return Win =true;
16                        }
17                    }
18                    if(i<11)
19                    {
20    if(ChessCheck[i, j] ==2 && ChessCheck[i+4, j] ==2 && ChessCheck[i+1, j] ==
      2 && ChessCheck[i+2, j] ==2 && ChessCheck[i+3, j] ==2)
21                        {
22                            return Win=true;
23                        }
24                    }
25                    if(i<11&&j<11)
26                    {
27    if(ChessCheck[i, j] ==2 && ChessCheck[i+1, j+1] ==2 && ChessCheck[i+2, j+
      2] ==2 && ChessCheck[i+3, j+3] ==2 && ChessCheck[i+4, j+4] ==2)
28                        {
29                            return Win=true;
30                        }
31                    }
32                    if(i>=4&&j<11)
33                    {
34    if(ChessCheck[i, j] ==2 && ChessCheck[i-1, j+1] ==2 && ChessCheck[i-2, j+
      2] ==2 && ChessCheck[i-3, j+3] ==2 && ChessCheck[i-4, j+4] ==2)
35                        {
36                            return Win=true;
37                        }
38                    }
39                }
40            }
41        return Win;
42    }
```

程序编好后,就可以开始下棋了。五子棋下棋界面如图 13-13 所示。

若某方棋子在一条直线上连成 5 颗,则该方获胜。五子棋判断胜负界面如图 13-14 所示。

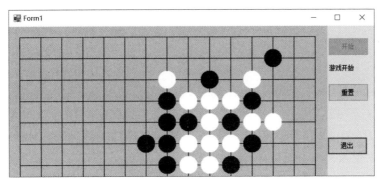

图 13-13　五子棋下棋界面

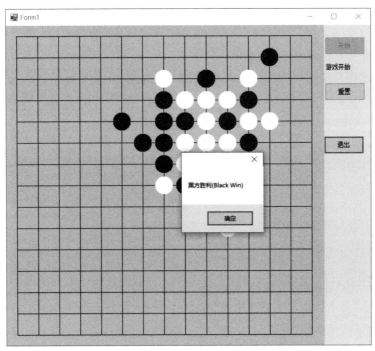

图 13-14　五子棋判断胜负界面

13.4　小结

本章主要通过 3 个综合案例介绍了如何进行程序设计,主要内容如下。

(1) 面向过程方法设计与实现猜数游戏。

(2) 面向过程方法设计与实现简易五子棋。

(3) 面向对象方法设计与实现五子棋棋盘。

13.5 扩展阅读——AlphaGo

DeepMind 公司的人工智能程序 AlphaGo 引发了全球人工智能热潮,早已为人所熟知。目前,DeepMind 公司公开推出的 AlphaGo 主要有 3 个版本:Master、Zero、MuZero。

2016 年 3 月,AlphaGo Master 击败了人类顶级围棋选手李世石。该版本程序在训练过程中使用了大量人类棋手的棋谱,通过学习人类大师的棋谱,自己左右手互搏,最后练成高手。它包含两个神经网络:策略网络和价值网络。其中,策略网络采用有监督学习,利用人类棋手对弈棋局评估下一步的可能性;价值网络用来评估当前局面的得分。

2017 年,AlphaGo Zero 发布。它可以完全不依赖人类棋手的经验,在缺乏先验知识的情况下,经过 3 天短期训练,就击败了 Master 版本。它不仅可以解决围棋问题,还可以解决目前已知棋类的大多数问题。

Zero 对弈过程只应用深度网络计算着法概率、胜率、MCTS 的置信区间等数据即可进行选点。AlphaGo Zero 增强学习过程如图 13-15 所示,主要包括自我对弈过程和神经网络训练两部分。

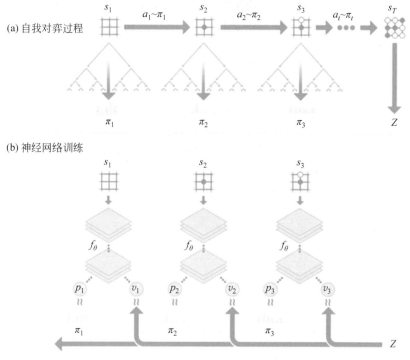

图 13-15　AlphaGo Zero 增强学习过程

Zero 采用了蒙特卡洛树搜索＋深度学习算法技术,除围棋规则外,没有任何背景知识,并且将策略网络和价值网络合二为一。该神经网络以 19×19 棋盘为输入,以下一步各着法的概率以及胜率为输出,采用多个卷积层以及全连接层。

Zero 的核心思想是：MCTS 算法生成的对弈可以作为神经网络的训练数据。随着 MCTS 的不断执行，着法概率及胜率会趋于稳定，而深度神经网络的输出也是着法概率和胜率，两者之差即损失。随着训练的不断进行，网络对胜率的着法概率的估算将越来越准确。即使 Zero 从未模拟过某一步棋，凭借其在神经网络中训练出的"棋感"，Zero 对于以前未下过的一步棋，仍可以估算出该着法的胜率。

Zero 算法本质上是一个最优化搜索算法，需要针对不同博弈项目更换核心算法。因为各项博弈规则不同，而这些规则通常都已经整合到 AI 所使用的算法中。只有算法中包含规则，AI 才能不断地训练学习，找到如何取胜的最优解。

对于类似围棋、中国象棋这样完备信息的离散的最优化问题，着法是一步一步的，变量是可以有限枚举的，只要能写出完美的模拟器，就可以应用 Zero 算法。对于类似斗地主、德州扑克这样非完备信息牌类博弈，因其本身主要是概率问题，所以也可以适用。而对于股票、无人驾驶、星际争霸这类博弈，因为它们属于不完全信息、连续性操作、没有完美模拟器（随机性），故不属于前面所述几类问题。近几年，国内外许多科研机构针对星际争霸、王者荣耀、德州扑克、桥牌等项目开展探索研究，AI 程序能力大幅提升，有的项目现在已经接近准职业选手的水平，但短期内仍然难以战胜人类顶级选手。

2019 年，AlphaGo MuZero 横空出世。对于 MuZero 来说，已经不需要提前把游戏规则编入算法。只要一开始给 MuZero 看一些游戏图像，让它知道什么是正常情况，如何判断输赢，它就会像小孩子玩计算机游戏，不看说明，上手就玩，边玩边学。MuZero 是在过程中学习规则，一边学规则，一边训练。MuZero 可以将这种学习手法应用到不同游戏中，结果全部达到甚至超出各个游戏的最佳程序（比如围棋中的 AlphaGo Zero），MuZero 在国际象棋、日本将棋、围棋和雅达利游戏训练中的评估结果如图 13-16 所示，其中横坐标表示训练步数（百万次），纵坐标表示 Elo 评分，曲线表示 MuZero 分数，横线表示 Zero 或人类选手的分数。经过训练，MuZero 与 Zero 下围棋时，搜索步数更少，棋力反而更强，这说明 MuZero 对

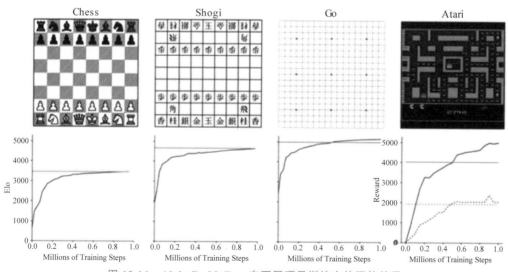

图 13-16　AlphaGo MuZero 在不同项目训练中的评估结果

围棋的理解比 AlphaZero 更深。

　　在现实生活中,许多问题(例如战争、股票等)并没有定型的规则,许多规则会随时改变。相对于人工智能而言,人类最大的优势就是,在未掌握规则前可以一边博弈一边学习规则,最后掌握规则并获胜。而 MuZero 的出现,将 AI 的智能水平大步向实用化推进,使得 AI 有了进一步挑战人类的能力。

附录 A C 语言运算符优先级和结合性表

附表 A-1 C 语言运算符优先级和结合性表

优先级	运算符	名称或含义	使用形式	结合方向	说明
1	[]	数组下标	数组名[常量表达式]	从左到右	
	()	圆括号	(表达式)/函数名(形参表)		
	.	成员选择(对象)	对象.成员名		
	->	成员选择(指针)	对象指针->成员名		
	++	后置自增运算符	变量名++		单目运算符
	--	后置自减运算符	变量名--		单目运算符
2	-	负号运算符	-表达式	从右到左	单目运算符
	(类型)	强制类型转换	(数据类型)表达式		
	++	前置自增运算符	++变量名		单目运算符
	--	前置自减运算符	--变量名		单目运算符
	*	取值运算符	*指针变量		单目运算符
	&	取地址运算符	&变量名		单目运算符
	!	逻辑非运算符	!表达式		单目运算符
	~	按位取反运算符	~表达式		单目运算符
	sizeof	长度运算符	sizeof(表达式)		
3	/	除	表达式/表达式	从左到右	双目运算符
	*	乘	表达式*表达式		双目运算符
	%	余数(取模)	整型表达式/整型表达式		双目运算符
4	+	加	表达式+表达式	从左到右	双目运算符
	-	减	表达式-表达式		双目运算符
5	<<	左移	变量<<表达式	从左到右	双目运算符
	>>	右移	变量>>表达式		双目运算符
6	>	大于	表达式>表达式	从左到右	双目运算符
	>=	大于或等于	表达式>=表达式		双目运算符
	<	小于	表达式<表达式		双目运算符
	<=	小于或等于	表达式<=表达式		双目运算符
7	==	等于	表达式==表达式	从左到右	双目运算符
	!=	不等于	表达式!=表达式		双目运算符

续表

优先级	运算符	名称或含义	使用形式	结合方向	说明
8	&	按位与	表达式 & 表达式	从左到右	双目运算符
9	^	按位异或	表达式^表达式	从左到右	双目运算符
10	|	按位或	表达式|表达式	从左到右	双目运算符
11	&&	逻辑与	表达式 && 表达式	从左到右	双目运算符
12	||	逻辑或	表达式||表达式	从左到右	双目运算符
13	?:	条件运算符	表达式1? 表达式2: 表达式3	从右到左	三目运算符
14	=	赋值运算符	变量=表达式	从右到左	
	/=	除后赋值	变量/=表达式		
	*=	乘后赋值	变量 * =表达式		
	%=	取模后赋值	变量%=表达式		
	+=	加后赋值	变量+=表达式		
	-=	减后赋值	变量-=表达式		
	<<=	左移后赋值	变量<<=表达式		
	>>=	右移后赋值	变量>>=表达式		
	&=	按位与后赋值	变量 &=表达式		
	^=	按位异或后赋值	变量^=表达式		
	|=	按位或后赋值	变量|=表达式		
15	,	逗号运算符	表达式,表达式,…	从左到右	

参 考 文 献

［1］李德毅. 人工智能导论［M］. 北京：中国科学技术出版社，2022.

［2］徐心和，杨放春，王亚杰，等. 中国机器博弈 2017 发展报告［M］. 北京：电子工业出版社，2018.

［3］周志华. 机器学习［M］. 北京：清华大学出版社，2016.

［4］谭浩强. C 程序设计［M］. 5 版. 北京：清华大学出版社，2017.

［5］王绪梅，李小艳. C 语言程序设计［M］. 上海：同济大学出版社，2019.

［6］刘知青，李文峰. 现代计算机围棋基础［M］. 北京：北京邮电大学出版社，2011：17-21.

［7］王小春. PC 游戏编程（人机博弈）［M］. 重庆：重庆大学出版社，2002.

［8］王静文，李媛，邱虹坤，等. 计算机博弈算法与编程［M］. 北京：机械工业出版社，2021.

［9］王亚杰，邱虹坤，吴燕燕，等. 计算机博弈的研究与发展［J］. 智能系统学报，2016，11(6)：11.

［10］SILVER D，HUANG A，MADDISON C J，et al. Mastering the game of Go with deep neural networks and tree search［J］. Nature，2016，529(7587)：484-489.

［11］DAVID，SILVER，JULIAN，et al. Mastering the game of Go without human knowledge［J］. Nature，2017，550(7676)：354-359.

［12］SCHRITTWIESER J，ANTONOGLOU I，HUBERT T，et al. Mastering atari，go，chess and shogi by planning with a learned model［J］. Nature，2019，588(7839)：604-625.

［13］刘成，李飞，孙玉霞，等. 贯穿式案例教学法在机器博弈课程中的实践［J］. 计算机教育，2019(8)：174-178.

图 书 资 源 支 持

　　感谢您一直以来对清华版图书的支持和爱护。为了配合本书的使用,本书提供配套的资源,有需求的读者请扫描下方的"书圈"微信公众号二维码,在图书专区下载,也可以拨打电话或发送电子邮件咨询。

　　如果您在使用本书的过程中遇到了什么问题,或者有相关图书出版计划,也请您发邮件告诉我们,以便我们更好地为您服务。

我们的联系方式:

地　　　址:北京市海淀区双清路学研大厦 A 座 714

邮　　　编:100084

电　　　话:010-83470236　010-83470237

客服邮箱:2301891038@qq.com

QQ:2301891038(请写明您的单位和姓名)

资源下载:关注公众号"书圈"下载配套资源。

资源下载、样书申请
书 圈

图书案例
清华计算机学堂

观看课程直播